清华社"视频大讲堂"大系

CAD/CAM/CAE技术视频大讲堂

# UG NX 12.0
## 中文版
### 完全自学手册

钟日铭◎编著

U0298996

清华大学出版社

北京

# 内 容 简 介

本书着重于职业技能培训与机械设计、模具设计工程师的需求,从三维模型设计的角度出发,结合丰富的实例资源,有序地介绍使用 UG NX 12.0 进行 CAD 设计的典型方法与技巧。本书共分 11 章,具体内容包括 UG NX 12.0 入门知识、草图设计、基准特征与空间曲线、零件设计特征、扫掠特征与特征操作、特征编辑与同步建模、曲面设计、装配设计、机械零件建模综合范例、工程图和 NX 运动仿真分析等。

本书配套资源内容丰富,包含配套素材和精选的教学视频,以供读者辅助学习。

本书理论与实践相结合,内容结构编排合理,非常适合作为高等院校、职业院校机械和模具类等专业 CAD 软件实训等相关课程的教材,也可作为广大工程技术人员和社会培训机构的参考用书。

**图书在版编目(CIP)数据**

UG NX 12.0 中文版完全自学手册 / 钟日铭编著. —北京:清华大学出版社,2019
(清华社"视频大讲堂"大系 CAD/CAM/CAE 技术视频大讲堂)
ISBN 978-7-302-52040-5

I. ① U… II. ①钟… III. ①计算机辅助设计—应用软件—手册 IV. ① TP391.72-62

中国版本图书馆 CIP 数据核字(2019)第 009037 号

责任编辑:贾小红
封面设计:杜广芳
版式设计:王凤杰
责任校对:张慧蓉
责任印制:丛怀宇

出版发行:清华大学出版社
  网   址:http://www.tup.com.cn,http://www.wqbook.com
  地   址:北京清华大学学研大厦 A 座  邮   编:100084
  社 总 机:010-62770175  邮   购:010-62786544
  投稿与读者服务:010-62776969,c-service@tup.tsinghua.edu.cn
  质 量 反 馈:010-62772015,zhiliang@tup.tsinghua.edu.cn
印 装 者:三河市铭诚印务有限公司
经  销:全国新华书店
开  本:203mm×260mm  印  张:29.5  字  数:632 千字
版  次:2019 年 3 月第 1 版  印  次:2019 年 3 月第 1 次印刷
定  价:79.80 元

产品编号:079132-01

# 前　　言

UG NX 12.0（也称 SIEMENS NX 12.0，简称 NX 12.0）是一款性能优良且集成度高的 CAD/CAM/CAE 综合应用软件，功能覆盖了产品的整个研发和制造过程，包括外观造型设计、建模、装配、工程制图、模拟分析、制造加工等。NX 系列软件在汽车、机械、航天航空、电器、玩具、模具加工等工业领域应用广泛。

当前，国家教育部的改革方向已经明确，相当一部分普通高等院校将逐步转型为职业教育院校，在此背景下，机械设计、模具设计等技术培训领域将得到大力发展。本书综合考虑了初学者和院校学生的普遍学习规律和知识接受能力，并考虑了机械设计职业的技能要求，对 UG NX 12.0 相关内容进行了合理且严谨的编排，从易到难，循序渐进，并力争做到理论与实践完美结合。本书适合应用 UG NX 12.0 进行机械、模具、产品等设计等的读者使用，可以作为 UG NX 机械设计、模具设计等培训班学员或大中专院校相关专业师生的参考用书，还可供从事机械设计及相关行业的人员学习和参考使用。

## 1. 本书内容及知识结构

本书共分 11 章，各章的主要内容说明如下。

第 1 章　主要介绍 UG NX 12.0 的入门知识，具体内容包括 UG NX 12.0 软件概述、UG NX 12.0 基本工作环境、文件管理基本操作、用户界面定制与系统配置、模型显示与视图操作、对象选择操作、图层、编辑对象显示与视图剖切等，目的是使读者能对 UG NX 12.0 软件有一定的认识，熟悉其中的一些基本操作和功能，为今后全面、深入、系统的学习打下扎实的基础。

第 2 章　主要介绍草图设计的实用知识，包括草图概述、创建草图、绘制草图曲线、草图编辑与操作、草图约束、草图重新附着平面和草图综合绘制范例。

第 3 章　重点介绍基准特征与空间曲线的实用知识。

第 4 章　重点介绍零件设计特征，包括体素特征、拉伸、旋转、孔、凸起、偏置凸起、槽、螺纹、筋板和晶格。

第 5 章　主要介绍扫掠特征和一些典型的特征操作，包括创建细节特征、关联复制、偏置 / 缩放特征、修剪体和组合。

第 6 章　重点介绍特征编辑与同步建模的实用知识。

第 7 章　主要介绍创建曲面、曲面操作和编辑曲面等方面的实用知识。

第 8 章　深入浅出地介绍 UG NX 12.0 装配设计的实用知识，具体的内容包括装配设计概念、组件基础、组件位置、组件高级应用、爆炸视图、重用库标准件应用和低速滑轮装置装配设计。

第 9 章　介绍典型的机械零件建模综合范例，具体包括轴、套与轮盘类零件建模、叉架类零件建模、箱体类零件建模、齿轮零件建模和弹簧零件建模。

第 10 章　重点介绍基于 UG NX 12.0 的工程图创建，具体内容包括工程图概述、图纸页、创建视图、编辑视图、工程图尺寸标注与注释和工程图综合设计范例。

第 11 章　主要介绍 NX 运动仿真分析的一些基础知识和应用知识，让读者熟悉运动仿真环境和运动导航器，掌握连杆、运动副的应用，懂得运动分析与仿真结果的输出，了解连接器和载荷的概念等。

### 2. 本书特点及阅读注意事项

本书结构严谨、实例丰富、重点突出、步骤详尽、应用性强，兼顾设计思路和设计技巧，是一本很好的基于 UG NX 12.0 平台进行 CAD 设计的专业培训教程和自学教材。

在阅读本书时，配合书中实例进行上机操作，学习效果更佳。

本书提供内容丰富的配套资源，内含各章的一些参考模型文件和精选的操作视频文件（MP4 格式），以辅助学习。

### 3. 配套资源使用说明

本书配套资源可通过扫描封底二维码查看下载方式。

书中涉及的范例练习文件、应用范例参考模型文件均位于 "CH#" 文件夹（"#" 代表各章号）中。

操作视频可扫描书后二维码观看，还可下载配套资源观看，文件位于 "操作视频" 文件夹中。操作视频文件采用 MP4 格式，可以在大多数播放器中播放，如 Windows Media Player、暴风影音等较新版本的播放器。

读者在保存本书配套资源时，请注意范例练习文件、参考模型文件的路径不要出现中文字符，以免 UG NX 软件的部分模块在读取时出现问题。

本书配套资源仅供学习之用，请勿擅自将其用于其他商业活动。

### 4. 致谢

本书由钟日铭编著，另外，肖秋连、钟观龙、庞祖英、钟日梅、钟春雄、刘晓云、肖世鹏、肖宝玉、陈忠、肖秋引、陈景真、张翌聚、朱晓溪、肖钊颖、陈忠钰、肖君秀、陈小敏、王世荣、陈小菊等人也参与了编写工作，他们在资料整理、视频录制和技术支持等方面做了大量、细致的工作，在此一并向他们表示感谢。

　　书中如有疏漏之处，请广大读者不吝赐教。谢谢。

　　天道酬勤，熟能生巧，以此与读者共勉。

钟日铭

# 目 录

# 第 1 章　UG NX 12.0 入门知识

**本 章 导 读**

　　UG NX 12.0（即 Siemens NX 12.0，简称 NX 12.0）是一款集 CAD/CAM/CAE 于一体的三维设计软件，广泛应用于航天航空、通用机械、汽车、模具、家用电器、消费电子等领域。

　　本章主要介绍 UG NX 12.0 的入门知识，具体内容包括 UG NX 12.0 软件概述、UG NX 12.0 基本工作环境、文件管理基本操作、用户界面定制与系统配置、视图操作、模型显示、对象选择操作、图层、编辑对象显示与视图剖切等，目的是使读者能对 UG NX 12.0 软件有一定的认识，熟悉其中的一些基本操作和功能，为今后全面、深入、系统的学习打下扎实的基础。

## 1.1　UG NX 12.0 软件概述

　　UG NX（简称 NX）是 Siemens PLM Software 公司开发的一款产品全生命周期管理软件（PLM），它为用户提供了一套集成的、全面的产品工程解决方案，功能覆盖了产品概念设计、工业设计、机械设计、管线布置、工程分析、汽车设计、挠性印制电路设计、数字化制造和结构焊接等各个方面。

　　UG NX 12.0（即 Siewens NX12.0，简称 NX12.0）由多个功能强大的应用模块组成，各应用模块由一个必备的"NX 基本环境"应用模块提供支持，即"NX 基本环境"应用模块是集成了其他应用模块的应用平台，是连接所有应用模块的基础。用户可以根据设计需要，在不同的应用模块之间切换和调用数据。启动 NX 12.0 后自动运行的一个模块是"NX 基本环境"应用模块，此时，用户可以新建部件文件、打开已经存在的部件文件、指定用户默认设置和执行外部程序等。NX 12.0 的 3 大重要模块是计算机辅助设计（CAD）模块、计算机辅助工程（CAE）模块和计算机辅助制造（CAM）模块，各大模块相互联系和作用，各自还可具有相应的子级应用模块。其中，CAD 模块是 NX 12.0 最基础也是最重要的一大模块，它为产品的设计提供了整体的 CAD 解决方案，包括"建模""外观造型设计""钣金""装配""制图""动画设计"和"布局"等这些子级的应用模块；CAE 模块主要提供产品的机构运动仿真与有限元分析；CAM 模块则包括刀具路径规划、加工模拟仿真、后处理生成数控机床加工程序等功能，可针对加工对象的特点选择合适的工艺方式，并根据不同的工艺方式提供相应的加工策略支持，降低加工工艺成本，提高产品制造效率。另外，NX 12.0 软件继续采用流行的用户界面，加快了用户检索和选择工具命令的速度，提高了设计效率，同时在设计、加工、仿真、管线布置、特定手工艺、汽车、机电概念设计等方面持续完善功能。

NX 系列软件在航天航空、汽车、通用机械、造船、医疗器械、工业设备、家用电器、日常消费电子产品、模具制造等领域得到了广泛的应用。

# 1.2　UG NX 12.0 基本工作环境

本节介绍 UG NX 12.0 基本工作环境，内容包括启动 UG NX 12.0、熟悉 UG NX 12.0 工作界面、切换应用模块和关闭 UG NX 12.0。

## 1.2.1　启动 UG NX 12.0

以 Windows 10 操作系统为例，在视窗桌面上双击 UG NX 12.0 的快捷方式图标，或者在视窗桌面左下角单击"开始"按钮，并选择"所有应用"→"Siemens NX 12.0"→"NX 12.0"命令，即可启动 NX 12.0 软件。系统先是出现如图 1-1 所示的 NX 12.0 启动画面，稍后系统弹出初始界面，如图 1-2 所示。在初始界面中，用户可以执行新建文件或打开部件文件等基本环境的一些操作。

图 1-1　NX 12.0 启动画面

图 1-2　初始界面

## 1.2.2　熟悉 UG NX 12.0 工作界面

在 UG NX 12.0 初始界面中，从功能区的"主页"选项卡的"标准"组中单击"新建"按钮，弹出"新建"对话框，接着在"模型"选项卡中指定所需模板（例如选择名称为"模型"的公制模板），并指定文件名和文件夹目录，单击"确定"按钮，便进入相关指定应用模块的工作界面，如图 1-3 所示。UG NX 12.0 工作界面主要由标题栏、"快速访问"工具栏、功能区、上边框条、资源条、图形窗口（工作区）和信息提示区等部分组成，下面分别介绍这些主要组成部分的功能。

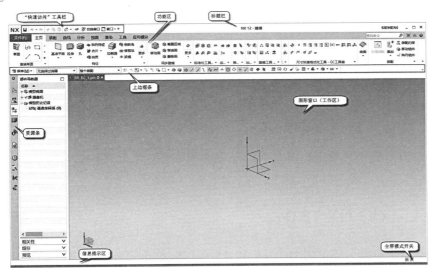

图 1-3　NX 12.0 典型的工作界面

- 标题栏：位于 NX 12.0 工作界面的最上方，主要用于显示软件名称及版本号，以及当前的应用模块图标等信息。在标题栏的右侧区域提供有"最小化"按钮□、"最大化"按钮□/"还原"按钮🗗、"关闭"按钮✕，分别用于最小化工作界面、最大化工作界面/还原工作界面和关闭工作界面。

- "快速访问"工具栏：主要用于显示和收集一些常用工具以便用户快速访问相应的命令。在默认情况下，"快速访问"工具栏嵌入到标题栏中。用户可以根据实际需要，通过单击"快速访问"工具栏右端的"工具条选项"按钮▼并执行相应的操作来为该工具栏添加或移除相关的工具按钮。

- 功能区：包含依据应用模块功能分类提供的若干选项卡，每个选项卡又包含若干个面板（组），即又包含若干个组工具命令。

- 图形窗口（工作区）：是绘制草图、实体建模、产品装配、运动仿真等设计工作的主要场所。

- 上边框条：位于功能区的下方、图形窗口的上方，由"菜单"按钮🗗菜单(M)、"选择"工具栏（可简称为选择条）、"视图"工具栏和"实用程序"工具栏组成，如图 1-4 所示。

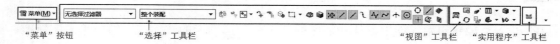

图 1-4　上边框条的组成

- 资源条：提供多个资源选项，单击每个资源选项按钮都会打开相应的面板。例如，单击"部件导航器"按钮🖿，则打开"部件导航器"资源板以显示建模方式、模型视图、摄像机、模型历史记录这些部件资源信息。

- 信息提示区：该区主要是为了实现人机对话，例如，显示命令执行过程中需要用户做出的下一步操作，以及显示当前操作步骤或当前操作结果。

## 1.2.3　切换应用模块

新建或打开一个部件文件后，如果要从当前应用模块切换至其他应用模块，那么可以在功能区中打开"文件"选项卡，如图 1-5 所示。接着从"文件"选项卡的"启动"选项组中选择要切换至的应用模块命令选项，或者从"所有应用模块"级联菜单中选择所需的应用模块命令选项。

## 1.2.4　关闭 UG NX 12.0

完成并保存作业后，要关闭 UG NX 12.0，则可以在功能区中打开"文件"选项卡并接着选择"退出"命令即可，也可以直接在标题栏的右侧单击"关闭"按钮✕。

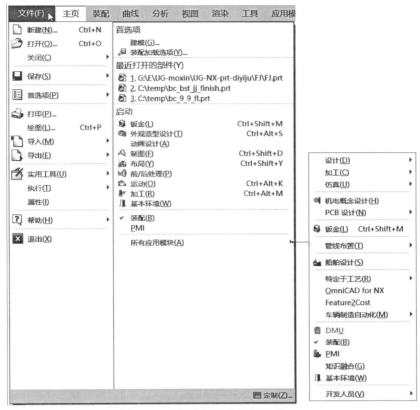

图 1-5　切换应用模块操作示意

# 1.3　文件管理基本操作

文件管理基本操作主要包括新建文件、打开文件、保存文件、导入文件与导出文件、关闭文件等。

## 1.3.1　新建文件

在"快速访问"工具栏中单击"新建"按钮，或者按 Ctrl+N 快捷键，弹出"新建"对话框，如图 1-6 所示，该对话框提供了"模型""图纸""布局""仿真""加工""检测""机电概念设计""冲压生产线""生产线设计""船舶结构""船舶整体布置""DMU""增材制造""加工生产线规划器"这 14 个选项卡，它们分别用于指定所要创建文件的类型，设定单位、文件名和文件夹路径（存储目录）等。需要注意的是 NX 12.0 在默认情况下支持中文名和中文目录。

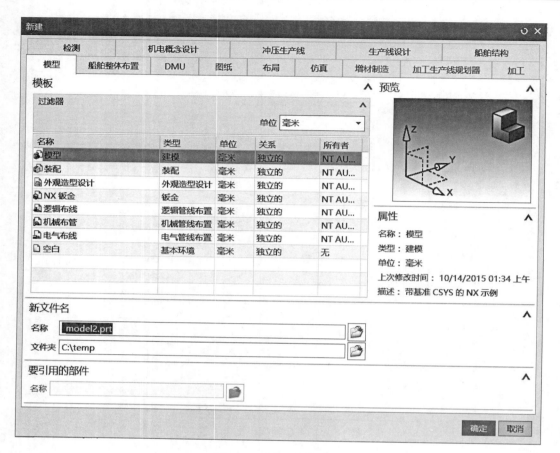

图1-6 "新建"对话框

下面以创建一个模型部件文件为例。

**1** 按 Ctrl+N 快捷键，弹出"新建"对话框。

**2** 在"新建"对话框中切换至"模型"选项卡，在"模板"选项组的"过滤器"子选项组的"单位"下拉列表框中选择"毫米"，在模板列表中选择名称为"模型"的模板。

**3** 在"新文件名"选项组的"名称"文本框中输入新文件名，在"文件夹"文本框右侧单击"浏览"按钮，弹出如图1-7所示的"选择目录"对话框，通过该对话框寻找所需的文件夹，或在某文件夹路径下单击"创建新文件夹"按钮，创建一个新文件夹作为新文件的存储目录文件夹。选定存储目录文件夹后，单击"选择目录"对话框中的"确定"按钮，返回到"新建"文件夹。

**4** 在"新建"对话框中单击"确定"按钮，从而完成创建一个模型部件文件。

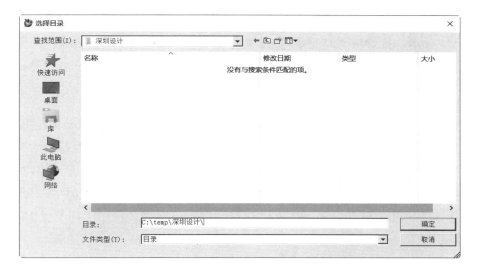

图 1-7 "选择目录"对话框

## 1.3.2 打开文件

在"快速访问"工具栏中单击"打开"按钮，或者按Ctrl+O快捷键，弹出"打开"对话框，如图1-8所示。通过"查找范围"下拉列表框指定文件查找的路径，接着在文件列表框中选择位于该路径下的所需部件文件，可以选中"预览"复选框以打开文件的预览，接着在对话框左下角区域设置模型加载选项，然后单击OK按钮。

图 1-8 "打开"对话框

如果要打开最近几次使用过的部件文件，那么可以在功能区中单击"文件"选项卡标签，打开"文件"选项卡，接着从"最近打开的部件"列表中选择要打开的部件文件即可。

### 1.3.3 保存文件

在"快速访问"工具栏中单击"保存"按钮🖫，或者按 Ctrl+S 快捷键，或者在功能区"文件"选项卡中选择"保存"→"保存"命令，可以保存工作部件和任何已经修改的组件。

如果要用其他名称保存当前工作部件，那么在功能区"文件"选项卡中选择"保存"→"另存为"命令，系统弹出如图 1-9 所示的"另存为"对话框，此时可以为当前工作部件指定新的存储路径和文件名，还可以在"保存类型"下拉列表框中选择文件储存的数据格式，完成相关设置后，单击OK按钮。

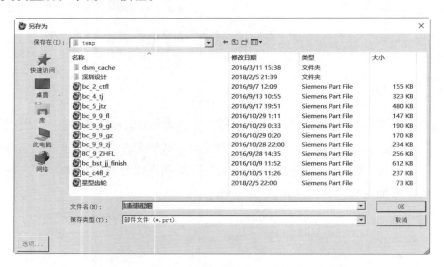

图 1-9 "另存为"对话框

在功能区"文件"选项卡的"保存"级联菜单中，除了提供"保存"命令和"另存为"命令之外，还提供"仅保存工作部件"命令、"全部保存"命令、"保存书签"命令和"保存选项"命令。"仅保存工作部件"命令用于仅保存工作部件；"全部保存"命令用于保存所有已修改的部件和所有的顶层装配部件；"保存书签"命令用于在书签文件中保存装配关联，包括组件可见性、加载选项和组件组；"保存选项"命令用于定义保存部件文件时要执行的操作。

### 1.3.4 导入文件与导出文件

在实际工作中，由于某些客户所用设计软件的不同，在彼此需要交流和沟通的情况下，经常会进行导入文件或导出文件的操作。NX 中的导入文件操作是指将符合 NX 文件格式要求的文件导入到 NX 系统中；导出文件操作则是指将 NX 创建的文件以其他格式导出，如 Parasolid、

STL、STEP203、STEP214、CATIA V5 等，导出的文件可以用相应的设计软件打开，并可在此基础上进行设计编辑工作。文件导入与导出可能会造成个别元素丢失的情况，这需要用户在工作时多加注意。

在功能区"文件"选项卡中选择"导入"选项便可展开如图 1-10 所示的"导入"级联菜单，接着根据要导入的文件格式选择相应的导入选项，并进行相关的导入设置操作，即可完成所选文件的导入。

在功能区"文件"选项卡中选择"导出"选项，展开如图 1-11 所示的"导出"级联菜单，接着根据要导出的文件格式选择相应的导出选项，并进行相关的导出设置操作，即可完成当前文件的导出。

图 1-10　"导入"级联菜单

图 1-11　"导出"级联菜单

### 1.3.5 关闭文件

NX 12.0 为用户提供了用于关闭文件的多种命令，如表 1-1 所示，它们位于功能区的"文件"选项卡的"关闭"级联菜单中。用户可以根据实际情况选择合适的关闭命令来关闭文件。

表 1-1 关闭文件的命令一览表

| 序号 | 命令 | 功能用途 |
|---|---|---|
| 1 | 选定的部件 | 关闭选定的部件并保持会话继续运行 |
| 2 | 所有部件 | 关闭所有的部件并保持会话继续运行 |
| 3 | 保存并关闭 | 保存并关闭工作部件 |
| 4 | 另存并关闭 | 用其他名称保存工作部件并关闭 |
| 5 | 全部保存并关闭 | 保存并关闭当前会话中加载的所有部件 |
| 6 | 全部保存并退出 | 保存所有已修改的部件并结束会话 |
| 7 | 关闭并重新打开选定的部件 | 使用磁盘上存储的版本更新选定的修改部件 |
| 8 | 关闭并重新打开所有修改的部件 | 使用磁盘上存储的版本更新所有修改部件 |

# 1.4 用户界面定制与系统配置

本节介绍用户界面定制与系统配置的实用知识。

### 1.4.1 定制用户界面

在 NX 12.0 中，可以通过"定制"命令来定制个性化的用户界面。按 Ctrl+1 快捷键，或者单击"菜单"按钮 菜单(M)▾ 并选择"工具"→"定制"菜单命令，系统弹出如图 1-12 所示的"定制"对话框，利用该对话框可以为指定菜单和工具条等添加工具命令，可以定制功能区选项卡、边框条、快捷方式、图标大小、工具提示等。例如，要在功能区中增加"曲面"选项卡，则在"定制"对话框中切换至"选项卡 / 条"选项卡，接着在"选项卡 / 条"列表框中增加选中"曲面"复选框，如图 1-13 所示，此时，在功能区中便增加了一个"曲面"选项卡。

图 1-12　"定制"对话框

图 1-13　定制功能区要启用的选项卡

## 1.4.2　使用"角色"功能

NX 12.0 中的"角色"为用户提供了一种先进的界面控制方式，可以根据用户的经验水平、行业或公司标准保留相应任务所需的工具，这样简化了 NX 的当前用户界面。不同的角色界面保留不同任务所需的工具命令。"基本功能"角色是 NX 的默认初始角色，该角色的界面仅提供一些常用的命令工具，比较适合第一次使用 NX 的新手用户或临时用户使用。NX 12.0 为用户提供了多种角色，分"内容"和"演示"两大类，在"内容"类别中，系统提供的角色有"基本功能"角色、"CAM 基本功能"角色、"CAM 高级功能"角色和"高级"角色，而在"演示"类别中，系统提供的角色有"默认"角色、"高清"角色、"触摸屏"角色和"触摸板"角色。用户可以根据自身情况选用适合自己的角色。

要更改默认角色，则在资源条中单击"角色"按钮，切换至"角色"资源板窗口，接着选择"内容"或"演示"，再从各自类别中选择所需的角色即可，如图 1-14 所示。

本书为了介绍更多的实用功能，使用了 NX 12.0"内容"类别下的"高级"角色为例，书中所有范例都是在"高级"角色下进行操作的。"高级"角色提供了一组更广泛的工具命令，不但支持简单的设计任务，还支持高级的设计任务。

## 1.4.3　定制用户默认设置

在功能区"文件"选项卡中选择"使用工具"→"用户默认设置"命令，打开如图 1-15 所示的"用户默认设置"对话框，利用该对话框可以在站点、组和用户级别控制众多命令和对话框的初始设置和参数，即可以通过编辑其中各项来定制个性化的工作环境。设置完成后单击"确定"按钮，之后重启 NX 12.0 将使"用户默认设置"的更改生效。

图 1-14　更改默认角色

图 1-15　"用户默认设置"对话框

## 1.4.4　首选项设置

首选项设置也是调整 NX 工作环境的一个途径。利用功能区"文件"选项卡的"首选项"菜单，可以为当前正在使用的应用模块设置相关方面的首选项。例如，新建一个模型部件文件后，即在"建模"应用模块中，从功能区"文件"选项卡的"首选项"菜单中选择"背景"选项，系统弹出如图 1-16 所示的"编辑背景"对话框，从中设置当前文件的图形窗口背景特性，如颜色和渐变效果；而如果从功能区"文件"选项卡的"首选项"菜单中选择"建模"命令，则弹出如图 1-17所示的"建模首选项"对话框，从中对建模命令设置参数和特性,具体包括建模的"常规""自由曲面""分析""编辑""仿真""更新"六大方面。

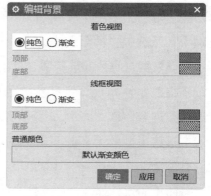

图 1-16　"编辑背景"对话框

需要特别说明的是，此后新建的文件将不继承对首选项的更改，这与用户默认设置不同。

图 1-17　"建模首选项"对话框

# 1.5　模型显示与视图操作

在实际部件建模和产品装配过程中，离不开模型显示与视图操作。模型显示与视图操作涉及的内容较多，有些功能只有在专业人员进行渲染时才会使用，在此就不加以介绍，本节仅对其中较为常用的操作进行介绍。

## 1.5.1　视图渲染样式

视图渲染样式也称视图显示样式。在设计工作中，为了获得不同的模型视图观察效果，通常需要对视图渲染样式进行更改。NX 12.0 提供如表 1-2 所示的几种渲染样式，用户可以在功能区"视图"选项卡的"样式"组中进行设置，也可以在上边框条的"视图"工具栏中设定所需的渲染样式。

表 1-2　视图渲染样式

| 序号 | 渲染样式 | 图标 | 说明 | 图例 |
|---|---|---|---|---|
| 1 | 带边着色 | | 用光顺着色和打光渲染（工作视图中的）面并显示面的边 | |
| 2 | 着色 | | 用光顺着色和打光渲染工作视图中的底面，但不显示面的边 | |
| 3 | 带有淡化边的线框 | | 按边几何元素渲染（工作视图中的）面，使隐藏边淡化，并在旋转视图时动态更新面 | |
| 4 | 带有隐藏边的线框 | | 按边几何元素、不可见隐藏边渲染（工作视图中的）面，并在旋转视图时动态更新面 | |
| 5 | 静态线框 | | 按边几何元素渲染（工作视图中的）面，旋转视图后必须用"更新显示"工具命令来校正隐藏边和轮廓线 | |
| 6 | 艺术外观 | | 根据指派的基本材料、纹理和光源实际渲染（工作视图中的）面 | |
| 7 | 面分析 | | 用曲面分析数据渲染（工作视图中的）面来分析面，用边几何元素渲染剩余的面 | |
| 8 | 局部着色 | | 用光顺着色和打光渲染（工作视图中的）局部着色面，用边几何元素渲染剩余的面 | |

## 1.5.2　视图定向

　　要对视图进行定向，可以在上边框条的"视图"工具栏中打开"定向视图"下拉列表框，如图 1-18 所示，接着从该下拉列表框中选择所需定向视图的按钮即可，可供选择的标准定向按钮图标有 8 个，即"正三轴测图"、"俯视图"、"正等测图"、"左视图"、"前视图"、"右视图"、"后视图"和"仰视图"。用户也可以在图形窗口的空白区域处单击鼠标右键，接着从弹出的快捷菜单的"定向视图"级联菜单中选择所需的定向视图命令，如图 1-19 所示。

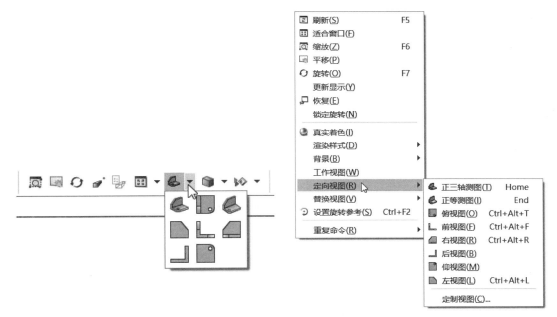

图 1-18 "视图"工具栏的"定向视图"下拉列表框　　图 1-19 快捷菜单中的定向视图命令

## 1.5.3 使用鼠标操控视图

在 NX 12.0 中，用户可以使用鼠标按键对视图进行平移、缩放和旋转等操作，提高绘图建模的实际效率。使用鼠标按键操控视图的方法如表 1-3 所示。

表 1-3 使用鼠标操控视图的方法

| 序号 | 视图操作 | 操作步骤 / 备注 |
|---|---|---|
| 1 | 平移 | 在视图中同时按住鼠标中键和右键不放，接着移动鼠标可平移视图；或者按住 Shift 键的同时按住鼠标中键并移动鼠标，亦可平移视图 |
| 2 | 缩放 | 在视图中同时按住鼠标左键和中键不放，接着移动鼠标可缩放视图；或者将指针置于图形窗口中，滚动鼠标中键滚轮，亦可缩放视图 |
| 3 | 旋转 | 在视图中按住鼠标中键并拖动鼠标，可旋转视图 |

**知识点拨：**

在位于上边框条的"视图"工具栏中也提供操控视图的相应工具按钮，如"缩放"按钮、"平移"按钮和"旋转"按钮○。

● "缩放"按钮：单击该按钮（对应快捷键为 F6 键），在图形窗口中按住鼠标左键画出一个矩形，然后松开鼠标左键，便放大视图中的某一特定区域（由矩形区域定义）。

● "平移"按钮：单击该按钮，通过按住鼠标左键并拖动鼠标来平移视图。

●"旋转"按钮○：单击该按钮（对应快捷键为 F7 键），通过按住鼠标左键并拖动鼠标来旋转视图。

## 1.5.4 适合窗口

按 Ctrl+F 快捷键，或者在上边框条的"视图"工具栏中单击"适合窗口"按钮▦，可以调整工作视图的中心和比例，从而显示所有对象。

# 1.6 对象选择操作

在机械零件的建模过程中，很多实体的创建和编辑都涉及对象选择操作。下面对常用的对象选择操作方法进行介绍。

## 1.6.1 常规选择

常规选择分两种情况，一种是选择单个对象，另一种是选择多个对象。要选择单个对象，使用鼠标直接单击该对象即可。要选择多个对象，则使用上边框条中的"矩形"按钮▢或"套索"按钮◌来进行多选，还可以通过"画圆"按钮⊙来使用画圆动作进行多选。要取消选择对象，按住 Shift 键的同时并单击该对象，或者按 Esc 键。

## 1.6.2 使用"快速选取"对话框

在建模过程中，有时必须要选择某些边缘、面、特征、体对象等，但是由于在选择区域聚集了多个对象，使用常规选择方法很难准确地选择到所需对象。在这种情形下，推荐使用"快速选取"对话框来选择它们当前的某个特定对象。

当有多个对象紧靠在一起时，将鼠标指针悬停在所需对象上方不动，当指针旁边显示有 3 个点时单击鼠标左键，则系统弹出"快速选取"对话框，如图 1-20 所示，接着在"快速选取"对话框中单击相应的类型按钮（如"所有对象"按钮⊕、"特征"按钮🐾或"体对象"按钮🔩等）以使对象列表框只显示设定类型的对象，将鼠标移至对象列表框中的某一个对象时，则该对象在图形窗口中高亮显示，此时单击鼠标左键即可选择该特定对象。

## 1.6.3 使用选择条

在执行某些命令的操作过程中，可以利用位于上边框条中的选择条（如图 1-21 所示）进行选择过滤器设置，以便准确地选择所需的对象。

图 1-20　"快速选取"对话框

图 1-21　选择条

## 1.6.4　使用"类选择"对话框

如果在事先没有选择对象的情况下执行某些编辑工具命令，系统可能会弹出如图 1-22 所示的"类选择"对话框，接着可通过该对话框提供的以下几种过滤器来选择对象。各种过滤器可以组合使用，必要时还可使用对话框中的"反选"按钮功能。

图 1-22　"类选择"对话框

● 类型过滤器：通过指定对象的类型来限制选择范围。
● 图层过滤器：通过指定对象所在的图层来限制选择范围。
● 颜色过滤器：通过指定对象的颜色来限制选择范围。
● 属性过滤器：通过指定对象的属性来限制选择范围。

# 1.7 图层

同很多主流的设计软件一样，NX 也具有图层的概念。本节分别介绍图层概念、图层设置、移动至图层、设置图层可见性等知识。

## 1.7.1 图层概念

NX 中的图层好比一张透明的薄纸，用户可以根据需要使用相关的设计工具在该"薄纸"上绘制所需的对象（可以是任何数目的对象），这些透明的薄纸在图形窗口中叠放在一起便形成了整个的项目模型。NX 部件预设有 256 个图层，但仅有一个图层是当前工作图层。所有的操作只能在工作图层上进行，其他图层可通过可见性等设置进行辅助工作以达到设计的目的和效果。如果要在某层中创建对象，那么应该在创建该对象前将该层设为工作图层。

NX 图层的类别范围习惯上可以这样分类：1~10 号图层为实体（Solid）层、11~20 号图层为片体（Sheets）层、21~40 号图层为草图（Sketch）层、41~60 号图层为曲线（Curve）层、61~80 号图层为基准对象（Datum）层、81~256 号图层为用户自定的图层。用户可根据设计需要，对所构建的对象进行层管理，这种习惯有利于为管理大型设计项目的内容打下良好的基础。

用户需要了解如表 1-4 所列出的几种图层性质（状态）。

表 1-4　图层的 4 种性质（状态）

| 序号 | 图层性质（状态） | 说明 |
|---|---|---|
| 1 | 工作图层 | 工作图层是当前创建模型对象所在的图层，NX 只允许设定一个图层作为当前图层 |
| 2 | 可选图层 | 可选图层包含的对象可以显示，并可以对该对象隐藏、删除或基于该对象创建其他对象，但是新创建的对象位于当前工作图层上 |
| 3 | 不可见图层 | 包含的对象在图形窗口中不被显示，也不被选择，除工作图层外任何其他层都可设为不可见图层，用户可以根据需要改变图层的性质 |
| 4 | 仅可见图层 | 包含的对象在图形窗口中显示，但是不可选择，除工作图层外任何其他层都可设为仅可见图层，用户可以根据需要改变图层的性质 |

## 1.7.2 图层设置

单击"菜单"按钮 菜单(M)▼ 并接着选择"格式"→"图层设置"命令，或者在功能区"视图"选项卡的"可见性"组中单击"图层设置"按钮，打开如图 1-23 所示的"图层设置"对话框，从中可查找来自对象的图层，设置工作图层、可见和不可见图层，并可以定义图层的类别名称等。用户需要掌握图层设置的以下几个操作。

（1）当"查找以下对象所在的图层"选项组中的"选择对象"按钮⊕处于被选中状态时，在图形窗口中选择所需对象，即可选择当前对象所在的图层。

（2）在"工作层"选项组的"工作层"文本框中输入要设为当前工作图层的层号，按Enter键，此时所输入的层号在"图层／状态"列表框中标识有"工作"字样。对于其他图层，可以通过在"图层／状态"列表框中单击对应的属性复选框来改变其图层属性。另外，亦可通过上边框条的"视图"工具栏的"工作图层"框来设定工作图层，即定义创建时对象所在的图层。

（3）在"图层"选项组中可按"范围／类别"等设置来筛选图层，在筛选图层时，需要注意"显示"下拉列表框的选项设置。

（4）在"图层"选项组中单击"添加类别"按钮📚，在"图层／状态"列表框中会显示新创建的类别名称，用户可以对新创建的类别进行重新命名。

（5）选择所需的图层后，在"图层"选项组中展开"图层控制"子选项组，如图1-24所示，此时可以单击相应的按钮来定义其图层类别（状态），如设为可选、设为工作图层、设为仅可见、设为不可见。

图 1-23　"图层设置"对话框　　　图 1-24　"图层控制"子选项组

（6）如果在"图层控制"子选项组中单击"信息"按钮🛈，则弹出一个"信息"窗口，该"信息"窗口提供了当前工作部件的所有图层信息，以便用户查找。

### 1.7.3 移动或复制至图层

用户可以将对象从一个图层移动或复制到另一个图层中去。下面分别介绍相应的功能。

**1. 移动至图层**

要将选定对象移动到另一个图层，则可以按照以下的方法、步骤来进行。

**1** 在没有先选择图形对象的情况下，在功能区"视图"选项卡的"可见性"组中单击"移动至图层"按钮，系统弹出如图 1-25 所示的"类选择"对话框。

**2** 通过"类选择"对话框选择要移动的对象，注意在进行选择操作时可以巧妙地使用合适的过滤器来限定对象选择范围。选择好要移动的对象后单击"确定"按钮，系统弹出如图 1-26 所示的"图层移动"对话框，同时 NX 系统提示用户选择要放置已选对象的图层。

图 1-25　"类选择"对话框

图 1-26　"图层移动"对话框

**3** 注意类别过滤器的设置，在图层列表中选择要放置已选对象的图层，在"目标图层或类别"文本框中将显示选择的结果（如目标图层）。

为了确认要移动的对象准确无误，可以在"图层移动"对话框中单击"重新高亮显示对象"按钮，这样已选对象将在图形窗口中高亮显示。如果要选择新对象，那么可单击"选择新对象"按钮，接着利用打开的"类选择"对话框来选择要移动的新对象。

**4** 确认要移动的对象和要移动到的目标图层后，在"图层移动"对话框中单击"应用"按钮或"确定"按钮。

**2. 复制至图层**

在功能区"视图"选项卡的"可见性"组中单击"更多"→"复制至图层"按钮，可以将选定对象从一个图层复制到另一个指定的图层中。这个工具命令在建模中非常实用，在不知道是否需要对当前对象进行编辑时，可以先将其复制到另一个图层，然后可以对当前对象进行编辑，如果编辑失误还可以调用复制的副本对象。

"复制至图层"的具体操作方法和"移动至图层"类似，这里不再赘述。

# 1.8　编辑对象显示与视图剖切

本节介绍编辑对象显示与视图剖切两方面的内容。

## 1.8.1　编辑对象显示

要编辑对象显示，先单击"菜单"按钮 **菜单(M)▾**，接着选择"编辑"→"对象显示"命令（对应的快捷键为 Ctrl+J），弹出"类选择"对话框，利用"类选择"对话框选择要编辑的对象后单击"确定"按钮，弹出"编辑对象显示"对话框。"编辑对象显示"对话框提供"常规"和"分析"两个选项卡，分别如图 1-27（a）和图 1-27（b）所示。其中，利用"常规"选项卡，可以修改对象的图层、颜色、线型、宽度、透明度、着色和线框显示等；利用"分析"选项卡，则可以修改对象的分析显示状态，包括曲面连续性显示、

（a）"常规"选项卡　　（b）"分析"选项卡

图 1-27　"编辑对象显示"对话框

截面分析显示、曲线分析显示、曲面相交显示、偏差度量显示和高亮线显示等方面。

## 1.8.2　视图剖切应用

在机械设计工作中，当观察比较复杂的机械零件（如腔体形式的零件）或机械装配体时，用户可以使用视图剖切工具，以在工作视图中通过假想的平面剖切实体模型，并假设去除实体的多余部分，从而便于对模型内部结构进行观察或进一步操作，这样有利于评估设计是否合理和准确。对于装配体，还可以通过视图剖切直观地检查干涉情况。

在功能区"视图"选项卡的"可见性"组中提供有"编辑截面"按钮 🔲 和"剪切截面"按钮 🔲，用户也可以将这两个按钮调出在上边框条的"视图"工具栏中。"编辑截面"按钮 🔲 用于编辑工作视图截面或者在没有截面的情况下创建新的截面，装配导航器将列出所有现有截面。

创建好剖切截面后，可以通过"剪切截面"按钮 来设置是否启用"视图剖切"，以使视图在剖切状态和非剖切状态之间切换。

在功能区"视图"选项卡的"可见性"组中单击"编辑截面"按钮 ，弹出如图 1-28 所示的"视图剖切"对话框。单击"编辑截面"按钮 时，则"可见性"组中的"剪切截面"按钮 自动切换到被选中的状态。在"类型"选项组的"类型"下拉列表框中提供了用于定义视图截面的 3 个选项，包括"一个平面""两个平行平面""方块"。不管选择哪个类型，都需要确定截面名、剖切平面、偏置参数，还可根据设计需要进行显示设置、截断面设置、2D 查看器设置、截面系列设置等。

下面通过一个典型的范例介绍视图剖切工具（包括"编辑截面"按钮 和"剪切截面"按钮 ）的应用方法和步骤。

① 按 Ctrl+O 快捷键，弹出"打开"对话框，选择"CH1\BC_1_DIZHUO.prt"文件，单击 OK 按钮，该文件已有的实体模型如图 1-29 所示。

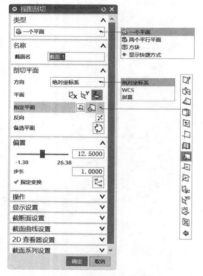

图 1-28　"视图剖切"对话框　　　　图 1-29　已有的实体模型

② 在功能区"视图"选项卡的"可见性"组中单击"编辑截面"按钮 ，弹出"视图剖切"对话框。

③ 从"类型"选项组的"类型"下拉列表框中选择"一个平面"选项。

④ 在"名称"选项组的"截面名"文本框中接受默认的截面名为"截面 1"。用户可更改默认的截面名。

⑤ 在"剖切平面"选项组的"方向"下拉列表框中选择"绝对坐标系"选项，接着单击"设置平面至 Y"按钮 ，在"偏置"选项组中设置偏置值为 0。

**知识点拨：**

　　如果通过"设置平面至 X"按钮 ⊠x、"设置平面至 Y"按钮 ⊠Y 和"设置平面至 Z"按钮 ⊠z 无法得到所需的剖切平面，那么还可以利用"指定平面"下拉列表框的平面选项来定义所需的剖切平面。指定剖切平面后，可以通过在"偏置"选项组中拖动滑块来在图形窗口中动态观察模型截面变化情况。

　　**⑥** 展开"显示设置"选项组，从"类型"下拉列表框中选择"截面"选项，选中"显示操控器"复选框；再展开"截断面设置"选项组，选中"显示截断面"复选框，采用默认的颜色选项和截断面颜色；接着展开"截面曲线设置"选项组，选中"显示截面曲线预览"复选框，采用默认的颜色选项和颜色，图层选项为"工作的"，如图 1-30 所示。

 **知识点拨：**

　　如果在"显示设置"选项组的"类型"下拉列表框中选择另外一个选项，即"切面"选项，并取消选中"显示操控器"复选框，那么此时在图形窗口中只显示切面效果，如图 1-31 所示。

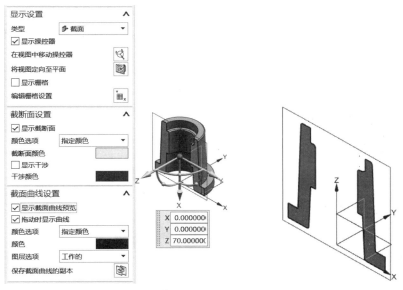

图 1-30　进行显示、截断面和截面曲线设置　　　　图 1-31　切面显示

　　**⑦** 展开"2D 查看器设置"选项组，选中"显示 2D 查看器"复选框，则弹出一个"2D 截面查看器"窗口显示 2D 截面，如图 1-32 所示。用户可以根据设计情况设置 2D 视图中的着色端盖预览，指定旋转方位等。

　　**⑧** 展开"截面系列设置"选项组，如图 1-33 所示，在"截面数"文本框中设置截面数为 1，截面间距采用默认值。

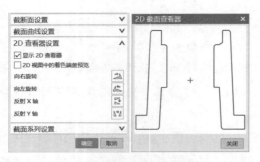

图 1-32　设置显示 2D 查看器

图 1-33　截面系列设置

⑨ 单击"确定"按钮，此时"视图"工具栏中的"剪切截面"按钮 处于被选中的状态，可以在图形窗口中保持启用视图剖切状态，如图 1-34 所示。

⑩ 在"视图"工具栏中单击"剪切截面"按钮 ，取消它的选中状态，则将模型视图恢复到完整的原始显示状态。此时，单击资源条上的"装配导航器"按钮 ，打开装配导航器，可以在"截面"节点下看到刚创建的"截面 1"节点标签，如图 1-35 所示。

图 1-34　完成创建截面

图 1-35　装配导航器

# 1.9　思考与上机练习

（1）NX 12.0 的工作界面主要由哪些部分组成？其中上边框条包括哪些要素？

（2）在 NX 12.0 中，保存文件的命令有哪些？分别在什么情况下使用？

（3）"角色"功能有哪些优势？

（4）如何使用鼠标操控视图方位？

（5）在 NX 12.0 中，主要有哪些方式完成对象选择操作？

（6）如何理解 NX 中的"图层"概念？

（7）如何编辑对象显示？

（8）请总结创建视图剖切截面的一般方法和步骤。

（9）上机练习：打开"CH1\BC_1_EX9"文件，练习的模型效果如图 1-36 所示，在该文件中分别练习视图定向、更改各种视图渲染样式、编辑对象显示、视图剖切等操作。

图 1-36　练习模型

# 第 2 章 草图设计

**本章导读**

　　草图设计是三维模型设计的基础，很多三维模型的建模都依赖于所关联的草图，例如，通过对二维草图轮廓进行拉伸、旋转、扫掠等操作可以生成实体或片体对象。

　　本章主要介绍 NX 草图设计的实用知识，包括草图概述、创建草图、绘制草图曲线、草图编辑与操作、草图约束、草图重新附着平面和草图综合绘制范例等。

## 2.1 草图概述

　　草图是指特定平面上的曲线和点的集合，草图中的曲线和点可以通过尺寸约束和几何约束来实现参数化驱动。很多特征的建模都离不开草图设计，创建的草图可以用于生成拉伸、旋转或扫掠等实体特征，所生成的实体特征与草图之间存在着关联性，修改草图时，关联的实体特征也会自动更新。这样可以提高模型特征修改工作的效率。

　　草图特征通常应用在如表 2-1 所示的几种场合。

表 2-1　应用草图特征的几种场合

| 序号 | 适用场合 |
|---|---|
| 1 | 如果实体模型的形状自身适合通过拉伸或旋转等操作完成时，可以创建用于拉伸或旋转等的草图截面 |
| 2 | 创建草图用作扫掠特征的引导路径或用作自由形状特征的生成母线等 |
| 3 | 当用户需要通过参数化控制平面曲线时 |
| 4 | 用于构建 2D 概念布局 |

　　下面介绍草图绘制的基本流程、草图预设置和两种草图模式。

## 2.1.1 创建草图特征的基本流程

NX 12.0 的草图绘制与编辑功能是很强大的。在 NX 12.0 中创建草图特征的基本流程如下。

**1** 根据建模目标确定设计意图，按用户公司标准设置用于建立草图的层，并可以定制草图方面的用户默认设置，也可以采用默认设置。

**2** 建立草图。在常规情况下，选择和定向草图平面进入草图绘制状态，可以对草图进行命名，并可以根据需要进行草图参数预设置。

**3** 根据设计意图绘制和编辑草图曲线，可以先使用相关的草图工具大致绘制曲线，再对其进行相应编辑，添加尺寸约束和几何约束，以使草图曲线达到设计要求。

**4** 完成草图。

## 2.1.2 草图用户默认设置与首选项设置

用户可以事先定制草图的用户默认设置，其方法是在功能区"文件"选项卡中选择"实用工具"→"用户默认设置"命令，弹出"用户默认设置"对话框，接着在左侧的列表框中选择"草图"类别，再选择该类别下的"常规""自动判断约束和尺寸"或"选择意图规则"子类别，可以分别为草图的这些子类别定制相应的用户默认设置。例如，选择"草图"类别下的"常规"子类别，如图 2-1 所示，此时可定制以下内容的用户默认设置。

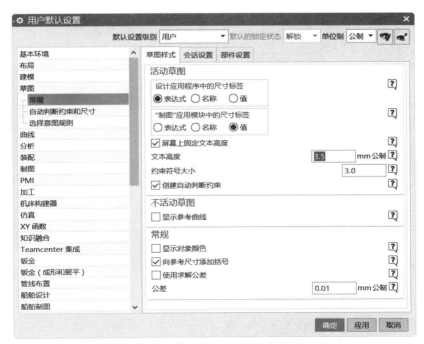

图 2-1 定制草图常规内容的用户默认设置

- ●草图样式：在"草图样式"选项卡中，主要设置设计应用程序中的尺寸标签、"制图"应用模块中的尺寸标签、文本高度、约束符号大小、是否创建自动判断的约束等。
- ●会话设置：在"会话设置"选项卡中，主要对捕捉角（对齐角）、任务环境、名称前缀等进行默认设置。
- ●部件设置：在"部件设置"选项卡中，主要对草图中各种对象的颜色进行默认设置，这些对象包括曲线、约束和尺寸、自动尺寸、过约束的对象、冲突对象、未解算的曲线、参考尺寸、参考曲线、部分约束曲线、完全约束曲线、过期对象、自由度箭头、配方曲线和不活动草图。

需要注意的是对用户默认选项的更改要在重新启动 NX 后才生效。

另外，新建或打开一个部件文件后，用户也可以设置当前部件草图的首选项。在功能区"文件"选项卡中选择"首选项"→"草图"命令，打开如图 2-2 所示的"草图首选项"对话框，从中设置控制草图任务环境的行为和草图对象显示的首选项，内容包括"草图设置""会话设置""部件设置"3 个方面。用户首选项设置只作用于当前文件，而新建文件不继承对首选项的更改，而是继承自用户默认设置。

（a）"草图设置"选项卡

（b）"会话设置"选项卡

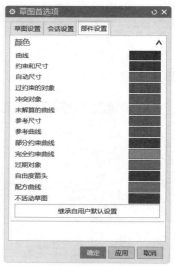

（c）"部件设置"选项卡

图 2-2　"草图首选项"对话框

## 2.1.3　两种草图模式

在 NX 中有两种草图模式，即草图任务环境模式和直接草图模式。

### 1. 草图任务环境模式

NX 12.0 为用户提供传统的、集中了一系列草图工具的草图任务环境，从中可以很方便地控制草图的建立选项，控制关联模型的更新行为。通常要在二维方位中建立新草图时，或者编辑某特征的内部草图时，可以选择草图任务环境模式绘制、编辑草图。

在上边框中单击"菜单"按钮 菜单(M) ▼，接着选择"插入"→"在任务环境中绘制草图"命令，或者在功能区"曲线"选项卡中单击"在任务环境中绘制草图"按钮 （需要用户通过设置将此按钮调出在"曲线"选项卡上），打开"创建草图"对话框，利用该对话框指定草图类型、草图平面参照等后单击"确定"按钮，进入草图任务环境。在草图任务环境中，功能区的"主页"选项卡提供了"草图""曲线""约束"3个组的工具集，如图2-3所示。

图2-3　草图任务环境的功能区"主页"选项卡

NX 12.0会自动为新创建的草图赋予一个有数字后缀的默认名，如SKETCH_000，该草图名显示在功能区"主页"选项卡的"草图"组的"草图名"下拉列表框中。使用此"草图名"下拉列表框可以定义当前草图的名称（即命名草图）或激活一个现有的草图（通过从列表中选择）。

在草图任务环境中使用相关工具完成创建草图曲线之后，在"草图"组中单击"完成"按钮 ，即可完成草图特征并退出草图任务环境。

**2. 直接草图模式**

直接草图只需进行少量的鼠标单击操作，便可以快速方便地绘制和编辑草图。通常，在当前模型方位中创建新草图时，或实时查看草图改变对模型的影响时，或编辑有限数的下游特征草图时，可选择直接草图模式来绘制草图。

在"建模"应用模块的功能区"主页"选项卡中有一个"直接草图"组，使用"直接草图"组中的工具按钮可以在当前应用模块中直接创建平面上的草图，而不必进入草图任务环境中。当使用"直接草图"组中的工具按钮创建点或曲线时，NX将建立一个草图并将其激活，此时新草图名出现在部件导航器中的模型历史树中，指定的第一点（可在屏幕位置、点、曲线、表面、平面、边、指定平面、指定基准坐标系上定义第一点）将定义草图平面、方向和原点。例如，在"直接草图"组中单击"直线"按钮 ，将弹出一个"直线"对话框，如图2-4所示，接着在图形窗口中指定第一点作为直线的起点，而此时NX根据指定的第一点自动判断一个草图平面，并且"直线"对话框不再提供用于定义草图平面的"草图"按钮 ，接着指定另一点便可在该默认草图平面上绘制一条直线。然后还可以在"直接草图"组中单击其他所要使用的草图工具，在当前草图平面上继续绘制其他草图对象。

如果先在"直接草图"组中单击"草图"按钮 ，则系统弹出"创建草图"对话框，接着定义草图平面等，单击"确定"按钮，进入草图绘制状态，此时"直接草图"组提供更多可用的直接草图工具，如图 2-5 所示。接下去便可以使用直接草图工具在当前指定的草图平面上添加曲线，以及为曲线添加尺寸和几何约束等，相关操作其实和在草图任务环境中绘制草图的操作是基本一致的。要退出直接草图模式，单击"完成草图"按钮 🔲。

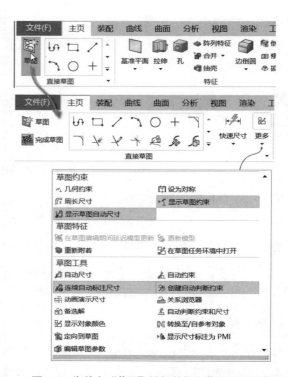

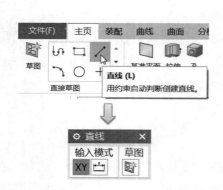

图 2-4　在"直接草图"组中单击"直线"按钮　　图 2-5　先单击"草图"按钮并指定草图平面的情形

　　下面主要以使用草图任务环境绘制草图为例，介绍草图设计的相关实用知识。采用直接草图模式绘制草图的操作也类似。

# 2.2　创建草图

　　用户要创建草图，则可以在功能区"曲线"选项卡中单击"在任务环境中绘制草图"按钮 📝，弹出如图 2-6 所示的"创建草图"对话框，利用该对话框创建草图并进入草图任务环境。在"草图类型"选项组的下拉列表框中指定草图的创建类型是"在平面上"或是"基于路径"。在很多场合下，选择草图的创建类型是"在平面上"。下面对两种类型分别予以介绍。

## 1. 在平面上

在"草图类型"选项组的下拉列表框中选择"在平面上"选项时，"平面方法"下拉列表框提供两种平面方法选项供选择，即"自动判断"选项和"新平面"选项。

当从"平面方法"下拉列表框中选择"自动判断"选项时，需要从"原点方法"下拉列表框中选择"指定点"或"使用工作部件原点"选项，并利用坐标系工具来指定坐标系，根据情况设定参考方向为"水平"或"竖直"，然后单击"确定"按钮，便可以通过自动判断的方式来开始创建一个草图。

当从"平面方法"下拉列表框中选择"新平面"选项，需要分别在"草图平面"选项组、"草图方向"选项组和"草图原点"选项组中进行相应的设置操作，如图2-7所示。

图2-6　"创建草图"对话框

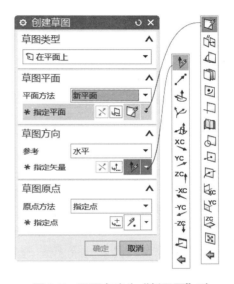

图2-7　平面方法为"新平面"时

- "草图平面"选项组：该选项组提供了一系列用于定义草图平面的工具选项，包括"自动判断"、"按某一距离"、"成一角度"、"二等分"、"曲线和点"、"两直线"、"相切"、"通过对象"、"点和方向"、"曲线上"、"YC-ZC平面"、"XC-ZC平面"、"XC-YC平面"和"视图平面"。通过这些平面工具来定义所需的草图平面,并可以根据需要单击"反向"按钮来更改草图平面的法向。如果单击"平面对话框（也称'平面构造器'）"按钮，则弹出如图2-8所示的"平面"对话框，利用此对话框来定义一个所需的草图平面。
- "草图方向"选项组：用于对草图平面的水平轴参考方向和竖直轴参考方向进行重新设定，设定后也可以根据需要单击"反向"按钮来更改其水平轴参考方向和竖直轴参考方向。
- "草图原点"选项组：用于指定草图平面的坐标原点。

2. 基于路径

在"草图类型"选项组的下拉列表框中选择"基于路径"选项时，需要分别定义路径、平面位置、平面方位和草图方向，如图2-9所示。

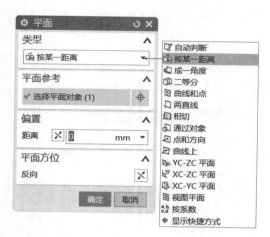

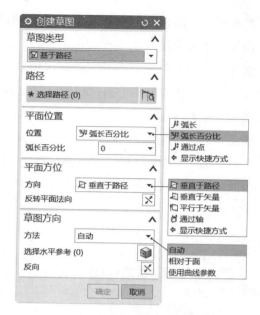

图 2-8　"平面"对话框　　　　图 2-9　选择草图类型为"基于路径"时

- "路径"选项组：用于选择曲线或边作为路径。只有草图类型为"基于路径"时，"创建草图"对话框才提供该选项组。
- "平面位置"选项组：该选项组用于在所选的曲线或边上定义平面的位置。在该选项组的"位置"下拉列表框中选择"弧长""弧长百分比"或"通过点"位置选项，接着根据所选的位置选项设置相应的参数或指定要通过的点，从而定义平面的位置。该选项组也只有在草图类型为"基于路径"时才提供。
- "平面方位"选项组：用于通过设定的方向方式（如"垂直于路径""垂直于矢量""平行于矢量"或"通过轴"）来定义平面方位。
- "草图方向"选项组：该选项组用于定义基于路径的草图平面的草图方向，其定义方法有"自动""相对于面""使用曲线参数"。

# 2.3　绘制草图曲线

在功能区"曲线"选项卡中单击"在任务环境中绘制草图"按钮，利用弹出的"创建草图"对话框定义好草图平面后单击"确定"按钮，进入草图任务环境中。接着可以在草图任务环境的功能区的"主页"选项卡中，使用"曲线"组中的相关草图曲线工具绘制草图曲线。本节介绍如何绘制轮廓线、直线、矩形、圆弧、圆、草图点、椭圆、多边形、艺术样条和二次曲线等。

## 2.3.1 轮廓线

单击"轮廓"按钮 ，弹出如图 2-10 所示的"轮廓"对话框，利用此对话框以线串形式创建一系列连接的曲线（由直线和圆弧组合），其中上一条曲线的终点变成下一条曲线的起点。要绘制轮廓线的直线段，则需要在"轮廓"对话框的"对象类型"选项组中单击"直线"按钮 ；要绘制轮廓线的圆弧段，则需要在"对象类型"选项组中单击"圆弧"按钮 。轮廓线还可通过输入模式与指定的对象类型配合使用得到，"坐标模式"按钮 XY 用于在出现的屏显文本框中分别输入曲线点的 XC 值和 YC 值来绘制草图曲线，"参数模式"按钮 则用于在出现的屏显文本框中输入曲线参数来绘制草图曲线。

绘制轮廓线的典型示例如图 2-11 所示，该轮廓线由两段直线和一段圆弧组成（中间段为圆弧），最后一段直线的终点采用"参数模式"来定义，此时在屏显文本框中分别指定长度和角度。

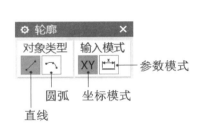

图 2-10 "轮廓"对话框

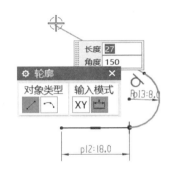

图 2-11 绘制轮廓线的典型示例

## 2.3.2 直线

用户可以用约束自动判断创建直线。单击"直线"按钮 ，弹出如图 2-12 所示的"直线"对话框，直线的输入模式分为两种，即"坐标模式" XY 和"参数模式" 。默认时，直线的第 1 点是通过坐标模式来输入其 XC 值和 YC 值，而第 2 点则是通过参数模式（输入其相对于第 1 点的"长度"和"角度"值）来定义的，如图 2-13 所示。直线第 2 点也可以通过坐标模式来定义。

图 2-12 "直线"对话框

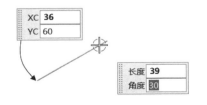

图 2-13 绘制直线示例

### 2.3.3 矩形

用户可单击"矩形"按钮□来创建矩形，单击该按钮后，弹出如图2-14所示的"矩形"对话框，矩形方法有3种，输入模式同样有"坐标模式"XY和"参数模式"凸之分。下面介绍创建矩形的以下3种方法。

- "按2点"□：通过指定两个点创建矩形，所选的两个点作为矩形的一对对角点，如图2-15所示。
- "按3点"□：通过指定3个点创建矩形，第1点和第2点定义矩形的一条边，第3点则定义矩形的另一条边，如图2-16所示。
- "从中心"□：通过中心创建矩形，第1点为矩形的中心，第2点到第1点之间的距离为矩形一边边长的一半，第3点到第2点之间的距离为矩形另一条边长的一半，如图2-17所示。

图2-14 "矩形"对话框

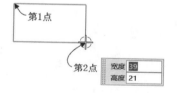

图2-15 "按2点"绘制矩形

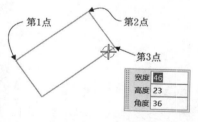

图2-16 "按3点"绘制矩形

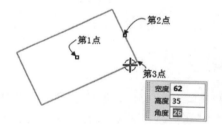

图2-17 "从中心"绘制矩形

### 2.3.4 圆弧

用户可以通过指定三点或通过指定其中心和端点来创建圆弧。单击"圆弧"按钮，弹出如图2-18所示的"圆弧"对话框，接着分别指定圆弧方法和输入模式，并进行相应的操作来绘制圆弧。圆弧方法有以下两种。

- "三点定圆弧"：通过分别指定3个点来绘制圆弧，如图2-19所示。

● "中心和端点定圆弧" ⌒：通过指定圆弧中心和圆弧端点来绘制圆弧，如图 2-20 所示，指定的第 1 点为圆弧中心，第 2 点和第 3 点作为圆弧的两个端点。

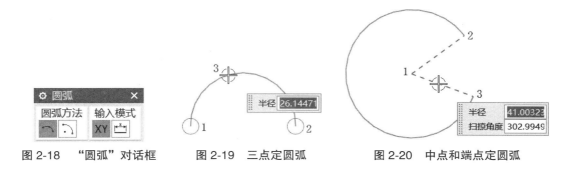

图 2-18　"圆弧"对话框　　　图 2-19　三点定圆弧　　　图 2-20　中点和端点定圆弧

## 2.3.5　圆

用户要创建圆，则单击"圆"按钮○，弹出如图 2-21 所示的"圆"对话框，接着指定"圆方法"并使用合适的输入模式，通过三点或通过指定其中心和直径创建圆。"圆方法"有以下两种。

● "圆心和直径定圆" ⊙：指定第 1 点作为圆心，接着拖动鼠标指定第 2 点以定义直径大小，如图 2-22 所示，亦可在屏显文本框中输入直径（默认使用参数模式时）或者输入第 2 点的 XC 和 YC 值（使用坐标模式时）以间接定义直径大小。

● "三点定圆" ○：通过分别指定 3 个点来绘制一个圆，如图 2-23 所示。

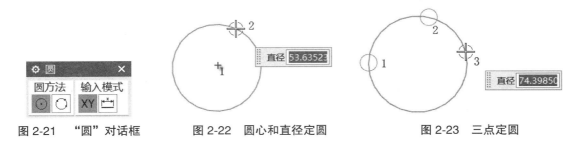

图 2-21　"圆"对话框　　　图 2-22　圆心和直径定圆　　　图 2-23　三点定圆

## 2.3.6　草图点

要在草图平面中创建一个草图点，则单击"点"按钮＋，弹出如图 2-24 所示的"草图点"对话框，接着在"指定点"下拉列表框中选择一个图标选项，并根据所选图标选项选择相应的对象以指定点位置，从而创建一个草图点。用户也可以在"草图点"对话框中单击"点构造器"按钮，利用弹出的"点"对话框来指定草图点的位置，如图 2-25 所示。

图 2-24　"草图点"对话框

图 2-25　"点"对话框

## 2.3.7　椭圆

用户可以根据中心点和尺寸创建完整椭圆，其方法是单击"椭圆"按钮⊙，弹出如图 2-26 所示的"椭圆"对话框，接着指定一点作为椭圆的中心，并定义椭圆的大半径和小半径，在"限制"选项组中选中"封闭"复选框以创建完整椭圆，以及在"旋转"选项组中指定椭圆的旋转角度，然后单击"应用"按钮或"确定"按钮，即可创建一个完整椭圆。注意椭圆的中心、大半径和小半径可以通过点构造器（"点"对话框）来定义。

如果要创建一段椭圆弧，则在指定中心、大半径、小半径和旋转角度后，需要在"限制"选项组中取消选中"封闭"复选框，然后分别指定"起始角"值和"终止角"值，如图 2-27 所示。

图 2-26　"椭圆"对话框

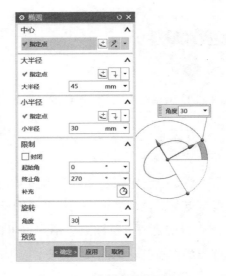

图 2-27　创建椭圆弧示例

## 2.3.8 多边形

单击"多边形"按钮⊙，弹出如图 2-28 所示的"多边形"对话框，接着指定中心点，设置边数和大小参数，便可创建具有指定边数的多边形。正多边形大小参数的定义方式分"内切圆半径""外接圆半径"和"边长"3 种。当选择"内切圆半径"时，需要指定内切圆半径和旋转角度；当选择"外接圆半径"时，则需要指定外接圆半径和旋转角度；当选择"边长"选项时，需要指定边长度值和旋转角度。

绘制多边形的一个典型示例如图 2-29 所示，在该示例中，指定坐标原点为正多边形的中心点，将边数设置为 6，在"多边形"对话框的"大小"选项组的"大小"下拉列表框中选择"外接圆半径"选项，在"半径"下拉列表框中输入"100"，并选中"半径"复选框，在"旋转"下拉列表框中输入"0"，按 Enter 键，然后单击"多边形"对话框中的"关闭"按钮。

图 2-28　"多边形"对话框

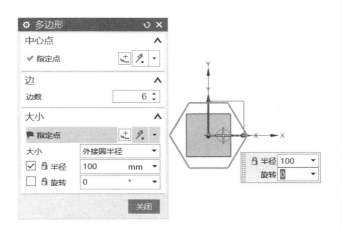

图 2-29　绘制多边形的典型示例

## 2.3.9 艺术样条

单击"艺术样条"按钮⤣，弹出如图 2-30 所示的"艺术样条"对话框，在"类型"选项组的下拉列表框中选择"通过点"选项或"根据极点"选项，接着指定点位置或极点位置，并进行相应的参数化、移动、延伸等方面的设置操作，这样便可通过指定定义点指派斜率或曲率约束，动态地创建和编辑样条。创建艺术样条的两个示例如图 2-31 所示。

图 2-30 "艺术样条"对话框

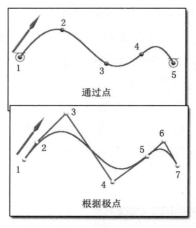

图 2-31 艺术样条示例

## 2.3.10 二次曲线

单击"二次曲线"按钮 ⟩·,弹出如图 2-32 所示的"二次曲线"对话框,接着分别指定起点、终点、控制点和 Rho 值,单击"确定"按钮,从而创建一条二次曲线。如图 2-33 所示的一条二次曲线,其起点坐标为"0,0,0",终点坐标为"100,0,0",控制点坐标为"50,150,0",Rho 值为 0.5。

图 2-32 "二次曲线"对话框

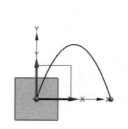

图 2-33 二次曲线示例

# 2.4 草图编辑与操作

绘制好基本草图对象后，用户可以通过对基本草图对象进行相关的编辑与操作，从而获得满足设计要求的草图曲线。本节介绍草图编辑与操作的相关工具命令，包括"圆角（角焊）""倒斜角""制作拐角""快速修剪""快速延伸""偏置曲线""阵列曲线""镜像曲线""派生直线""投影曲线""添加现有曲线""交点"等。

## 2.4.1 圆角

用户可以在两条或三条曲线之间创建圆角。单击"圆角"按钮 ⌐，弹出如图 2-34 所示的"圆角"对话框，在该对话框中设置圆角方法为"修剪" ⌐ 或"不修剪" ⌐，接着选择要创建圆角的所需曲线，然后放置圆角（含确定圆角大小）。"圆角"对话框的"选项"组中还提供了"删除第 3 条曲线"按钮 ⌐ 和"创建备选圆角"按钮 ⌐，前者用于删除和该圆角相切的第 3 条曲线，后者则用于对圆角存在的多种状态进行切换。

在两条直线之间创建圆角的典型示例如图 2-35 所示（图中给出圆角的修剪情形和不修剪情形）。

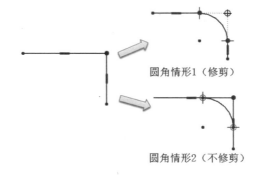

圆角情形1（修剪）

圆角情形2（不修剪）

图 2-34　"圆角"对话框

图 2-35　创建圆角的典型示例

## 2.4.2 倒斜角

用户可以对两条草图线之间的尖角进行"倒斜角"绘制，如图 2-36 所示。单击"倒斜角"按钮 ⌐，弹出如图 2-37 所示的"倒斜角"对话框，在图形窗口中选择要倒斜角的曲线，并可设置修剪输入曲线，接着在"偏置"选项组的"倒斜角"下拉列表框中选择"对称"选项、"非对称"选项或"偏置和角度"选项来设置倒斜角的方式，根据设定的倒角方式设置其相应的参数，最后确定倒斜角位置，即可完成倒斜角绘制。

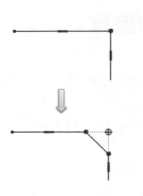

图 2-36　对两条草图线之间的尖角倒斜角 　　　　图 2-37　"倒斜角"对话框

## 2.4.3　制作拐角

"制作拐角"是指延伸或修剪两条曲线以形成拐角，如图 2-38 所示。"制作拐角"的方法很简单，即单击"制作拐角"按钮 ✛，弹出如图 2-39 所示的"制作拐角"对话框，接着分别选择第 1 条曲线和第 2 条曲线，曲线的单击选择位置决定了该曲线要保持的区域（要保持的段），最后在"制作拐角"对话框中单击"关闭"按钮。

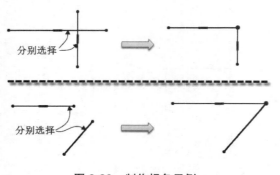

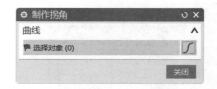

图 2-38　制作拐角示例 　　　　　　　　　　图 2-39　"制作拐角"对话框

## 2.4.4　快速修剪与快速延伸

在绘制复合草图曲线时，经常会对草图曲线进行快速修剪与快速延伸操作。

### 1. 快速修剪

"快速修剪"是一种实用的快速删除曲线段的编辑方法，它以任意一方向将曲线修剪至最近的交点或选定的边界。对于相交的曲线，快速修剪会将曲线在交点处自动打断。单击"快速修剪"按钮 ，弹出如图 2-40 所示的"快速修剪"对话框，接着选择要修剪的曲线，必要时可以选择边界曲线，并根据需要设置修剪至延伸线。

快速修剪示例如图 2-41 所示。

图 2-40 "快速修剪"对话框

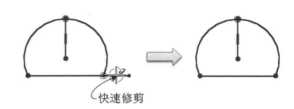

图 2-41 快速修剪示例

**2. 快速延伸**

"快速延伸"是指将曲线延伸至另一邻近曲线或选定的边界。单击"快速延伸"按钮 ，弹出如图 2-42 所示的"快速延伸"对话框，接着选择要延伸的曲线，必要时可以指定边界曲线等。快速延伸示例如图 2-43 所示。

图 2-42 "快速延伸"对话框

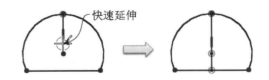

图 2-43 快速延伸示例

### 2.4.5 偏置曲线

用户可以偏置位于草图平面上的曲线链。单击"偏置曲线"按钮 ，弹出如图 2-44 所示的"偏置曲线"对话框，接着选择要偏置的曲线，指定偏置参数、链连续性和终点约束选项，以及在"设置"选项组中设置是否使输入曲线转换为参考线，然后单击"应用"按钮或"确定"按钮。下面介绍"偏置曲线"对话框各选项组的功能含义。

●"要偏置的曲线"选项组：当该选项组中的"选择曲线"按钮 被选中时，选择要偏置的曲线或曲线链。"添加新集"按钮 用于添加一个"要偏置的曲线"新集，为该新集选定要偏置的曲线或曲线链。"列表"框显示用于列出"要偏置的曲线"集曲线链。

- "偏置"选项组：用于设置偏置参数，如设置偏置距离值、偏置方向、副本数和端盖选项，还可以设置是否创建尺寸、是否对称偏置。端盖选项有"延伸端盖"和"圆弧帽形体"两个，偏置曲线使用不同端盖选项的对比效果如图2-45所示。

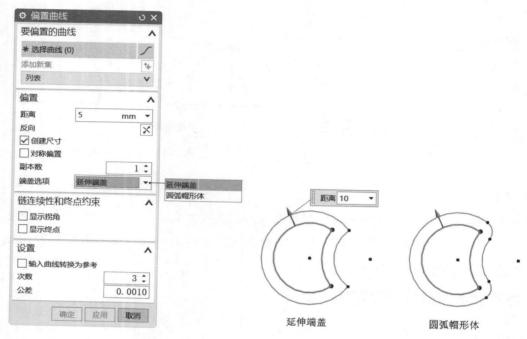

图 2-44　"偏置曲线"对话框　　　　　图 2-45　端盖选项效果对比

- "链连续性和终点约束"选项组：在该选项组中设置是否显示拐角和是否显示终点。
- "设置"选项组：在该选项组中确定"输入曲线转换为参考"复选框的状态（即设置是否将要偏置的曲线转换为参考线），以及设置阶次（次数）和公差。

### 2.4.6　阵列曲线

用户要阵列位于草图平面上的曲线链,则单击"阵列曲线"按钮 ，弹出如图2-46所示的"阵列曲线"对话框，接着选择要阵列的曲线，并在"阵列定义"选项组中设置布局方式，以及为该布局方式设置相应的阵列参数等，然后单击"应用"按钮或"确定"按钮。需要用户注意的是，如果在执行"阵列曲线"命令操作之前,"创建自动判断约束"按钮 处于被选中的状态，那么阵列曲线的可用阵列布局方式只有"线性""圆形""常规"3种;如果"创建自动判断约束"按钮 处于没有被选中的状态,那么阵列曲线的可用阵列布局方式有"线性""圆形""常规""多边形""螺旋""沿""参考"7种。

在如图 2-47 所示的示例中，要阵列的曲线为草图中的一个正六边形，阵列布局方式为"圆形"，旋转点被设置为坐标原点；在"阵列定义"选项组的"斜角方向"子选项组中，设置"间距"为"数量和跨距"，"数量"为 5，"跨角"为 360（跨角指阵列的总角度范围）。

图 2-46 "阵列曲线"对话框

图 2-47 阵列曲线示例

## 2.4.7 镜像曲线

"镜像曲线"操作是指创建位于草图平面上的曲线链的镜像图样，如图 2-48 所示。单击"镜像曲线"按钮 ⚏，弹出如图 2-49 所示的"镜像曲线"对话框，接着选择要镜像的曲线，单击"中心线"选项组中的"选择中心线"按钮 ⊕，选择对象作为镜像中心线，在"设置"选项组中确定"中心线转换为参考"复选框和"显示终点"复选框的状态，然后单击"应用"按钮或"确定"按钮，完成"镜像曲线"命令的操作。

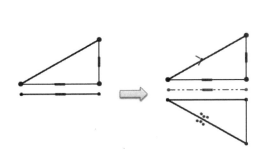

图 2-48 镜像曲线

图 2-49 "镜像曲线"对话框

## 2.4.8 派生直线

单击"派生直线"按钮 ⋉，可以在两条平行直线中间创建一条与原直线平行的中线，如图 2-50（a）所示，需要选择第一条参考直线和与该参考直线平行的直线，接着指定中线长度即可）；也可以在两条不平行直线之间创建一条角平分线，如图 2-50（b）所示，需要选择第一条参考直线和第二条参考直线，接着指定角平分线长度。在创建派生直线的过程中，要退出"派生直线"命令，可以按 Esc 键。

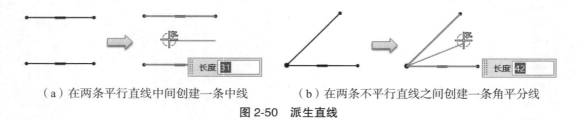

（a）在两条平行直线中间创建一条中线　　　（b）在两条不平行直线之间创建一条角平分线

图 2-50　派生直线

## 2.4.9 投影曲线

用户可以沿草图平面的法向将曲线、边或点（草图外部）投影到草图上，从而获得一个草图对象，这就是投影曲线。"投影曲线"可以与原始对象相关联，具有关联性时，原始曲线对象改变，那么投影曲线也会相应发生变化。

单击"投影曲线"按钮 ⓣ，弹出如图 2-51 所示的"投影曲线"对话框，接着利用该对话框的以下选项组进行相关操作。

● "要投影的对象"选项组：通过该选项组选择欲投影的曲线或点。
● "设置"选项组：在该选项组中通过"关联"复选框设置投影曲线与原始对象是否具有相关性，在"输出曲线类型"下拉列表框中指定投影曲线的类型，以及在"公差"文本框中设置创建投影曲线时使用的公差。投影曲线的类型可以有"原先""样条段""单个样条" 3 种，其中"原先"类型表示输出曲线使用原有几何类型，"样条段"类型表示输出曲线由多个样条曲线段组成，"单个样条"类型表示输出曲线连接成一个样条曲线。

## 2.4.10 添加现有曲线

"添加现有曲线"命令操作是指将现有的共面曲线和点添加到当前活动草图中，但是不能将关联曲线对象和规律曲线添加到草图中。在当前活动草图中，单击"添加现有曲线"按钮 ⓛ，弹出如图 2-52 所示的"添加曲线"对话框，利用该对话框选择要加入草图的有效曲线，单击"确定"按钮，便可以将所选的有效曲线添加到当前活动草图中。"添加曲线"对话框和前面介绍过的"类选择"对话框很类似，在此不再重复赘述。

图 2-51 "投影曲线"对话框

图 2-52 "添加曲线"对话框

## 2.4.11 交点

用户可以在曲线和草图平面之间创建一个交点，其方法是在当前活动草图中，单击"交点"按钮 ，弹出如图 2-53 所示的"交点"对话框，接着选择与当前草图平面相交的曲线，如果所选曲线与当前草图平面只有一个交点，那么此时单击"应用"按钮或"确定"按钮即可完成操作。如果所选曲线与当前草图平面有两个或更多的交点，那么"交点"对话框中的"循环解"按钮 可用，用户可以单击"循环解"按钮 来切换到满足设计要求的一个交点。在"设置"选项组中设置"关联"复选框的状态，最后单击"应用"按钮或"确定"按钮。

## 2.4.12 相交曲线

用户可以在选定面和草图平面之间创建相交曲线，其方法是在当前活动草图中，单击"相交曲线"按钮 ，弹出如图 2-54 所示的"相交曲线"对话框，接着选择要相交的面，确定循环解（如果有多个解的话），以及在"设置"选项组中进行以下选项和参数的设置，然后单击"应用"按钮或"确定"按钮。

图 2-53　"交点"对话框

图 2-54　"相交曲线"对话框

- "关联"复选框：选中该复选框时，相交曲线与所选面相关联，所选面发生变化时，相交曲线也随之发生变化。
- "忽略孔"复选框：选中该复选框时，如果曲面上存在孔则忽略孔的存在。
- "连结曲线"复选框：选中该复选框时，则当选择的面（如选择多个面）与草图平面相交而产生多段曲线时将多段曲线连结为一条曲线。
- "曲线拟合"下拉列表框：设置拟合曲线阶次为三次、五次或高阶。
- "距离公差"文本框：设置理论曲线与 NX 系统生成曲线之间的公差。
- "角度公差"文本框：设置实际曲线与理论曲线在一点处的角度最大公差。

# 2.5　草图约束

在绘制草图的初期，用户不必过于考虑草图曲线的精确位置与尺寸，待绘制好草图基本轮廓后，再对草图对象进行合理约束。当然，也允许在绘制草图的过程中，由 NX 系统创建自动判断约束和连续自动标注尺寸。草图的约束状态主要分为过约束、完全约束和欠约束 3 种状态。

本节介绍草图约束的实用知识，内容包括尺寸约束、几何约束、设为对称、显示草图约束、创建自动判断约束和尺寸、连续自动标注尺寸、自动判断约束和尺寸、自动约束与自动尺寸、转换至 / 自参考对象、备选解和关系浏览器等。

## 2.5.1　尺寸约束

"尺寸约束"主要用于定义草图对象的大小和草图对象的相对位置。当前活动草图中提供的尺寸约束工具如表 2-2 所示，其中使用快速尺寸可以完成绝大多数的尺寸约束，包括各类线性尺寸、径向尺寸和角度尺寸等。

表 2-2 活动草图提供的尺寸约束工具

| 序号 | 工具 | 命令名称 | 功能用途 |
|---|---|---|---|
| 1 | ⊢⊣ | 快速尺寸 | 通过基于选定的对象和光标的位置自动判断尺寸类型来创建尺寸约束，也可以在执行"快速尺寸"命令过程中自行设置测量方法来创建所需类型的尺寸约束 |
| 2 | ⊢⊣ | 线性尺寸 | 在两个对象或点位置之间创建线性距离的尺寸约束 |
| 3 | 🗡 | 径向尺寸 | 为圆形对象创建半径或直径尺寸约束 |
| 4 | ⊿ | 角度尺寸 | 在两条不平行的直线之间创建角度尺寸约束 |
| 5 | 🗲 | 周长尺寸 | 创建周长尺寸约束以控制选定直线和圆弧的集体长度 |

"快速尺寸"按钮⊢⊣、"线性尺寸"按钮⊢⊣、"径向尺寸"按钮🗡和"角度尺寸"按钮⊿，这几个尺寸约束工具的使用操作方法都是类似的，这里以"快速尺寸"按钮⊢⊣为例进行介绍。单击"快速尺寸"按钮⊢⊣，弹出如图 2-55 所示的"快速尺寸"对话框，在"测量"选项组的"方法"下拉列表框中选择其中一个测量方法（对于快速尺寸而言，测量方法通常选用"自动判断"方法），接着在"原点"选项组、"驱动"选项组和"设置"选项组中设置相关的选项，并利用"参考"选项组来选择要标注尺寸的对象，然后自动放置尺寸或手动指定尺寸放置原点即可。

要创建周长尺寸约束以控制选定直线和圆弧的集体长度，则单击"周长尺寸"按钮🗲，弹出"周长尺寸"对话框，接着选择要进行周长尺寸约束的所有组成对象，并在"尺寸"选项组的"距离"下拉列表框中输入总周长值（默认显示的值为所选对象当前状态下的总长度值），如图 2-56 所示，然后单击"应用"按钮或"确定"按钮。

图 2-55 "快速尺寸"对话框

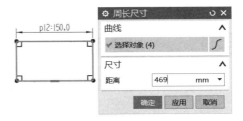

图 2-56 创建周长尺寸

### 2.5.2　几何约束

"几何约束"一般用于对单个对象的位置、两个或两个以上对象之间的相对位置、两个对象间的大小关系进行约束。几何约束的种类较多，根据不同的草图对象，可以依设计要求添加不同的几何约束类型。

在当前活动草图中使用几何约束的一般流程如下。

**1** 单击"几何约束"按钮 ⌇，弹出如图 2-57 所示的"几何约束"对话框。

**2** 在"要约束的几何体"选项组中选中"自动选择递进"复选框，以及设置要启用的约束。所启用的约束将以图标（按钮）形式显示在"约束"选项组中。

**3** 在"约束"选项组中单击所需的几何约束图标。

**4** 根据所单击的几何约束图标，选择要约束的对象，有些几何约束类型还需要选择要约束到的对象。可以设置自动选择递进方式，这样在选择完要约束的对象后，NX 系统自动切换至"选择要约束到的对象"状态；如果未选中"自动选择递进"复选框，则需要手动单击"选择要约束到的对象"按钮 ✚ 后才能切换至"选择要约束到的对象"状态。

**5** 可以继续为草图添加新的几何约束，完成所有几何约束后单击"关闭"按钮。

几何约束典型示例如图 2-58 所示，在该示例中要将小圆约束到与大圆同心。单击"几何约束"按钮 ⌇ 后，在"几何约束"对话框的"约束"选项组中单击"同心"图标 ◎（事先确保启用该几何约束类型），接着选择小圆作为要约束的对象，再选择大圆作为要约束到的对象，从而使小圆约束至与大圆同心。

### 2.5.3　设为对称

用户可以将两个点或曲线约束为相对于草图上的对称线对称，例如，在如图 2-59 中，将当前草图中的直线 1 和直线 2 约束为相对于直线 3 对称。

图 2-57　"几何约束"对话框

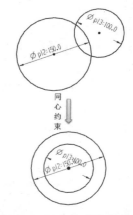

图 2-58　几何约束典型示例

单击"设为对称"按钮 ，弹出如图2-60所示的"设为对称"对话框，选择所需的草图曲线或点作为主对象，接着选择要设为对称的相应草图曲线或点作为次对象，然后选择对称线，并可以根据需要在"对称中心线"选项组中选中"设为参考"复选框以设置将对称线转换为参考线，最后单击"关闭"按钮。

图2-59　设为对称示例

图2-60　"设为对称"对话框

### 2.5.4　显示草图约束

"显示草图约束"按钮 用于设置是否显示活动草图的几何约束。选中该按钮时，则显示当前活动草图的几何约束；否则，不显示活动草图的几何约束。

### 2.5.5　显示草图自动尺寸

"显示草图自动尺寸"按钮 用于设置是否显示活动草图的所有自动尺寸。选中该按钮时，则显示活动草图的所有自动尺寸;否则，不显示活动草图的所有自动尺寸。

### 2.5.6　自动判断约束和尺寸

"自动判断约束和尺寸"按钮 的功能是控制哪些约束或尺寸在曲线构造中被自动判断。单击此按钮，弹出如图2-61所示的"自动判断约束和尺寸"对话框，从中设置要自动判断和应用的约束，设置由捕捉点识别的约束，定制是否为输入的值创建尺寸，以及定制自动标注尺寸规则（这些规则是自顶向下应用的）。

图2-61　"自动判断约束和尺寸"对话框

## 2.5.7 创建自动判断约束和连续自动标注尺寸

用户可以在曲线构造过程中启用自动判断约束，以及启用自动标注尺寸，至于哪些约束和尺寸在曲线构造过程中被自动判断，则由 2.5.6 节介绍的"自动判断约束和尺寸"对话框来设置。要在曲线构建过程中启用自动判断约束，则确保选中"创建自动判断约束"按钮 ▒ 。要在曲线构造过程中启用自动标注尺寸，则需要确保选中"连续自动标注尺寸"按钮 ▒ 。在草图任务环境中，"创建自动判断约束"按钮 ▒ 和"连续自动标注尺寸"按钮 ▒ 位于功能区"主页"选项卡的"约束"组的约束工具下拉菜单中。

## 2.5.8 自动约束与自动尺寸

"自动约束"工具命令用于设置自动施加于草图的几何约束类型。单击"自动约束"按钮 ▒ ，弹出如图 2-62 所示的"自动约束"对话框，在"要约束的曲线"选项组中单击"选择曲线"按钮 ▒ ，在图形窗口中选择要进行约束的曲线，接着在"要施加的约束"选项组中选中可能需要应用到所选曲线中的约束，并在"设置"选项组中设置是否施加应用远程约束，以及设置距离公差和角度公差，然后单击"应用"按钮或"确定"按钮，即可为选定草图曲线自动施加适宜的约束。

"自动尺寸"工具命令用于根据设置的规则在曲线上自动创建尺寸，其操作方法是：单击"自动尺寸"按钮 ▒ ，弹出如图 2-63 所示的"自动尺寸"对话框，接着选择要标注尺寸的曲线，并在"自动标注尺寸规则"选项组中设置自动标注尺寸规则（这些规则是自顶向下应用的），以及在"尺寸类型"选项组中指定尺寸类型为"自动"或"驱动"，然后单击"应用"按钮或"确定"按钮。

图 2-62 "自动约束"对话框

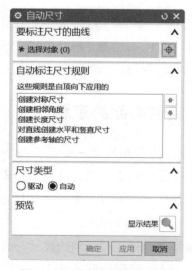

图 2-63 "自动尺寸"对话框

## 2.5.9　转换至/自参考对象

在活动草图中，可以根据设计要求将选定的草图曲线或草图尺寸从活动转换为参考，或者反过来进行。下游命令（如拉伸）不使用参考曲线，并且参考尺寸不控制草图几何图形。

单击"转换至/自参考对象"按钮，弹出如图2-64所示的"转换至/自参考对象"对话框，选择要转换的曲线或尺寸，接着在"转换为"选项组中选择"参考曲线或尺寸"单选按钮或"活动曲线或驱动尺寸"单选按钮，然后单击"应用"按钮或"确定"按钮。例如，在如图2-65所示的示例中，选择一个圆作为要转换的对象，在"转换至/自参考对象"对话框的"转换为"选项组中选择"参考曲线或尺寸"单选按钮以设置将所选对象转换为参考曲线，单击"确定"按钮后，所选圆不再以实线形式显示。

图2-64　"转换至/自参考对象"对话框

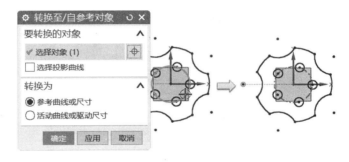

图2-65　将选定的一个圆转换为参考圆

## 2.5.10　备选解

"备选解"用于备选尺寸或几何约束解算方案，即用于针对尺寸约束或几何约束显示备选解，并选择一个结果（方案）。单击"备选解"按钮，弹出如图2-66所示的"备选解"对话框，接着选择具有相切约束的线性尺寸或几何体作为对象1，必要时可以选择相切几何体作为对象2，NX将自动切换到下一个备选解。例如，单击"备选解"按钮打开"备选解"对话框后，选择一个线性尺寸，则NX自动给出下一个备选解，几何体（草图曲线）发生相应变化，如图2-67所示。

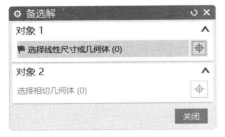

图2-66　"备选解"对话框

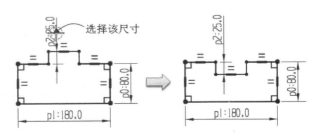

图2-67　备选解应用示例

## 2.5.11 关系浏览器

"关系浏览器"按钮📖用于查询草图对象并报告其关联约束、尺寸及外部引用。

单击"关系浏览器"按钮📖，弹出如图2-68所示的"草图关系浏览器"对话框，下面介绍该对话框各主要组成部分。

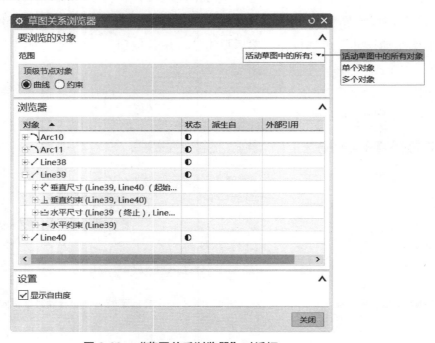

图 2-68　"草图关系浏览器"对话框

- "要浏览的对象"选项组：用于指定要浏览的对象。在该选项组的"范围"下拉列表框中选择"活动草图中的所有对象""单个对象"或"多个对象"选项，选择后两者之一时，需要由用户选择要浏览的草图对象。接着在"顶级节点对象"子选项组中选中"曲线"单选按钮或"约束"单选按钮，以设置在"浏览器"列表中显示的顶级节点对象是曲线还是约束。
- "浏览器"列表：用于显示要浏览的对象的草图关系，其顶级节点对象可以是曲线，也可以是约束。
- "设置"选项组：在该选项组中设置是否显示自由度。

# 2.6　草图重新附着平面

草图重新附着平面是指将草图重新附着到另一个平面、基准平面或路径，或者更改草图方位。

这给某些更改设计带来了很大的灵活性和便利性。

在草图任务环境中，从功能区"主页"选项卡的"草图"组中单击"重新附着"按钮 ，弹出如图 2-69 所示的"重新附着草图"对话框，通过该对话框可以指定草图要重新附着的新的平面、基准面或路径，并可以更改草图方位。

图 2-69　"重新附着草图"对话框

# 2.7　草图综合绘制范例

本节将详细讲解一个草图综合绘制范例的绘制方法及其步骤，旨在让读者通过对该范例的学习，可以较为充分地理解和掌握 NX 草图绘制的一般思路、步骤和技巧等。本草图综合绘制范例要完成的草图如图 2-70 所示。下面详细介绍该草图综合绘制范例的操作步骤。

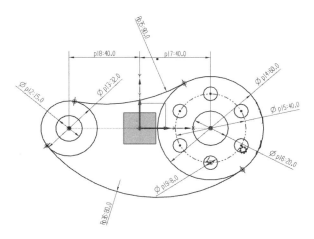

图 2-70　草图综合绘制范例要完成的草图

步骤 1　新建一个模型部件文件。

**1**　启动 NX 12.0 软件后，按 Ctrl+N 快捷键，弹出"新建"对话框。

**2**　"模型"选项卡的"模板"选项组中，在"过滤器"子选项组的"单位"下拉列表框中确保选择"毫米"选项，在"模板"列表中选择名称为"模型"的模板，在"新文件名"选项组的"名称"文本框中输入"bc_2a_sketch"，自行指定文件夹作为文件的存储路径。

**3**　单击"确定"按钮，进入 NX 建模环境。

步骤 2　进入草图任务环境并启用自动判断约束和自动标注尺寸功能。

**1**　在功能区中打开"曲线"选项卡，单击"在任务环境中绘制草图"按钮🕮，弹出"创建草图"对话框，在"草图类型"选项组的下拉列表框中选择"在平面上"，在"草图坐标系"选项组的"平面方法"下拉列表框中选择"自动判断"选项，其他默认设置如图 2-71 所示，默认以基准坐标系（0）的 XC-YC 基准平面作为草图平面。

**2**　单击"确定"按钮，进入草图任务环境。

**3**　在功能区"主页"选项卡的"约束"组中打开约束工具下拉菜单，确保选中"创建自动判断约束"按钮🐝，而取消选中"连续自动标注尺寸"按钮🖉，如图 2-72 所示。

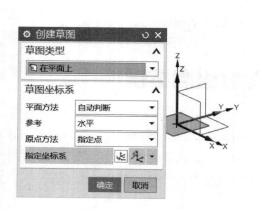

图 2-71　创建草图

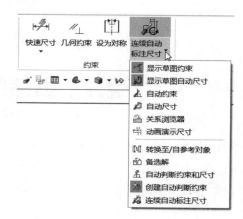

图 2-72　启用创建自动判断约束和自动标注尺寸

**4**　在"约束"组的约束工具下拉菜单中单击"自动判断约束和尺寸"按钮🖉，弹出"自动判断约束和尺寸"对话框，从中设置如图 2-73 所示的内容，包括要自动判断和应用的约束、由捕捉点识别的约束和自动标注尺寸规则，以及设置为输入的值创建尺寸。

**5**　单击"确定"按钮。

步骤 3　创建 5 个圆并将相应圆心约束在 X 轴上。

**1**　在功能区"主页"选项卡的"曲线"组中单击"圆"按钮○，弹出"圆"对话框。

**2**　在"圆方法"选项组中单击"圆心和直径定圆"按钮⊙，分别绘制如图 2-74 所示的两组同心圆，一共 5 个圆。

图 2-73　"自动判断约束和尺寸"对话框

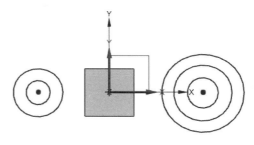

图 2-74　绘制两组同心圆

**③** 在"约束"组中单击"几何约束"按钮 ⁄∘，弹出"几何约束"对话框，确保在"设置"选项组中设置要启用的约束包括"点在曲线上"约束，以及选中"自动选择递进"复选框，在"约束"选项组中单击"点在曲线上"按钮 ⌊ ，如图 2-75 所示。

**④** 在上边框条的选择条中确保选中"圆弧中心"选项 ⊙，接着在图形窗口中通过快速拾取方式选择右侧任意一个同心圆的圆心，接着选择基准坐标系的 X 轴，从而将该圆心约束在 X 轴上。使用同样的方法，选择左侧任意一个同心圆的圆心，再选择基准坐标系的 X 轴，从而将所选的该圆心也约束在 X 轴上。

**⑤** 单击"几何约束"对话框中的"关闭"按钮。

步骤 4　创建部分尺寸约束。

**①** 在"约束"组中单击"径向尺寸"按钮 ⁄ℐ，弹出如图 2-76 所示的"径向尺寸"对话框。

**②** 在"原点"选项组中取消选中"自动放置"复选框，在"测量"选项组的"方法"下拉列表框中选中"直径"选项，在"驱动"选项组中确保取消选中"参考"复选框。

图 2-75　"几何约束"对话框

图 2-76　"径向尺寸"对话框

**③** 分别选择要标注的圆对象并指定尺寸放置原点位置来添加直径尺寸约束, 如图 2-77 所示。

**④** 在"径向尺寸"对话框中单击"关闭"按钮。

**⑤** 在"约束"组中单击"快速尺寸"按钮 ⯈, 弹出"快速尺寸"对话框, 将测量方法设置为"自动判断", 分别添加如图 2-78 所示的两个水平距离线性尺寸约束。

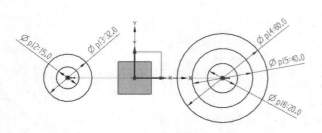

图 2-77　标注相关直径尺寸

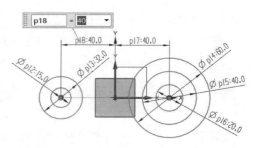

图 2-78　添加两个水平距离尺寸

**⑥** 在"快速尺寸"对话框中单击"关闭"按钮。

步骤 5 将右侧直径为 Ø40 的圆转换为构造线。

**1** 在"约束"组中单击"转换至 / 自参考对象"按钮，弹出"转换至 / 自参考对象"对话框。

**2** 选择右侧直径为 Ø40 的圆作为要转换的曲线，并在"转换为"选项组中选中"参考曲线或尺寸"单选按钮，如图 2-79 所示。

**3** 单击"确定"按钮，结果如图 2-80 所示。

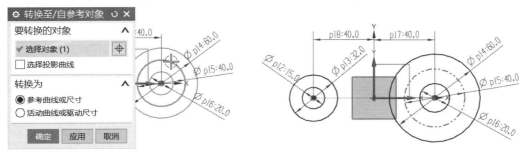

图 2-79 选择要转换的曲线以及设置相关选项 　　　　图 2-80 转换结果

步骤 6 绘制一个小圆并对其进行阵列复制。

**1** 在功能区"主页"选项卡的"曲线"组中单击"圆"按钮○，弹出"圆"对话框，在选择条中增加选中"象限点"按钮○，在图形窗口中选择圆形构造线的下象限点为圆心，绘制一个直径为 Ø8 的小圆，如图 2-81 所示。

**2** 在"曲线"组中单击"阵列曲线"按钮，弹出"阵列曲线"对话框。

**3** 选择刚创建的 Ø8 小圆作为要阵列的曲线。

**4** 在"阵列定义"选项组的"布局"下拉列表框中选中"圆形"选项，接着在"旋转点"子选项组的"指定点"下拉列表框中选中"圆弧中心 / 椭圆中心 / 球心"选项⊙，并在草图中单击圆形构造线以选择其圆心作为旋转点。在"斜角方向"子选项组的"间距"下拉列表框中选中"数量和间隔"选项，设置"数量"为 6，节距角为 60°，选中"创建节距表达式"复选框，如图 2-82 所示。

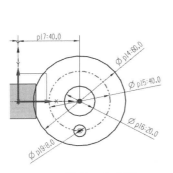

图 2-81 绘制一个小圆

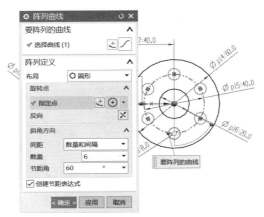

图 2-82 阵列曲线

**⑤** 单击"确定"按钮。

步骤 7　绘制两条圆弧并为它们添加相关的几何约束和尺寸约束。

**①** 在"曲线"组中单击"圆弧"按钮 ，以"三点定圆弧"的方式在图形窗口中绘制两条圆弧，如图 2-83 所示。

**②** 在"约束"组中单击"几何约束"按钮 ，弹出"几何约束"对话框，从"约束"选项组的约束列表中单击"相切"按钮 ，分别选择上方圆弧和要约束到的一个圆，接着再选择上方圆弧和要约束到的另一个圆，从而使上方圆弧与两个圆均相切。使用同样的方法，使下方圆弧与相应的两个圆也相切，如图 2-84 所示。

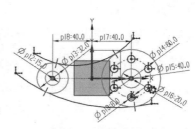

图 2-83　绘制两条圆弧　　　　　图 2-84　添加相切约束

**③** 在"几何约束"对话框中单击"关闭"按钮。

**④** 在"约束"组中单击"快速尺寸"按钮 ，弹出"快速尺寸"对话框，将测量方法设置为"自动判断"，分别为两个圆弧添加半径尺寸约束，如图 2-85 所示。

步骤 8　对圆弧进行修剪或延伸。

单击"快速修剪"按钮 或"快速延伸"按钮 ，对选定圆弧进行修剪或延伸，以获得如图 2-86 所示的草图效果。

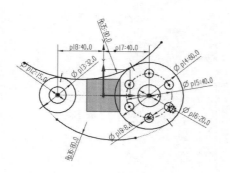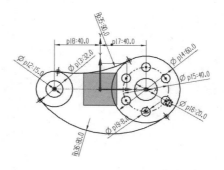

图 2-85　为圆弧添加尺寸约束　　　　图 2-86　修剪或延伸圆弧后的草图效果

步骤 9　完成草图并保存文件。

🔢 在功能区"主页"选项卡的"草图"组中单击"完成"按钮🏁。

🔢 按 Ctrl+S 快捷键，快速保存文件。

# 2.8　思考与上机练习

（1）请总结创建草图特征的基本流程。

（2）如何理解草图的两种绘制模式？

（3）请简述快速修剪与快速延伸的操作步骤，并举例。

（4）如何理解参考线，如何将选定的草图曲线转换为参考线？

（5）上机练习：在 NX 12.0 中创建如图 2-87 所示的草图。

（6）上机练习：在 NX 12.0 草图任务环境中，按照如图 2-88 所示的图形尺寸建立其相应的草图特征。

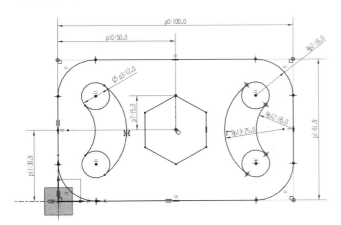

图 2-87　习题 5 完成的草图效果

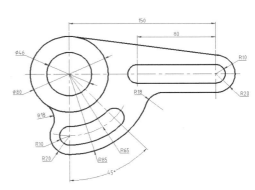

图 2-88　习题 6 参考图例

# 第3章　基准特征与空间曲线

**本章导读**

　　基准特征是建模工作的辅助工具，起参照作用，而空间曲线也在建模工作中起到重要的作用，不少实体或曲面片体的建模需要用到空间曲线。

　　本章重点介绍基准特征与空间曲线的实用知识。这两方面的知识将为读者学习实体建模打下更扎实的基础。

## 3.1　基准特征

　　基准特征是零件建模的参考特征，其主要用途是辅助三维特征的创建和模型属性的分析等。NX 中的基准特征主要包括基准平面、基准轴、基准坐标系、点与点集、光栅图像。

### 3.1.1　基准平面

　　在 NX 建模的过程中，用户经常需要指定或新建一个基准平面，用于辅助创建其他特征。

　　在"建模"应用模块的功能区"主页"选项卡中，从"特征"组中单击"基准平面"按钮 ，弹出如图 3-1 所示的"基准平面"对话框，接着从"类型"选项组的下拉列表框中选择其中一种方法类型，并根据所选的方法类型进行相应的操作与设置，从而创建一个新基准平面。下面对基准平面的方法类型进行介绍，如表 3-1 所示。

图 3-1　"基准平面"对话框

表 3-1　基准平面的方法类型一览表

| 序号 | 方法类型 | 图标 | 功能含义 |
|---|---|---|---|
| 1 | 自动判断 | | NX 根据用户选择的对象自动判断以何种方法类型来创建基准平面 |
| 2 | 按某一距离 | | 选定一个平面参考，按设定的偏置距离、偏距方向和平面数量来创建新基准平面 |
| 3 | 成一角度 | | 使要创建的平面与指定的平面相对指定的轴成一定的角度 |
| 4 | 二等分 | | 如果选择的是两个平行平面，则新基准平面位于两平行平面的中间位置（与两平行平面距离相等）；如果选择的是两个相交平面，则新基准平面为两相交平面的角平分面 |
| 5 | 曲线和点 | | 以"一点""两点""三点""曲线和点""点和曲线／轴"或"点和平面／面"等子类型来创建新基准平面 |
| 6 | 两直线 | | 以选定的两条直线为参考来创建新基准平面，当选定的两条直线位于同一个平面内，则创建的基准平面与两选定直线位于的同一平面重合 |
| 7 | 相切 | | 以点、线和平面为参考创建相切的基准平面 |
| 8 | 通过对象 | | 通过选择对象来创建新基准平面：如果选择的对象是直线，则创建的新基准平面与直线垂直；如果选择的对象是圆弧、圆、椭圆等平面曲线，则创建的新基准平面与由该平面曲线确定的唯一所在平面重合；如果选择的对象是平面，则创建的新基准平面与该平面重合 |
| 9 | 点和方向 | | 以指定点和指定方向为参考来创建基准平面，平面通过指定点且法向为指定的方向 |
| 10 | 曲线上 | | 以某一指定曲线为参考来创建基准平面，该基准平面通过曲线上的一个指定点，法向可以沿着曲线切线方向，也可以垂直于切线方向，还可以另指定一个矢量方向等 |
| 11 | YC-ZC 平面 | | 创建的基准平面与 YC-ZC 平面平行（偏置）或重合 |

| 序号 | 方法类型 | 图标 | 功能含义 |
|---|---|---|---|
| 12 | XC-ZC 平面 | | 创建的基准平面与 XC-ZC 平面平行（偏置）或重合 |
| 13 | XC-YC 平面 | | 创建的基准平面与 XC-YC 平面平行（偏置）或重合 |
| 14 | 视图平面 | | 创建的基准平面与视图方向垂直，其平面法向与视图方向相同 |
| 15 | 按系数 | a,b,c,d | 通过指定系数（系数关系为 aX+bY+cZ=d）来创建基准平面，系数有绝对坐标和相对坐标两种选择 |

例如，要在 YC-ZC 平面法向上偏置 50mm 的地方创建一个新基准平面，则单击"基准平面"按钮 □，打开"基准平面"对话框，从"类型"选项组的下拉列表框中选择"YC-ZC 平面" ，接着在"偏置和参考"选项组中选中"绝对"单选复制，输入"距离"为 50，如图 3-2 所示，然后单击"确定"按钮。用户也可以从"类型"选项组的下拉列表框中选择"按某一距离"，接着在图形窗口中选择基准坐标系的 YC-ZC 平面，平面的数量为 1。

## 3.1.2 基准轴

基准轴也是一种常用的基准特征，它分固定基准轴和相对基准轴两种。固定基准轴是绝对的，不与其他对象关联，而相对基准轴与模型中的其他对象（曲线、平面或其他基准等）关联，并受关联对象约束。

在"建模"应用模块的功能区"主页"选项卡中，从"特征"组中单击"基准轴"按钮 ↑，弹出如图 3-3 所示的"基准轴"对话框，接着从"类型"选项组的下拉列表框中选择其中一种方法类型，并根据所选的方法类型进行相应的操作与设置，从而创建一个新基准轴。下面对基准轴的方法类型进行介绍，如表 3-2 所示。

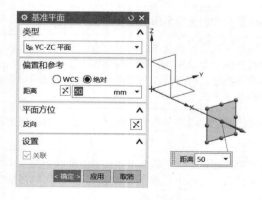

图 3-2　使用"YC-ZC 平面"方法创建新基准平面

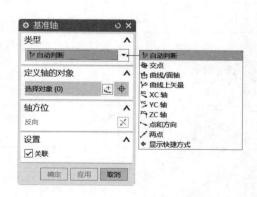

图 3-3　"基准轴"对话框

表 3-2 基准轴的方法类型一览表

| 序号 | 方法类型 | 图标 | 功能含义 |
|------|---------|------|---------|
| 1 | 自动判断 | | NX 系统根据所选的对象自动判断轴矢量 |
| 2 | 交点 | | 选择两个要相交的平面对象，在相交处创建基准轴 |
| 3 | 曲线/面轴 | | 选择线性边、曲线、基准轴或面作为参考来创建基准轴，例如，选择一个圆柱面时，将在该圆柱面的中心轴线处创建一个基准轴 |
| 4 | 曲线上矢量 | | 选择曲线，并通过指定曲线上的位置和曲线上的方位等来创建基准轴，曲线上的方位方式可以是"相切""法向""副法向""垂直于对象"或"平行于对象" |
| 5 | XC 轴 | | 创建与 XC 轴重合且方位相同或相反的基准轴 |
| 6 | YC 轴 | | 创建与 YC 轴重合且方位相同或相反的基准轴 |
| 7 | ZC 轴 | | 创建与 ZC 轴重合且方位相同或相反的基准轴 |
| 8 | 点和方向 | | 用于指定一点和一个方向来确定基准轴 |
| 9 | 两点 | | 通过指定两个点来生成一个基准轴，其中一个点作为基准轴的出发点，另一个点则作为基准轴的终止点 |

### 3.1.3 基准坐标系

坐标系用来描述空间物体相对位置的参照，通常建模常使用的坐标系有绝对坐标系、工作坐标系和基准坐标系。绝对坐标系是 NX 软件环境中固定的坐标系，不允许用户编辑和修改，但可以用作其他坐标系或模型对象的绝对坐标；工作坐标系（WCS）是全局坐标系，它直接或间接参照绝对坐标系来定位和定向，在设计工作中用户可以根据设计需要对工作坐标系的显示、坐标轴方位以及原点位置等进行编辑和修改；基准坐标系主要用于构建特征时的基准（它通常是局部坐标系），它包含 1 个基准原点、3 个坐标平面和 3 个轴，用户可以在一个部件中创建多个基准坐标系。

要创建基准坐标系，则在功能区"主页"选项卡的"特征"组中单击"基准 CSYS"按钮，弹出如图 3-4 所示的"基准坐标系"对话框，接着从"类型"选项组的下拉列表框中选择其

图 3-4 "基准坐标系"对话框

中一种方法类型，并根据所选的方法类型进行相应的操作与设置，从而创建一个新基准坐标系。下面对基准坐标系的方法类型进行介绍，如表 3-3 所示。

表 3-3　基准坐标系的方法类型一览表

| 序号 | 方法类型 | 图标 | 功能含义 |
|---|---|---|---|
| 1 | 动态 |  | 选择该方法类型并指定参考 CSYS 时，在图形窗口中显示参考坐标系操控器，可以通过操控器操控相应手柄来动态地获得新基准 CSYS |
| 2 | 自动判断 |  | 选择对象来自动判断 CSYS |
| 3 | 原点，X 点，Y 点 |  | 通过指定原点、X 轴点和 Y 轴点来创建新基准 CSYS |
| 4 | X 轴，Y 轴，原点 |  | 通过指定原点、X 轴和 Y 轴来创建新基准 CSYS |
| 5 | Z 轴，X 轴，原点 |  | 通过指定原点、Z 轴和 X 轴来创建新基准 CSYS |
| 6 | Z 轴，Y 轴，原点 |  | 通过指定原点、Z 轴和 Y 轴来创建新基准 CSYS |
| 7 | 平面，X 轴，点 |  | 选择一个平面对象以其法向定义 Z 轴，接着通过指定平面上的 X 轴和平面上的原点来创建新基准 CSYS |
| 8 | 平面，Y 轴，点 |  | 选择一个平面对象以其法向定义 Z 轴，接着通过指定平面上的 Y 轴和平面上的原点来创建新基准 CSYS |
| 9 | 三平面 |  | 通过选择 3 个有效的平面来创建新基准 CSYS |
| 10 | 绝对 CSYS |  | 创建一个与绝对坐标系重合的基准 CSYS |
| 11 | 当前视图的 CSYS |  | 创建一个和当前视图坐标系相同的基准 CSYS |
| 12 | 偏置 CSYS |  | 通过指定一个参考 CSYS，并设置相应的偏置参数来创建新基准 CSYS |

## 3.1.4　点与点集

在一些机械设计场合，可能需要创建点与点集以帮助创建曲线或曲面等。

在"特征"组中单击"点"按钮＋，弹出如图 3-5 所示的"点"对话框，利用该对话框可以很灵活地创建基准点。下面对基准点的方法类型进行介绍，如表 3-4 所示。

表 3-4　基准点的方法类型一览表

| 序号 | 方法类型 | 图标 | 功能含义 |
|---|---|---|---|
| 1 | 自动判断的点 |  | 根据鼠标单击的位置，NX 自动推断出拾取点来创建基准点 |
| 2 | 光标位置 |  | NX 根据当前光标的位置来创建点，该点位于工作平面上 |
| 3 | 现有点 | ＋ | 在一个已存在的点处创建一个点 |
| 4 | 端点 |  | 在已存在的直线、圆弧、二次曲线及其他曲线的端点上创建一个点 |

续表

| 序号 | 方法类型 | 图标 | 功能含义 |
|---|---|---|---|
| 5 | 控制点 | | 在几何对象的控制点上创建一个点，控制点与几何对象类型有关，它可以是已有点、直线中点和端点、圆中心点、开口圆弧的端点和中点或其他曲线的端点等 |
| 6 | 交点 | | 在两段曲线的交点处，或一条曲线和一个面（曲面或平面）的交点处创建一个点。若两者有多个交点，则 NX 在最靠近第二对象处拾取一个交点；若两段非平行曲线并未实际相交，但它们延伸后存在着交点，那么 NX 拾取两者延长线上的相交点 |
| 7 | 圆弧中心 / 椭圆中心 / 球心 | | 在选定圆弧、椭圆或球的中心创建一个点 |
| 8 | 圆弧 / 椭圆上的角度 | | 在与坐标轴 XC 正向成一定角度（沿逆时针方向测量）的圆弧、椭圆弧上创建一个点 |
| 9 | 象限点 | | 在圆（圆弧）、椭圆（椭圆弧）的四分点处创建点 |
| 10 | 曲线 / 边上的点 | | 在曲线或实体边缘上创建一个点，该点在曲线上的位置可以由设定的弧长、弧长百分比或参数百分比等来确定 |
| 11 | 面上的点 | | 在曲面上创建点，即根据在指定面上拾取的点来创建点，新点坐标和拾取点一样，可通过指定"U 向参数"和"V 向参数"来确定点在平面上的位置 |
| 12 | 两点之间 | | 在两个指定点之间设定的位置处创建一个点 |
| 13 | 样条极点 | | 选择通过极点方式创建的样条，以就近在相应极点处创建一个点对象，可以设置创建点与样条具有关联性 |
| 14 | 样条定义点 | | 选择通过定义点方式创建的样条，以就近在相应定义点处创建一个点对象，可以设置创建点与样条具有关联性 |
| 15 | 按表达式 | = | 按照表达式来创建一个点 |

在 NX 12.0 中，可以使用现有几何体创建点集，其方法是在功能区"主页"选项卡的"特征"组中单击"点集"按钮 ⁺ᵪ，弹出如图 3-6 所示的"点集"对话框，接着从"类型"选项组的下拉列表框中选择一种方法类型，即选择"曲线点"选项、"样条点"选项、"面的点"选项或"交点"选项，并根据所选的方法类型进行相关的设置，以及选择基本几何体或相应对象等，然后单击"应用"按钮或"确定"按钮，从而创建满足设定类型的点集。

● 曲线点：通过选择曲线或边，按照设定的曲线点产生方法及其参数来创建点集，曲线点产生方法有"投影点""等弧长""等参数""几何级数""弦公差""增量弧长"和"曲线百分比"。

● 样条点：选择样条，按照设定的样条点类型来创建点集，样条点类型包括"定义点""结点""极点"。

● 面的点：通过选择面来创建点集，面点产生方法有"阵列（模式）""面百分比""B 曲面极点"。

● 交点：根据选定的两组对象的交点来创建点集，其中一组对象为"曲线、面或平面"，
另一组对象为"曲线或轴"。

图 3-5　"点"对话框　　　　　　　　　　图 3-6　"点集"对话框

另外，位于功能区"主页"选项卡的"特征"组的"参考点云"按钮  用于根据点数据文件引用创建参考点云。

## 3.1.5　光栅图像

用户可以将光栅图像导入到模型中，以便于用户参考光栅图像进行辅助设计。

进入"建模"应用模块后，在功能区"主页"选项卡的"特征"组中单击"光栅图像"按钮，弹出"光栅图像"对话框，如图 3-7 所示。利用该对话框指定平面作为目标对象，并进行图像定义，图像定义操作包括：选择部件中的图像或选择其他要导入到模型中的图像，设定图像方位参数、大小参数，以及对图像颜色模式、透明度和总透明度进行设置。

### 1. 目标对象

在"目标对象"选项组中，从"指定平面"下拉列表框中选择其中一个平面选项，并根据该平面选项进行相应的操作以定义一个平面作为放置图像的目标对象。也可以在该选项组中单击"平面对话框"按钮，利用弹出来的"平面"对话框来定义一个平面作为放置图像的目标对象。

## 2. 图像定义

"图像定义"选项组包括"部件中的图像"列表框、"当前图像"框、"方位"子选项组、"大小"子选项组和"图像设置"子选项组。下面分别介绍这些组成部分的功能含义。

● "部件中的图像"列表框：用于列出当前部件中的已有图像，用户可以从中选择一个图像，并可以对其进行相关编辑。

● "当前图像"框及"预览"复选框："当前图像"框用于列出部件中当前选定的图像。如果部件中没有所需要的图像，那么在该框右侧单击"浏览"按钮，弹出"打开光栅图像文件（Raster Image File）"对话框，利用该对话框选择要打开的光栅图像（图像文件可以为 JPEG 文件、PNG 文件和 TIFF 文件等）。如果在该框下方选中"预览"复选框，则在对话框中出现一个预览框以便用户预览所选的当前图像，如图 3-8 所示，此时用户可以通过单击位于预览框右侧的"向左旋转"按钮、"向右旋转"按钮、"水平翻转"按钮或"竖直翻转"按钮来对当前图像进行相应调整。"向左旋转"按钮用于将图像逆时针旋转 90°，"向右旋转"按钮用于将图像顺时针旋转 90°，"水平翻转"按钮用于水平翻转图像，"竖直翻转"按钮用于竖直翻转图像。

图 3-7  "光栅图像"对话框

图 3-8  指定当前图像以及预览当前图像

- ●"方位"子选项组：在该子选项组中进行"基点""插入点""参考方向""指定矢量"设置，指定旋转角度，如果单击"定向视图到图像"按钮▦，则将视图定向为垂直于图像并满窗口显示视图。

- ●"大小"子选项组：在该子选项组中设置图像大小，例如，可以设置锁定高宽比，指定缩放方法（缩放方法可以是"用户定义""图像大小""参考比例"）等，还可以重置图像大小。

- ●"图像设置"子选项组：在该子选项组中设置颜色模式（颜色模式为"RGB""灰度"或"单色"），指定透明度选项为"无""像素颜色"或"从图素"，并设置总透明度参数值。

# 3.2　创建基本曲线

基本曲线特征包括直线、圆弧/圆、三维艺术样条、螺旋线、矩形、规律曲线、拟合曲线、多边形、椭圆、抛物线、双曲线、曲面上的曲线和一般二次曲线等。本节将详细地介绍如何创建一些常用的基本曲线特征。

## 3.2.1　创建直线

使用"直线"工具可以创建关联的直线特征，也可以创建非关联直线（此时创建的是简单曲线，而非特征曲线）。在创建直线的过程中，可以由 NX 自动判断一个支持平面，也可以由用户另外根据设计要求指定支持平面，单个的支持平面用于定义直线的放置位置。

在功能区"曲线"选项卡的"曲线"组中单击"直线"按钮✎，弹出如图 3-9 所示的"直线"对话框，利用该对话框可以通过指定起点和终点来创建一条直线，可以绘制与另一条直线成一定角度的直线，可以绘制平行直线，可以在主轴上绘制直线，还可以绘制与圆弧相切的直线，这需要灵活应用各选项的组合来完成。下面介绍"直线"对话框各选项组的功能含义。

- ●"开始"选项组：用于指定直线的起点。在该选项组的"起点选项"下拉列表框中可以选择"自动判断""点""相切"3 个起点选项之一，当选择不同的起点选项进行起点设置时，其选择对象的意义各不一样。

- ●"结束"选项组：用于直线终点或方向设置。

- ●"支持平面"选项组：用于设置直线所在平面的位置。可供选择的平面选项有"自动平面"选项、"锁定平面"选项和"选择平面"选项。"自动平面"选项用于在绘制直线时根据所选点的位置来自动确定直线的平面；"锁定平面"选项用于在锁定的平面中绘制直线；"选择平面"选项用于自行指定一个平面作为支持平面，后续的直线都是绘制在该平面中的。

● "限制"选项组：在该选项组中对直线的起始限制和终止限制进行设置。

● "设置"选项组：在该选项组中设置直线是关联的还是非关联的。

如图 3-10 所示的一个绘制直线的示例，其绘制过程是：在功能区"曲线"选项卡的"曲线"组中单击"直线"按钮 ╱，打开"直线"对话框，在"开始"选项组的"起点选项"下拉列表框中选中"自动判断"选项，在图形窗口中选择坐标系原点作为直线的起点，接着在"结束"选项组中选择终点选项为"自动判断"，单击"点构造器"按钮 ，打开"点"对话框，将直线终点的绝对坐标设为"100,100,100"，单击"确定"按钮，返回"直线"对话框，在"支持平面"选项组的"平面选项"下拉列表框中选中"自动平面"选项，在"设置"选项组中选中"关联"复选框，单击"确定"按钮。

图 3-9　"直线"对话框

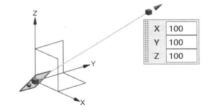

图 3-10　指定两点绘制一条直线

## 3.2.2　创建圆弧 / 圆

"圆弧 / 圆"特征的创建方法和直线特征的创建方法类似。在功能区"曲线"选项卡的"曲线"组中单击"圆弧 / 圆"按钮 ，弹出"圆弧 / 圆"对话框，从"类型"选项组的下拉列表框中选择"三点画圆弧"选项或"从中心开始的圆弧 / 圆"选项以定义圆弧或圆的生成方式。当选择"三点画圆弧"选项时，需要分别指定起点、端点和中点等创建圆弧或圆特征，如图 3-11 所示；当选择"从中心开始的圆弧 / 圆"选项时，需要先指定中心点，接着指定特征要通过的点或半径，如图 3-12 所示。如果要创建完整圆特征，则需要在"限制"选项组中选中"整圆"复选框，否则创建的是一段圆弧（此时需分别指定起始角度和终止角度等来定义圆弧）。对于圆弧，如果在图形窗口中预览的圆弧不是所希望得到的圆弧，那么可以在"限制"选项组中单击"补弧"按钮 ⊙ 来进行切换设置。另外，注意圆弧/圆特征的支持平面和关联性设置。

图 3-11 选择"三点画圆弧"时

图 3-12 选择"从中心开始的圆弧/圆"时

## 3.2.3 创建三维艺术样条

在"建模"应用模块下直接创建艺术样条的方法步骤和在草图中创建艺术样条的方法步骤基本一样，不同的是在"建模"应用模块下创建的艺术样条不一定位于同一个草图平面中（属于空间曲线）。在功能区"曲线"选项卡的"曲线"组中单击"艺术样条"按钮 ✦，弹出如图 3-13 所示的"艺术样条"对话框，通过该对话框，可以通过拖放定义点或极点并在定义点指派斜率或曲率约束，动态地创建和编辑三维艺术样条，在操作过程中需要注意巧用"制图平面"选项组中的平面约束选项和工具。由于在第 2 章已经介绍过草图艺术样条的绘制方法，而三维艺术样条的绘制方法和草图艺术样条的绘制方法在整体上是相似的，只是前者要求进行制图平面设置等，在此不再赘述。

创建三维艺术样条的典型示例如图 3-14 所示，该艺术样条采用了"通过点"类型，分别按顺序选择空间中的 5 个点来完成创建。

图 3-13 "艺术样条"对话框

图 3-14 三维艺术样条示例

## 3.2.4 创建螺旋线

"螺旋线"实际上是一种特殊的具有螺旋运动轨迹的规律曲线，可以通过指定其圈数、螺距、半径或直径、旋转方向及方位等来创建。

要创建螺旋线，则在功能区"曲线"选项卡的"曲线"组中单击"螺旋"按钮，弹出如图 3-15 所示的"螺旋"对话框，接着从"类型"选项组的下拉列表框中选择"沿脊线"类型选项或"沿矢量"类型选项，并根据所选的类型选项进行相应的设置和选择操作。螺旋线的半径大小（或直径大小）和螺距均可以使用不同的规律类型来定义。

当选择"沿脊线"类型选项时，需要选择一条曲线作为螺旋线的脊线，并指定脊线方向，接着分别指定方位、大小、螺距、长度和旋转方向等方面的选项及参数，典型示例如图 3-16 所示。脊线将影响螺旋线中心的走向，可以使螺旋线跟随脊线产生整体"扭曲"的效果。

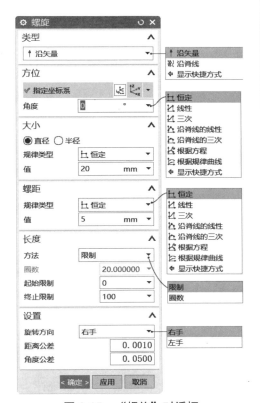

图 3-15 "螺旋"对话框

当选择"沿矢量"类型选项时，则需要分别指定方位、大小、螺距、长度和旋转方向等方面的选项及参数，典型示例如图 3-17 所示。

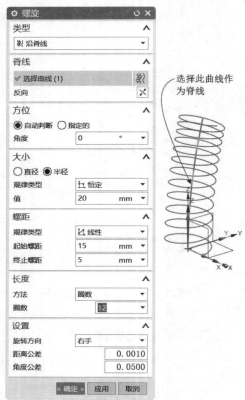

图 3-16　沿脊线的螺旋线示例

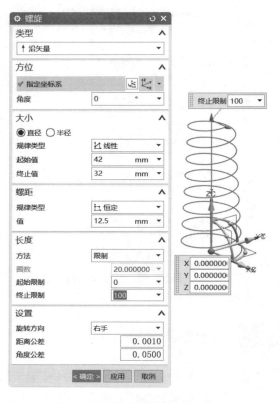

图 3-17　沿矢量的螺旋线示例

## 3.2.5　创建规律曲线

在建模空间中，可以通过使用规律函数（例如常数、线性、三次和方程）来创建样条，也就是创建规律曲线。

在功能区"曲线"选项卡的"曲线"组中单击"规律曲线"按钮，弹出如图 3-18 所示的"规律曲线"对话框，接着分别设定 X 规律、Y 规律、Z 规律和坐标系等，其中相关规律类型可以为"恒定""线性""三次""沿脊线的线性""沿脊线的三次""根据方程""根据规律曲线"，不同的规律类型，需要设置不同的参数及参照。如果采用了"根据方程"规律类型，

图 3-18　"规律曲线"对话框

通常要结合功能区"工具"选项卡的"实用工具"组中的"表达式"按钮═来创建相应的表达式。

请看以下一个操作范例。

**1** 按 Ctrl+N 快捷键，弹出"新建"对话框，在"模型"选项卡的"过滤器"选项组的"单位"下拉列表框中默认选择"毫米"，在"模板"列表中选择名为"模型"的模板，分别设定新文件名及其要保存到的文件夹，单击"确定"按钮。

**2** 在功能区中打开"工具"选项卡，从"实用工具"组中单击"表达式"按钮═，弹出如图 3-19 所示的"表达式"对话框。

图 3-19 "表达式"对话框

**3** 在第二行的"名称"单元格中双击，输入其参数名称为"n"，在该行的"公式"单元格中双击，输入"20"，在该行的"类型"单元格中选择"整数"，在该行的"附注"单元格中输入"圈数"，如图 3-20 所示。

图 3-20 完成第一个表达式条目（参数）定义

**④** 在"操作"选项组中单击"新建表达式"按钮 ，在表中新建如图 3-21 所示的一个表达式条目。

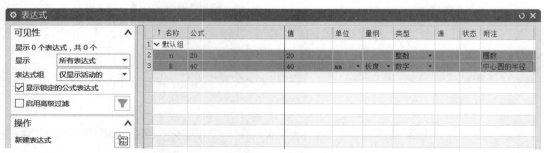

图 3-21　新建表达式条目

**⑤** 使用同样的方法，继续创建其他表达式条目，如图 3-22 所示。

图 3-22　创建其他表达式条目

**⑥** 单击"应用"按钮及"确定"按钮。

**⑦** 在功能区中切换至"曲线"选项卡，从"曲线"组中单击"规律曲线"按钮 ，弹出"规律曲线"对话框，分别在"X 规律""Y 规律""Z 规律"选项组的"规律类型"下拉列表框中均选择"根据方程"选项，坐标系为动态判断，如图 3-23 所示。

**⑧** 在"规律曲线"对话框中单击"确定"按钮，完成创建的规律曲线如图 3-24 所示。

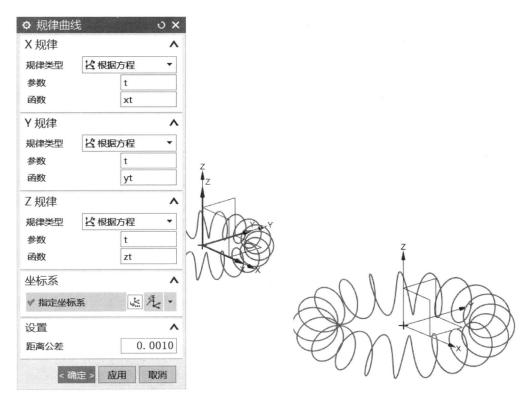

图 3-23 "规律曲线"对话框  　　　　　　图 3-24 完成创建规律曲线

## 3.2.6 创建拟合曲线

在建模空间中，从功能区"曲线"选项卡的"曲线"组中单击"拟合曲线"按钮，弹出如图 3-25 所示的"拟合曲线"对话框，接着从"类型"选项组的下拉列表框中选择"拟合样条""拟合直线""拟合圆"或"拟合椭圆"，并依据所设定的类型去选择源对象（目标）编辑定义拟合点，设定相应的拟合条件，以及设置其关联性及其他参数选项，从而通过拟合指定的数据点来创建样条、直线、圆或椭圆。

例如，要根据 5 个数据点来创建一个非封闭的拟合椭圆，典型示例如图 3-26 所示，在该示例中，还设置了拟合椭圆弧两段对称延伸，起点和终点均按设定的值 10mm 进行延伸。

## 3.2.7 创建文本

NX 提供的"文本"按钮 **A**，用于通过读取文本字符串（选定字体）并产生作为字符轮廓的线条和样条来创建文本作为设计元素。

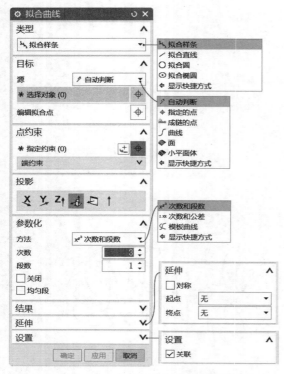

图 3-25　"拟合曲线"对话框

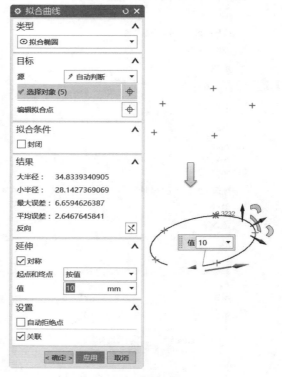

图 3-26　创建拟合椭圆

在功能区"曲线"选项卡的"曲线"组中单击"文本"按钮**A**，弹出如图 3-27 所示的"文本"对话框。从"类型"选项组的下拉列表框中选择其中一个创建类型，可供选择的创建类型有"平面副""曲线上""面上"。

### 1. 平面副

"平面副"创建类型用于在指定平面上创建文本。选择"平面副"创建类型时，需要分别使用"文本属性"选项组、"文本框"选项组和"设置"选项组来进行相关设置与操作，例如，在"文本框"选项组中设置文本框的锚点放置方式，并在图形窗口中指定锚点放置点（如选择坐标原点作为锚点放置点，NX 将默认在 XC-YC 坐标面上生成文本曲线），在"文本属性"选项组中设定文本线型、脚本和字型，以及在其中的文本框中输入所需的文本，此时可以在"文本框"选项组的"尺寸"子选项组中修改文本框的尺寸参数，如图 3-28 所示。

图 3-27　"文本"对话框

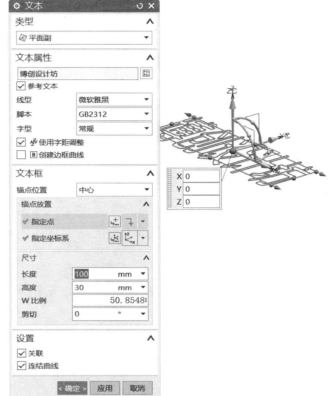

图 3-28　在指定平面上创建文本曲线

**2. 曲线上**

"曲线上"类型用于沿着相连的曲线串创建文本。选择"曲线上"类型时，需要选定文本放置曲线，指定竖直方向的定位方法，设置文本属性和文本框参数等，如图 3-29 所示。

**3. 面上**

"面上"类型用于在一个或多个相连面上创建文本。选择"面上"创建类型时，需要分别指定文本放置面、面上的位置、文本属性、文本框和其他设置选项等，如图 3-30 所示。其中，在指定面上的位置时，可以使用两种放置方法，即"面上的曲线"或"剖切平面"。

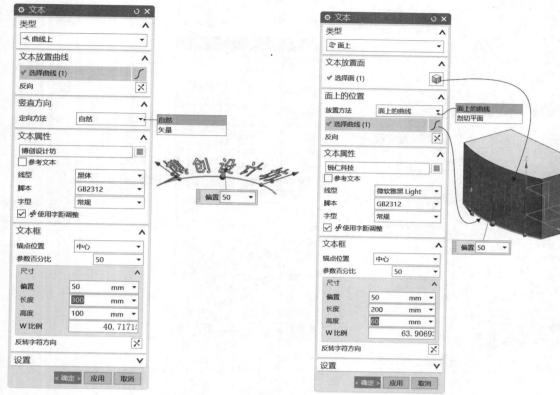

图 3-29  创建"曲线上"文本　　　　　　　图 3-30  创建"面上"文本

## 3.2.8　创建其他基本曲线

在功能区"曲线"选项卡中还提供有"曲面上的曲线"按钮 、"一般二次曲线"按钮 、"脊线"按钮 、"优化 2D 曲线"按钮 、"抛物线"按钮 和"双曲线"按钮 ，这些用于绘制特定基本曲线的工具按钮。上述这些工具按钮，有些位于功能区"曲线"选项卡的"曲线"组中，有些位于功能区"曲线"选项卡的"更多"库列表中。下面简要地介绍这些工具按钮的功能含义。

- ●"曲面上的曲线"按钮 ：在面上直接创建曲面样条特征。
- ●"一般二次曲线"按钮 ：通过使用各种二次方法或一般二次曲线方程来创建二次截面。
- ●"脊线"按钮 ：创建经过起点并垂直于一系列指定平面的曲线。
- ●"优化 2D 曲线"按钮 ：优化二维线框几何体。
- ●"抛物线"按钮 ：创建具有指定边点和尺寸的抛物线。
- ●"双曲线"按钮 ：创建具有指定顶点和尺寸的双曲线。

# 3.3 创建派生曲线

在 NX 12.0 中，用于创建各种派生曲线的工具命令包括"偏置曲线""在面上偏置曲线""投影曲线""组合投影""相交曲线""镜像曲线""桥接曲线""复合曲线""等参数曲线""缩放曲线""缠绕/展开曲线""圆形圆角曲线""偏置 3D 曲线""抽取虚拟曲线""等斜度曲线""截面曲线""简化曲线"等。下面介绍用于创建特定派生曲线的一些常用工具按钮。

## 3.3.1 偏置曲线

"偏置曲线"操作是指将选定曲线在设定方向上按照指定的规律偏移一定的距离来生成新曲线，可以将以该方法生成的曲线形象地称为"偏置曲线"，而对于选定的原始曲线，用户可以在操作过程中设置将如何处理它，如保留或隐藏它，删除或替换它。在功能区"曲线"选项卡的"派生曲线"组中单击"偏置曲线"按钮 ⚙，弹出如图 3-31 所示的"偏置曲线"对话框。在"偏置类型"选项组的下拉列表框中提供了 4 种偏置类型，即"距离""拔模""规律控制""3D 轴向"。

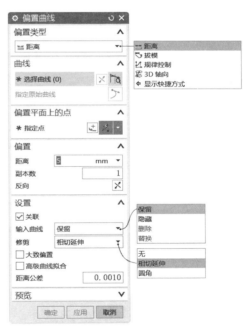

图 3-31 "偏置曲线"对话框

### 1. "距离"偏置类型

"距离"偏置类型是指将选定曲线按照设定的距离和方向进行偏置。选择"距离"偏置类型，并在图形窗口中选择要偏置的曲线或曲线链（可巧用选择条的"曲线规则"下拉列表框中的曲线规则选项来辅助选择），接着在"偏置"选项组中设置距离值、副本数、偏置方向，以及在"设置"选项组中设置偏置曲线的关联性、输入曲线处理方式（如"保留"或"隐藏"）、修剪方式（如"无""相切延伸"或"圆角"）等，然后单击"确定"按钮，即可完成创建偏置曲线。按距离偏置曲线的操作示例如图 3-32 所示。

### 2. "拔模"偏置类型

"拔模"偏置类型是指将选定曲线按照设定的高度和拔模角度进行偏移，高度为原曲线所在平面和偏移后曲线所在平面的距离，拔模角度为偏移方向与原曲线所在平面法向之间的夹角。使用"拔模"偏置类型创建偏置曲线的典型示例如图 3-33 所示，在该示例中副本数为 2。

图 3-32　按"距离"偏置曲线　　　　　　图 3-33　使用"拔模"偏置曲线

**3. "规律控制"偏置类型**

"规律控制"偏置类型是指按照规律控制偏置距离来偏置曲线。选择"规律控制"偏置类型后，选择要偏置的曲线，在"偏置"选项组中设定规律类型及规律参数、副本数和偏置方向，并在"设置"选项组中设定其他参数，示例如图 3-34 所示，然后单击"应用"按钮或"确定"按钮。

**4. "3D 轴向"偏置类型**

"3D 轴向"偏置类型是指按照空间中的一个三维偏置距离和偏置方向来偏置曲线。使用"3D 轴向"偏置曲线的典型示例如图 3-35 所示，在该示例中选择了一条倾斜的直线来指定偏置方向。

## 3.3.2　在面上偏置曲线

"在面上偏置曲线"是指沿着选定曲线所在的面偏置曲线。在面上偏置曲线的类型分两种，一种是"恒定"，另一种则是"可变"。

下面以如图 3-36 所示的典型示例为例介绍其创建方法与步骤。

**1** 按 Ctrl+O 快捷键，弹出"打开"对话框，选择"bc_3_zmspzqx.prt"文件，单击 OK 按钮。

**2** 在功能区中切换至"曲线"选项卡，接着从"派生曲线"组中单击"在面上偏置曲线"按钮 ◈，弹出如图 3-37 所示的"在面上偏置曲线"对话框。

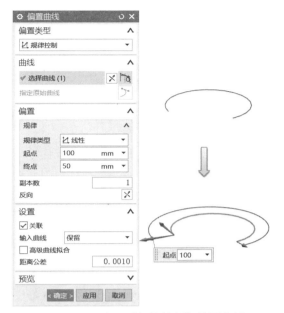

图 3-34 使用"规律控制"偏置曲线

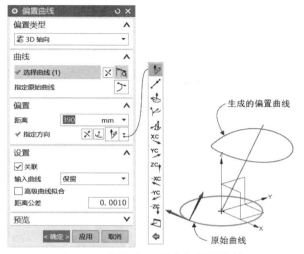

图 3-35 使用"3D 轴向"偏置曲线

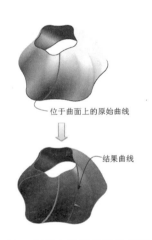

图 3-36 在面上偏置曲线的示例

图 3-37 "在面上偏置曲线"对话框

**❸** 在"类型"选项组的下拉列表框中选择"恒定"选项。

**❹** 在"曲线"选项组的"偏置距离"下拉列表框中选择"值"选项,单击"选择曲线"按钮 ∫,为新集选择要编辑的曲线 / 边。本例选择位于曲面上所需的一条曲线,接着在"曲线"选项组中将偏置 1 设置为 20。

**❺** 在"面或平面"选项组中单击"面或平面"按钮 ▣,为偏置选择面,此时可以设置在图形窗口中预览以默认设置而形成的偏置曲线,如图 3-38 所示。如果发现偏置方向不是所希望的,那么在"曲线"选项组中单击"反向"按钮 ☒。

**6** 在"方向和方法"选项组的"偏置方向"下拉列表框中选择"垂直于曲线"选项,从"偏置法"下拉列表框中选择"弦"选项(可供选择的偏置方法有"弦""弧长""测地线""相切""投影距离");在"倒圆尖角"选项组的"圆角"下拉列表框中选择"无"选项(可供选择的圆角方式有"无""矢量""最适合""投影矢量")。

**7** 在"修剪和延伸偏置曲线"选项组中设置如何修剪和延伸偏置曲线。在本例中,增加选中"修剪至面的边"和"延伸至面的边"复选框,如图3-39所示。

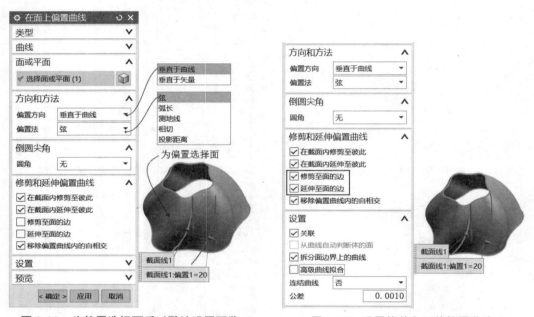

图3-38 为偏置选择面后以默认设置预览　　　图3-39 设置修剪和延伸偏置曲线

📖 **知识点拨:**

由于曲线形状、偏置方向和偏置方法等因素的影响,在面上产生的偏置曲线可能出现无法对齐到曲面边界等现象,此时可以根据设计要求设置是否修剪至面的边,以及是否延伸至面的边等。有关修剪至面的边、延伸至面的边图解示意如图3-40所示。

**8** 在"设置"选项组中选中"关联"复选框和"拆分面边界上的曲线"复选框,取消选中"高级曲线拟合"复选框,从"连结曲线"下拉列表框中选择"否"选项,然后单击"确定"按钮,完成在面上偏置曲线的操作。

 **知识点拨:**

如果在本例中,从"在面上偏置曲线"对话框的"类型"下拉列表框中选择"可变"选项,那么可以为偏置设定规律类型。例如,将"规律类型"设置为"线性",接着将"起点"偏置值设置为10mm,将"终点"偏置值设置为30mm,如图3-41所示,可以创建具有可变偏置值的位于指定曲面上的偏置曲线。

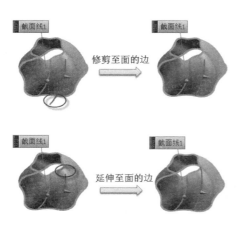

图 3-40 修剪至面的边和延伸至面的边

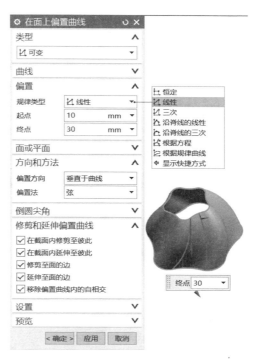

图 3-41 在面上创建可变偏置曲线

### 3.3.3 投影曲线

"投影曲线"是指将曲线或点沿着指定的方向投影到现有平面或曲面上，如图 3-42 所示。要创建投影曲线，则在功能区"曲线"选项卡的"派生曲线"组中单击"投影曲线"按钮 ，弹出如图 3-43 所示的"投影曲线"对话框。利用该对话框分别指定要投影的曲线或点、要投影的对象、投影方向、间隙和其他设置等。下面简要地介绍"投影曲线"对话框各选项组的功能含义。

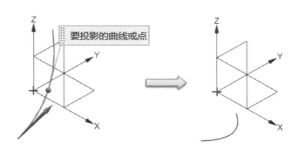

图 3-42 投影曲线的创建示例

- "要投影的曲线或点"选项组：用于选择要进行投影操作的曲线或点。
- "要投影的对象"选项组：用于选择对象或指定平面作为曲线或点要投影到的面。在该选项组中单击"选择对象"按钮 并接着在图形窗口中选择面、小平面体或基准平面以进行投影，或者从"指定平面"下拉列表框中选择一个平面选项并根据该平面选项来进行指定平面操作。亦可在该选项组中单击"平面对话框"按钮 ，利用弹出的"平面"

对话框来指定所需的平面。

● "投影方向"选项组：用于设置投影的方向，有"沿矢量""沿面的法向""朝向点""朝向直线""与矢量成角度"5种设置方向的方法。

● "间隙"选项组：在该选项组中设置是否创建曲线以桥接间隙。

● "设置"选项组：用于设置与投影操作相关的选项和参数，包括是否具有关联性，对输入曲线如何处理，是否启用高级曲线拟合，是否对齐曲线形状等。

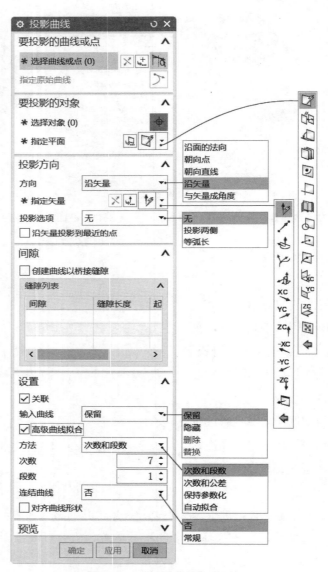

图3-43 "投影曲线"对话框

读者可以打开"bc_3_tyqx.prt"文件，进行创建投影曲线的练习。

### 3.3.4　组合投影

"组合投影"是指组合两个现有曲线链的投影交集以新建曲线。下面通过一个范例介绍使用"组合投影"操作创建新曲线的方法步骤。

**1** 按 Ctrl+O 快捷键，弹出"打开"对话框，选择"bc_3_zhty.prt"文件，单击 OK 按钮。文件中已有的两条曲线（链）如图 3-44 所示。

**2** 在功能区"曲线"选项卡的"派生曲线"组中单击"组合投影"按钮 ，弹出如图 3-45 所示的"组合投影"对话框。

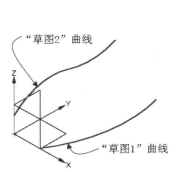

图 3-44　已有的两条曲线

图 3-45　"组合投影"对话框

**3** 在靠近左端点位置处选择"草图 1"曲线作为要组合投影的曲线 1。选择位置将确定曲线默认的起点方向。

**4** 在"曲线 2"选项组中单击"曲线"按钮 ，在靠近左端点位置处选择整条"草图 2"曲线作为要组合投影的曲线 2。

**5** 在"投影方向 1"选项组的"投影方向"下拉列表框中选择"垂直于曲线平面"选项，在"投影方向 2"选项组的"投影方向"下拉列表框中也选择"垂直于曲线平面"选项，均接受默认的投影方向 1 和投影方向 2，如图 3-46 所示。

**6** 在"设置"选项组中选中"关联"复选框，从"输入曲线"下拉列表框中选择"隐藏"选项，取消选中"高级曲线拟合"复选框。

知识点拨：

如果在"设置"选项组中选中"高级曲线拟合"复选框，那么还可以从出现的"方法"下拉列表框中选择"次数和段数""次数和公差""保持参数化"或"自动拟合"，从而投影拟合成高级曲线。

单击"确定"按钮，完成创建的组合投影曲线如图 3-47 所示，同时将"草图 1"曲线和"草图 2"曲线自动隐藏。

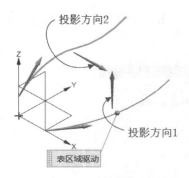

图 3-46　投影方向 1 和投影方向 2 示意

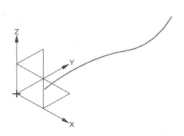

图 3-47　完成创建组合投影曲线

### 3.3.5　相交曲线

用户可以创建两个对象集之间的相交曲线，其方法是在功能区"曲线"选项卡的"派生曲线"组中单击"相交曲线"按钮，弹出如图 3-48 所示的"相交曲线"对话框，接着选择第一组面或指定第一组平面，再选择第二组面或指定第二组平面，然后在"设置"选项组中进行相关属性设置，最后单击"应用"按钮或"确定"按钮即可。

### 3.3.6　镜像曲线

用户可以通过镜像平面基于曲线创建镜像曲线，其方法是在功能区"曲线"选项卡的"派生曲线"组中单击"镜像曲线"按钮，弹出如图 3-49 所示的"镜像曲线"对话框，接着选择要镜像的曲线、边、曲线特征或草图，通过"镜

图 3-48　"相交曲线"对话框

像平面"选项组选择现有平面或创建一个新平面作为镜像平面，并在"设置"选项组中选中或取消选中"关联"复选框，以及从"输入曲线"下拉列表框中选择一个选项来设置如何对输入曲线进行处理，然后单击"应用"按钮或"确定"按钮即可。

创建镜像曲线的典型示例如图 3-50 所示，在该示例中，单击"镜像曲线"按钮，打开"镜像曲线"对话框，选择一条要镜像的曲线链。在"镜像平面"对话框的"平面"下拉列表框中选择"现有平面"选项，单击"平面或面"按钮，接着选择 YZ 坐标面（YC-ZC 平面）作为镜像平面，在"设置"选项组中选中"关联"复选框，从"输入曲线"下拉列表框中选择"保留"选项，然后单击"确定"按钮。

图 3-49 "镜像曲线"对话框

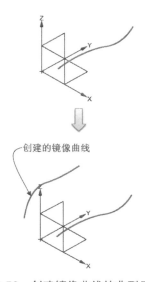

创建的镜像曲线

图 3-50 创建镜像曲线的典型示例

### 3.3.7 桥接曲线

"桥接曲线"是指创建两个对象之间的相切圆角曲线。

在功能区"曲线"选项卡的"派生曲线"组中单击"桥接曲线"按钮，弹出如图 3-51 所示的"桥接曲线"对话框。下面介绍该对话框各主要选项组的功能用途。

- "起始对象"选项组：用于选择截面曲线、边或对象（点或面）作为起始对象。
- "终止对象"选项组：用于选取终止对象，终止对象的类型分 4 种，即"截面""对象""基准""矢量"。例如，在该选项组中选中"截面"单选按钮，并单击"曲线"按钮，接着在设定曲线规则的前提下选择曲线或边作为终止对象。
- "连接"选项组：用于对桥接曲线的连续性属性进行设置，包括开始端的连续性和结束端的连续性设置。

图 3-51 "桥接曲线"对话框

- "约束面"选项组：如果需要，在该选项组中单击"面"按钮 ，接着为桥接曲线选择所需的约束面。该选项组的使用为可选步骤。

- "半径约束"选项组：需要时才对桥接曲线进行半径约束。该选项组的使用为可选。

- "形状控制"选项组：用于控制桥接曲线的形状。该选项组如图 3-52 所示，从"方法"下拉列表框中选择一种形状控制方式（一共有 3 种主要的形状控制方式供选择，即"相切幅值"方式、"深度和歪斜度"方式和"模板曲线"方式），选择不同的形状控制方式，则对应的参数设置也有所不同。其中，"相切幅值"方式是通过桥接曲线与第一条曲线或第二条曲线连接点的切矢量值来控制曲线的形状；"深度和歪斜度"方式是通过改变曲线峰值的深度和倾斜度来控制曲线的形状；"模板曲线"方式则是通过选择已有的参考曲线来控制桥接曲线的形状。

- "设置"选项组：在该选项组中可以选中"关联"复选框使桥接曲线具有关联性，并根据设计要求设置是否使用截面上的最近点，以及设置距离公差，如图 3-53 所示。

图 3-52　"形状控制"选项组　　　　　　图 3-53　"设置"选项组

读者可以打开"bc_3_qjqx.prt"文件，进行创建桥接曲线的练习，操作图解如图 3-54 所示。

创建桥接曲线

创建的桥接曲线

图 3-54　创建桥接曲线的练习

## 3.3.8　复合曲线

"复合曲线"工具命令用于创建其他曲线或边的关联复制。

在功能区"曲线"选项卡的"派生曲线"组中单击"复合曲线"按钮，弹出如图 3-55 所示的"复合曲线"对话框，接着选择要复制的曲线，并在"设置"选项组中对以下工具进行设置。

- "关联"复选框：用于设置生成曲线与所选的原始曲线之间的关联性。

- "隐藏原先的"复选框：用于设置是否隐藏原先的对象。

● "允许自相交"复选框：用于设置是否允许产生自相交的曲线。

● "高级曲线拟合"复选框：用于设置是否启用高级曲线拟合功能。当选中该复选框时，将提供"方法"下拉列表框及相应的参数设置框（如果有的话），"方法"下拉列表框将提供"次数和段数""次数和公差""保持参数化""自动拟合"这些选项供用户选择。

● "连结曲线"下拉列表框：选择连结曲线的类型，如"否""三次""常规""五次"等其中可用选项之一。

● "距离公差"文本框：用于设置复合曲线的距离公差。

● "使用父对象的显示属性"复选框：用于设置是否使用父对象的显示属性。

图 3-55    "复合曲线"对话框

在"复合曲线"对话框的"设置"选项组中设置好相关的选项和参数后，单击"确定"按钮，从而完成创建一条复合曲线。

创建复合曲线的典型示例如图 3-56 所示，原先已经在曲线 1 和曲线 2 之间创建了一条桥接曲线，单击"复合曲线"按钮 后，在选择条中将"曲线规则"设置为"相切曲线"，选择由曲线 1、曲线 2 和桥接曲线构成的整条相切曲线链作为要复制的曲线，在"复合曲线"对话框的"设置"选项组中选中"关联"复选框和"隐藏原先的"

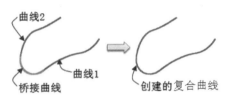

图 3-56    创建复合曲线

复选框，从"连结曲线"下拉列表框中选择"常规"选项，然后单击"确定"按钮，从而生成复合曲线并隐藏原先曲线。

### 3.3.9    等参数曲线

"等参数曲线"是指沿着某个面的恒定 U 或 V 参数线来创建的曲线。

在功能区"曲线"选项卡的"派生曲线"组中单击"等参数曲线"按钮 ，弹出如图 3-57 所示的"等参数曲线"对话框，选择要在其上创建等参数曲线的面，接着在对话框的"等参数曲线"选项组中对方向和位置进行设置，方向分"U""V""U 和 V"3 种，而位置设置方式则有"均匀""通过点""在点之间"3 种，选择不同的位置设置方式，则进行的参数设置或对象选择会有所不同；另外，"设置"选项组的"关联"复选框用于设置等参数曲线与所选面之间的关联性。

创建等参数曲线的一个典型示例如图 3-58 所示。

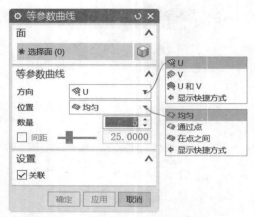

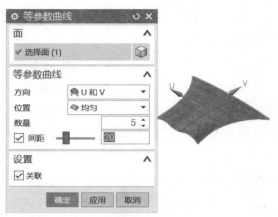

图 3-57　"等参数曲线"对话框　　　　图 3-58　创建等参数曲线的典型示例

### 3.3.10　缩放曲线

　　使用 NX 12.0 中的"缩放曲线"按钮 ，可以缩放选定曲线、边或点，其操作步骤是：在功能区"曲线"选项卡的"派生曲线"组中单击"缩放曲线"按钮 ，弹出如图 3-59 所示的"缩放曲线"对话框，接着选择要缩放的曲线、边或点，在"比例"选项组中选中"均匀"单选按钮或"不均匀"单选按钮，设定相应的基准点或坐标系，指定比例因子，并在"设置"选项组中设置"关联"复选框的状态，指定输入曲线处理方式，然后单击"应用"按钮或"确定"按钮，即可创建所需的缩放曲线。

　　需要用户注意的是，当在"缩放曲线"对话框的"比例"选项组中选中"均匀"单选按钮时，需要指定一个基准点，以及指定统一的比例因子（X 向缩放、Y 向缩放和 Z 向缩放均统一的比例因子）；而当选中"不均匀"单选按钮时，需要指定一个坐标系（提供一系列工具选项用于指定所需的坐标系），以及分别设置 X 向缩放因子、Y 向缩放因子和 Z 向缩放因子，典型示例如图 3-60 所示。读者可以打开"bc_3_sfqx.prt"文件，进行创建缩放曲线的练习，在练习中一定要比较"均匀"比例和"不均匀"比例的操作差异和结果差异效果。

### 3.3.11　偏置 3D 曲线

　　在 NX 12.0 中，可以垂直于参考方向偏置 3D 曲线，其方法步骤为：在功能区"曲线"选项卡的"派生曲线"组中单击"偏置 3D 曲线"按钮 ，弹出如图 3-61 所示的"偏置 3D 曲线"对话框，接着选择要偏置的曲线或边，利用"参考方向"选项组来指定参考方向，在"偏置"选项组中指定偏置距离，以及通过单击"反侧"按钮 来使偏置方向反侧（如果需要的话），在"设置"选项组中设置"关联"复选框和"高级曲线拟合"复选框的状态，设定连结曲线的类型为"否""三次""常规"或"五次"等，考虑合适的距离公差，然后单击"应用"按钮或"确定"按钮。

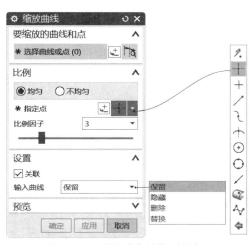

图 3-59　"缩放曲线"对话框

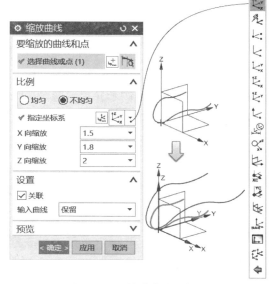

图 3-60　缩放曲线示例

偏置 3D 曲线的典型示例如图 3-62 所示。在该示例中，选定"ZC 轴" <sup>ZC</sup>定义参考方向矢量，偏置距离为 10mm，偏置侧为相对外侧，选中"关联"复选框以使生成的曲线与原曲线具有关联性，选中"高级曲线拟合"复选框，其"方法"为"次数和段数"，"次数"为 7，"段数"为 1，从"连结曲线"下拉列表框中选择"常规"选项，默认"距离公差"为 0.0010。

图 3-61　"偏置 3D 曲线"对话框

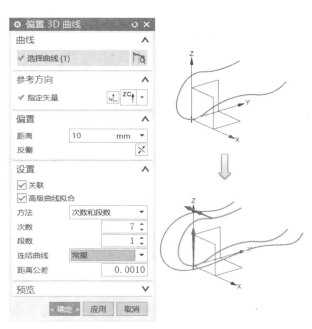

图 3-62　偏置 3D 曲线示例

### 3.3.12 缠绕/展开曲线

"缠绕/展开曲线"按钮 主要用于将平面上的曲线缠绕到可展开面上，或者将可展开面上的曲线展开到平面上。

下面通过一个简单范例来介绍"缠绕/展开曲线"命令的功能用途和应用技巧。

**1** 按 Ctrl+O 快捷键，弹出"打开"对话框，选择"bc_3_crzkqx"文件，单击 OK 按钮。文件中存在如图 3-63 所示的一个圆柱体、一个与圆柱曲面相切的基准平面、一个位于指定平面上的曲线。

**2** 在功能区"曲线"选项卡的"派生曲线"组中单击"缠绕/展开曲线"按钮 ，弹出"缠绕/展开曲线"对话框，如图 3-64 所示。

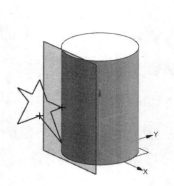

图 3-63　原始模型

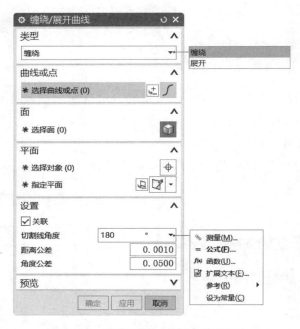

图 3-64　"缠绕/展开曲线"对话框

**3** 在"类型"选项组的"类型"下拉列表框中选择"缠绕"选项。

**4** "曲线或点"选项组中的"曲线"按钮 处于激活状态，在"选择条"工具栏的"曲线规则"下拉列表框中选择"特征曲线"或"相连曲线"，在图形窗口中单击现有曲线以将整条曲线作为要缠绕的曲线。

**5** 在"面"选项组中单击"选择面"按钮 ，在图形窗口中单击圆柱体的圆柱曲面。

**6** 在"平面"选项组中单击"选择对象"按钮 ，在图形窗口中选择一个相切于缠绕面的基准平面或平的面，如图 3-65 所示。

**7** 在"设置"选项组中选中"关联"复选框，接受默认的距离公差和角度公差。

⑧ 单击"确定"按钮，创建了缠绕曲线特征，如图 3-66 所示。

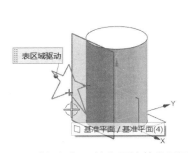

图 3-65　选择相切于缠绕面的基准平面

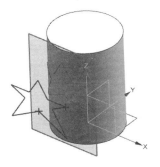

图 3-66　创建了缠绕曲线特征

可以继续在该范例中进行练习操作以将缠绕曲线从圆柱面展开到一个平面上。

### 3.3.13　抽取虚拟曲线

在功能区"曲线"选项卡中单击"更多"→"抽取虚拟曲线"按钮 ，弹出如图 3-67 所示的"抽取虚拟曲线"对话框，利用该对话框可以从面"旋转轴"、"倒圆中心线"和"虚拟交线"创建曲线。当从"类型"选项组的"类型"下拉列表框中选择"虚拟交线"或"倒圆中心线"选项时，选择要从中抽取虚拟曲线的圆角面来创建相应类型的曲线；当选择"旋转轴"选项时，选择圆柱面、锥面或旋转面来抽取其中心轴以生成曲线。

图 3-67　"抽取虚拟曲线"对话框

### 3.3.14　圆形圆角曲线

可以创建两个曲线链之间具有指定方向的圆形圆角曲线。

在功能区"曲线"选项卡中单击"更多"→"圆形圆角曲线"按钮 ，弹出如图 3-68 所示的"圆形圆角曲线"对话框，接着利用以下选项组进行操作与设置来创建圆形圆角曲线。

- "曲线 1"选项组：在该选项组中单击"曲线"按钮 ，选择要创建圆形圆角曲线的参考曲线链 1。
- "曲线 2"选项组：在该选项组中单击"曲线"按钮 ，选择要创建圆形圆角曲线的参考曲线链 2。

- "圆柱"选项组：用于设置圆柱方向选项、半径选项和半径参数值，并可以设置是否显示圆柱。圆柱方向选项有"最适合""变量""矢量""当前视图"4种，半径选项有"曲线1上的点""曲线2上的点"和"值"3种。
- "形状控制"选项组：通过拖动相应滑块选定参数值来对曲线1和曲线2进行形状控制。
- "设置"选项组：在该选项组中设置是否选中"关联"复选框，指定曲线拟合阶次和公差，需要时单击"补弧"按钮 以获得补弧形式的圆形圆角效果。
- "预览"选项组：单击"显示结果"按钮 ，在图形窗口中显示结果，此时单击"撤销结果"按钮 ，返回到当前圆形圆角曲线的设置、编辑状态。

通过"圆形圆角曲线"对话框分别指定曲线1和曲线2，并设置相关的圆柱参数和形状控制参数等，如图3-69所示，然后单击"确定"按钮。

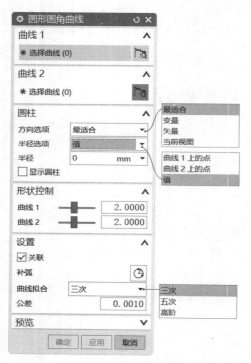

图3-68 "圆形圆角曲线"对话框

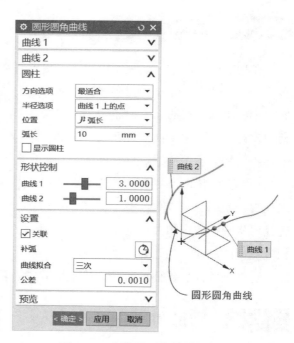

图3-69 创建圆形圆角曲线

# 3.4 曲线编辑

在实际建模工作中，使用相关曲线创建工具所创建的曲线有时还不符合设计要求，还需要对曲线进行相应编辑，如修剪曲线、更改曲线长度、编辑曲线参数、光顺样条、光顺曲线串、模板成型、分割曲线和X型等。本节主要介绍曲线的常用编辑功能。

## 3.4.1 修剪曲线

使用"修剪曲线"功能可以按选定的边界对象修剪、延伸或分割曲线。

在功能区"曲线"选项卡的"编辑曲线"组中单击"修剪曲线"按钮，弹出如图3-70所示的"修剪曲线"对话框，下面介绍该对话框各选项组的功能用途。

- "要修剪的曲线"选项组：用于选择要修剪的曲线。在该选项组中单击"曲线"按钮，在图形窗口中选择要修剪的曲线。
- "边界对象"选项组：用于为修剪边界选择对象。边界对象的类型分两类，即"选定的对象"和"平面"。可以指定一个或边界对象集。

图3-70 "修剪曲线"对话框

- "修剪或分割"选项组：该选项组用于设定操作模式为修剪还是分割，以及相应的修剪或分割选项。当在"操作"下拉列表框中选择"修剪"选项时，需要从"方向"下拉列表框中选择"最短的3D距离"选项或"沿方向"选项（"沿方向"需要指定方向矢量），选中"保留"单选按钮或"放弃"单选按钮并通过"区域"按钮来定义要保留或放弃的区域。当在"操作"下拉列表框中选择"分割"选项时，需要从"方向"下拉列表框中选择"最短的3D距离"选项或"沿方向"选项（"沿方向"需要指定方向矢量），以及单击"要分割的位置"按钮选择要分割的位置。

- "设置"选项组：在该选项组中可以设置如图3-71所示的内容，包括设置结果曲线与原曲线（输入曲线）具有关联性，选定对输入曲线的处理方式、曲线延伸方式，指定是否修剪

图3-71 "设置"选项组

边界曲线、是否将输入曲线设为虚线、是否扩展相交计算等。

修剪曲线的典型示例如图3-72所示（配套练习文件为"bc_3_修剪曲线练习.prt"），执行"修剪曲线"工具命令后，在选择要修剪的曲线时，要注意曲线的选择位置，其选择位置确定了单击区域是保留的区域还是被放弃的区域，另外，边界对象的选择位置也要注意。本示例中，还

将输入曲线的状态设置为"保留",选中"将输入曲线设为虚线"复选框,选中"修剪边界曲线"复选框。

图 3-72　修剪曲线的典型示例

## 3.4.2　曲线长度

使用"曲线长度"功能可以在曲线的每个端点处延伸或缩短一段长度,或者使曲线达到一个总曲线长度。

在功能区"曲线"选项卡的"编辑曲线"组中单击"曲线长度"按钮 ，弹出如图 3-73 所示的"曲线长度"对话框,接着选择要更改长度的曲线,并在"延伸"选项组中分别对"长度""侧""方法"进行设置,以及在"限制"选项组中设置曲线长度限制条件。当在"延伸"选项组的"长度"下拉列表框中选择"增量"选项时,在"限制"选项组中设置的是从开始位置和结束位置变化的增量值;当在"延伸"选项组的"长度"下拉列表框中选择"总数"选项时,在"限制"选项组中

图 3-73　"曲线长度"对话框

设置的是曲线全部长度(长度总数),NX 将在指定的延伸侧按照设定的曲线全部长度值调整曲线。另外,在"设置"选项组中对曲线的关联性和输入曲线的处理方法等进行设置。

## 3.4.3　编辑曲线参数

可以编辑大多数曲线类型的参数。在功能区"曲线"选项卡中单击"更多"→"编辑曲线参数"按钮 ，弹出如图 3-74 所示的"编辑曲线参数"对话框,接着选择要编辑的曲线,NX 将弹出用于编辑该曲线参数的对话框,从中完成曲线参数的修改工作。

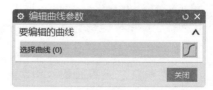

图 3-74　"编辑曲线参数"对话框

### 3.4.4 光顺样条与光顺曲线串

本节介绍使用"光顺样条"与"光顺曲线串"工具命令编辑曲线的操作。

**1. 光顺样条**

"光顺样条"是指通过最小化曲率大小或曲率变化来移除样条中的小缺陷。

在功能区"曲线"选项卡的"编辑曲线"组中单击"光顺样条"按钮，弹出如图 3-75 所示的"光顺样条"对话框，接着在"类型"选项组的"类型"下拉列表框中选择"曲率"或"曲率变化"选项，这里以选择"曲率"选项为例。在图形窗口中选择要光顺的曲线，例如选择某条艺术样条，系统弹出如图 3-76 所示的"光顺样条"对话框警告用户："此操作从曲线特性中移除参数。要继续吗？"单击"确定"按钮，确认操作，然后在先前的"光顺样条"对话框中设置光顺限制的起点百分比和终点百分比（在"要光顺的曲线"选项组的"光顺限制"子选项组中进行设置），设置起点约束和终点约束条件，指定光顺因子和修改百分比参数，则在"结果"选项组中显示当前光顺操作结果的最大偏差值，然后单击"应用"按钮或"确定"按钮。

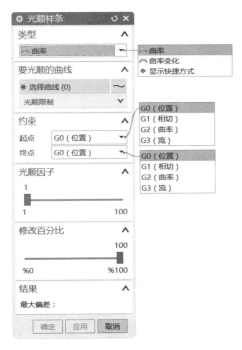

图 3-75　"光顺样条"对话框（1）

图 3-76　"光顺样条"对话框（2）

**2. 光顺曲线串**

"光顺曲线串"是指从各种曲线创建连续截面。在功能区"曲线"选项卡的"编辑曲线"组中单击"光顺曲线串"按钮，弹出如图 3-77 所示的"光顺曲线串"对话框，接着选择要光顺的曲线（可选择形成曲线串的多条曲线），需要时在"固定曲线"选项组中单击"曲线"按钮∫并选择要在预选定的曲线集合中保持不变的曲线，然后在"连续性"选项组中设置连续性级别、合并方式以及是否添加过渡圆角，在"设置"选项组中设置关联性、输入曲线处理方式、距离阈值、角度阈值和最大偏差值，最后单击"确定"按钮即可。

📖 *知识点拨：*

距离阈值指定在尝试连接曲线时的搜索距离。角度阈值的设置意义在于如果两条相连曲线的相切夹角超过角度阈值，则连接将被视为有意产生的尖角。

光顺曲线串的操作示例如图 3-78 所示，选择直线和艺术样条作为要光顺的曲线，没有指定固定曲线，将连续性级别设为"G1（相切）"，设置添加过渡圆角，合并方式为"所有曲线"，隐藏输入曲线。

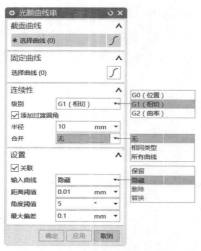

图 3-77　"光顺曲线串"对话框

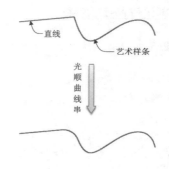

图 3-78　光顺曲线串

## 3.4.5　模板成型

使用"模板成型"功能可以变换样条的当前形状以匹配模板样条的形状特性。

在功能区"曲线"选项卡的"编辑曲线"组中单击"模板成型"按钮⤵，弹出如图 3-79 所示的"模板成型"对话框。在"选择步骤"选项组中单击"要成型的样条"按钮∫，在图形窗口中选择要成型的样条曲线，接着在"选择步骤"选项组中单击"模板样条"按钮⤴，在图形窗口中选择模板样条，然后在"模板成型"对话框中设置是否整修曲线和是否编辑副本，并拖动滑块来调整成型效果，如图 3-80 所示，然后单击"应用"按钮或"确定"按钮，并确认创建参数将从曲线被移除。

图 3-79 "模板成型"对话框

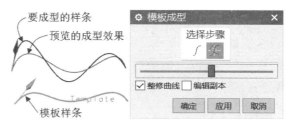

图 3-80 模板成型示例

## 3.4.6 分割曲线

"分割曲线"是指曲线分割成多段,各段都是一个独立的对象,并赋予与原来曲线相同的线型等属性。

在功能区"曲线"选项卡中单击"更多"→"分割曲线"按钮 ∫,弹出如图 3-81 所示的"分割曲线"对话框。在"类型"选项组的"类型"下拉列表框中提供 5 种分割类型,即"等分段""按边界对象""弧长段数""在结点处""在拐角上"。

### 1. 等分段

"等分段"是指将曲线以等参数或等弧长的方式分割成指定段数的节段。选择"等分段"类型后选择要分割的曲线,接着在"段数"选项组的"段长度"下拉列表框中选择"等参数"或"等弧长"选项,并指定段数,然后单击"确定"按钮,便可完成对曲线的分割操作。

### 2. 按边界对象

"按边界对象"是指将选定曲线按照指定的边界对象进行分割。如图 3-82 所示,边界对象可以由"现有曲线""投影点""2 点定直线""点和矢量"或"按平面"这些方法来指定。

图 3-81 "分割曲线"对话框

图 3-82 选择"按边界对象"类型时

### 3. 弧长段数

"弧长段数"是指将通过定义每节段弧长来分割曲线，如图 3-83 所示，选择要分割的曲线后需要在"弧长段数"选项组的"弧长"文本框中输入每节段的弧长，NX 系统会自动算出段数和剩余的部分长度。

### 4. 在结点处

"在结点处"用于将选定曲线在指定的结点处进行分割，如图 3-84 所示，选择要分割的曲线后需要通过设置的结点方法来指定所需的结点，然后单击"确定"按钮来完成分割曲线。"在结点处"类型不能用于一些曲线，而通常用于样条曲线的分割。

图 3-83　选择"弧长段数"类型时

图 3-84　选择"在结点处"类型时

### 5. 在拐角上

"在拐角上"用于将选定曲线在指定的拐角处进行分割，如图 3-85 所示，选择要分割的曲线后通过"拐角"选项组的拐角方法来指定所需的拐角，然后单击"确定"按钮。

图 3-85　选择"在拐角上"类型时

## 3.4.7　X 型

使用"X 型"功能可以编辑样条和曲面的极点和点。在功能区"曲线"选项卡的"编辑曲线"组中单击"X 型"按钮，弹出如图 3-86 所示的"X型"对话框，接着选择要开始编辑的曲线或曲面，接着可以选择极点进行操控，注意灵活使用"参数化"选项组、"方法"选项组、"边界约束"选项组和"设置"选项组等辅助编辑所选对象的极点和点。

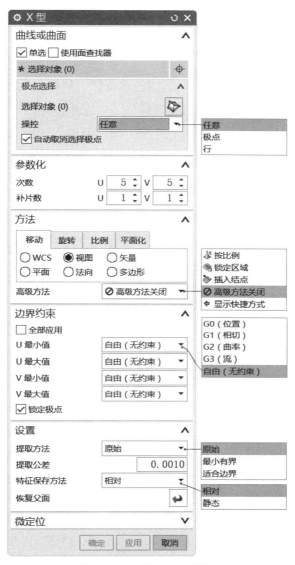

图 3-86 "X 型"对话框

# 3.5 思考与上机练习

（1）基准特征主要包括哪些？如何分别创建它们？

（2）如何理解基本曲线特征和草图曲线特征。

（3）可以创建哪几种类型的文本？可以举例加以说明。

（4）在 NX 12.0 中，派生的曲线主要包括哪些曲线？

（5）投影曲线和组合投影有什么异同之处？

（6）本章介绍的曲线编辑功能包括哪些？

（7）上机操作：要求自行设计一个范例，在该范例中至少要创建一个基准平面、多个点，将新建的基准平面作为支持平面来创建若干个基本曲线特征，然后在此基础上创建至少 3 条不同的派生曲线，并练习分割曲线、调整曲线长度等曲线编辑操作。

（8）上机练习：分别创建两个圆弧特征，第一个圆弧的起点坐标为"0,0,30"、终点坐标为"0,100,35"、中点坐标为"0,52,50"；第二个圆弧的起点坐标为"50,0,0"、终点坐标为"50,100,0"、中点坐标为"60,50,0"。注意设置这两个圆弧所在的支持平面，接着创建组合投影曲线（隐藏输入曲线），再镜像曲线，以及绘制桥接曲线，最后创建连结曲线（隐藏输入曲线），上机操作图解如图 3-87 所示。

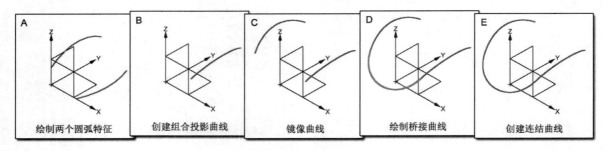

| A | B | C | D | E |
| 绘制两个圆弧特征 | 创建组合投影曲线 | 镜像曲线 | 绘制桥接曲线 | 创建连结曲线 |

图 3-87　上机操作图解

# 第4章 零件设计特征

**本章导读**

　　NX 12.0 具有卓越的实体建模功能，而实体建模是三维建模最基础也是最重要的一个组成部分。本章将重点介绍零件设计特征，包括体素特征、拉伸特征、旋转特征、孔、凸起、偏置凸起、槽、螺纹、筋板和晶格等。要求读者通过本章学习，能够掌握这些设计特征的创建方法及创建技巧等。

## 4.1 体素特征

　　体素特征用于建立基本体素和简单的实体模型，如块体（长方体）、圆柱体、圆锥体和球体等，通常用作三维模型的"坯件"，在"坯件"上可以创建其他实体特征。事实上，很多实体模型都可以看作是由若干个基本体素特征组合而成的。

### 4.1.1 长方体

　　"长方体"是较为常见的一种体素特征，它是通过设置其位置和相关尺寸参数来创建的。

　　进入"建模"应用模块，在功能区"主页"选项卡的"特征"组中单击"更多"→"长方体"按钮 ◼，弹出"长方体"对话框，如图 4-1 所示。长方体的生成类型有 3 种，即"原点和边长""两点和高度"和"两个对角点"。从"类型"选项组的下拉列表框中选择一种生成类型，接着按选择步骤操作，并根据需要在相应文本框中输入长方体的尺寸参数等，然后单击"应用"按钮或"确定"按钮，即可创建所需要的长方体。

　　1. 原点和边长

　　使用"原点和边长"生成类型时，要先指定一点作为长方体的放置原点，接着在"尺寸"选项组中输入长方体的长度、宽度和高度的值来创建设定参数的长方体。例如，选择基本坐标系的原点作为长方体的放置原点，设置"长度"为100，"宽度"为60，"高度"为32，则最后生成的长方体模型如图4-2所示。

图4-1 "长方体"对话框      图4-2 使用"原点和边长"类型创建的长方体

### 2. 两点和高度

使用"两点和高度"生成类型时，需要指定长方体一个面上的两个对角点，并指定长方体的高度尺寸参数，如图4-3所示（A点和B点组成了长方体一个面上的两个对角点）。

### 3. 两个对角点

使用"两个对角点"生成类型时，只需分别指定两个点来创建长方体，这两个点作为长方体的两个对角点，如图4-4所示。为了精确定位这两个点，可以在相应选项组中单击"点构造器"按钮，利用弹出的"点"对话框设定点坐标或使用点类型选项精确选定所需点。

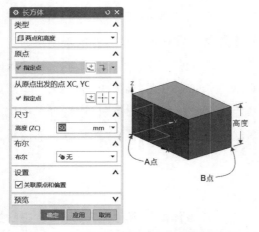

图4-3 使用"两点和高度"创建长方体      图4-4 使用"两个对角点"创建长方体

## 4.1.2 圆柱体

创建"圆柱体"可以在功能区"主页"选项卡的"特征"组中单击"更多"→"圆柱"按钮 █，弹出"圆柱"对话框。圆柱的创建类型有"轴、直径和高度"和"圆弧和高度"两种，用户可以在"圆柱"对话框的"类型"下拉列表框中选择所需的创建类型。

1. 轴、直径和高度

使用"轴、直径和高度"创建类型时，通过指定圆柱体的轴矢量方向和底面中心点的位置并设置其直径和高度来创建圆柱体，如图4-5所示。创建此类型的圆柱体时，可以在"设置"选项组中设置是否关联轴。

2. 圆弧和高度

使用"圆弧和高度"创建类型时，需要在图形窗口中选择一条圆弧或圆作为圆柱体的参考曲线，接着指定圆柱体的高度来创建圆柱体，典型示例如图4-6所示。在创建此类型的圆柱体的过程中，如果需要更改默认的圆柱体生成方向（生成方向垂直于所选曲线所在的平面），则在"圆弧"选项组中单击"反向"按钮 ⊠。

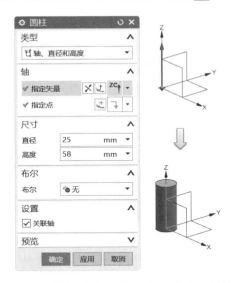

图4-5 使用"轴、直径和高度"创建圆柱

图4-6 使用"圆弧和高度"创建圆柱

## 4.1.3 球体

创建球形实体可以在功能区"主页"选项卡的"特征"组中单击"更多"→"球"按钮 ●，弹出"球"对话框，从"类型"选项组的下拉列表框中选择"中心点和直径"选项或

"圆弧"选项作为创建类型，不同的创建类型所需的参数或参照是不同的。

### 1. 中心点和直径

选择"中心点和直径"创建类型时，需要指定球体的直径，以及利用点构造器（"点"对话框）等指定一点作为球体的中心点，从而创建一个球体，如图4-7所示。使用此方法创建球体时，可以在"设置"选项组中设置是否关联中心点。

### 2. 圆弧

选择"圆弧"创建类型时，只需在图形窗口中选择现有的一个圆或圆弧曲线，即可创建出一个球体特征，如图4-8所示。

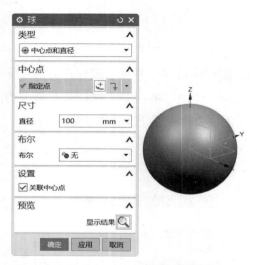

图 4-7　使用"中心点和直径"创建球体

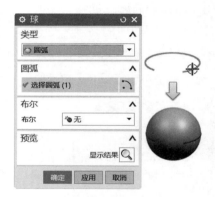

图 4-8　使用"圆弧"创建球体

## 4.1.4　圆锥体

创建"圆锥"和"圆台"实体。在功能区"主页"选项卡的"特征"组中单击"更多"→"圆锥"按钮 ⬥，弹出如图4-9所示的"圆锥"对话框，在"类型"选项组的下拉列表框中选择创建圆锥体的一种生成方式，可供选择的生成方式有"直径和高度""直径和半角""底部直径，高度和半角""顶部直径，高度和半角""两个共轴的圆弧"，接着根据所选的生成方式进行相应的参数设置与参照选择，最后单击"确定"按钮即可创建简单的圆锥实体或圆台实体。最常用的圆锥生成方式是"直径和高度"，此时需要指定圆锥体的轴向矢量、中心点和相关的尺寸参数（底部直径、顶部直径和高度）。圆台实体与圆锥实体的图例如图4-10所示，当顶部直径不为零时产生的是圆台实体，当顶部直径为零时产生的是圆锥实体。

图 4-9　"圆锥"对话框

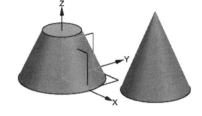

图 4-10　圆锥实体与圆台实体

# 4.2　拉伸

"拉伸"是特征建模中较为常用的一种方法，通过将二维几何元素沿着所指定的矢量方向拉伸，直到某一个指定位置时便形成拉伸特征。拉伸特征既可以是实体，也可以是曲面片体。创建拉伸特征的典型示例如图 4-11 所示。

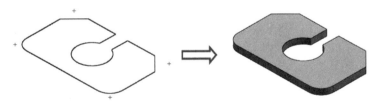

图 4-11　创建拉伸特征

在功能区"主页"选项卡的"特征"组中单击"拉伸"按钮 ，打开如图 4-12 所示的"拉伸"对话框。下面分别介绍"拉伸"对话框各选项组的功能用途。

1. "表区域驱动（截面）"选项组

"表区域驱动"选项组（也称"截面"选项组）用来指定用于拉伸的截面曲线。该选项组提供以下两种方式定义截面曲线。

● 单击"曲线"按钮 ，接着选择截面几何图形，或选择要草绘的平的面来绘制所需的截面几何图形。

● 单击"绘制截面"按钮 ，弹出"创建草图"对话框，如图 4-13 所示，接着指定草图类型，并根据所选草图类型进行相关设置以创建一个草图，进入草图工作界面绘制所需的截面几何图形，完成草图后自动返回到"拉伸"对话框。

图 4-12    "拉伸"对话框

图 4-13    "创建草图"对话框

### 2. "方向"选项组

"方向"选项组用来设置拉伸的方向。用户可以从该选项组的"指定矢量"下拉列表框中选择一个矢量选项（可供选择的矢量选项有"自动判断的矢量" ⅋、"两点" ∕、"曲线/轴矢量" ⅃、"曲线上矢量" ⅁、"面/平面法向" ⅄、"XC 轴" ˣᶜ、"YC 轴" ʸᶜ、"ZC 轴" ᶻᶜ、"-XC 轴" ˣᶜ、"-YC 轴" ʸᶜ、"-ZC 轴" ᶻ 和"视图方向" ⟋），其中有些矢量选项还需要选择相应参照来完成方向矢量定义。也可以单击"矢量对话框"按钮，利用弹出的"矢量"对话框来定义方向矢量。如果要反转方向矢量，则单击"反向"按钮。

### 3. "限制"选项组

"限制"选项组用来设置拉伸的起始位置和终止位置。其中，在该选项组的"开始"和"结束"下拉列表框中可以通过"值""对称值""直至下一个""直至选定""直至延伸部分""贯通"6种方式之一指定起始位置和终止位置，如图 4-14 所示。

● 值：根据沿着方向矢量测量的值来定义拉伸距离。选择该方式时，则在"距离"文本框中输入数值指定位置，正值沿着方向矢量拉伸，负值则反向拉伸。

图4-14　"限制"选项组

● 对称值：在截面的两侧应用设定的距离值。

● 直至下一个：通过查找与模型中的"下一个"面的相交部分来确定限制，即该方式将拉伸特征沿着方向路径延伸到下一个体。

● 直至选定：将截面曲线拉伸到选定的面、基准平面或体。

● 直至延伸部分：当截面延伸超过所选择面上的边时，将拉伸特征（如果是体的话）修剪到该面。

● 贯通：沿着指定方向路径进行拉伸以完全贯通所有的可选体。

### 4. "布尔"选项组

"布尔"选项组用于设置创建的体和模型中已有体是如何进行布尔运算来组合的，包括"无""合并""减去（求差）""相交（求交）""自动判断"。

### 5. "拔模"选项组

"拔模"选项组用于控制拉伸时是否形成拔模角。在"拔模"选项组的"拔模"下拉列表框中提供了6种拔模类型选项，如图4-15所示，它们的功能含义如表4-1所示。

表4-1　拉伸的拔模类型选项

| 序号 | 类型选项 | 说明 | 图例示意 |
|---|---|---|---|
| 1 | 无 | 不添加拔模角 | |
| 2 | 从起始限制 | 从起始限制处定义拔模的固定面，即拉伸形状在起始限制处保持不变，从该固定面处将相同的拔模角应用于侧面 | |
| 3 | 从截面 | 在截面位置定义拔模的固定面，各边拔模角度既可以是单个的角度，也可以是多个不同的拔模角度 | |
| 4 | 从截面－不对称角 | 在截面的前后允许不同的拔模角，截面处保持形状固定；该选项仅当从截面的两侧同时拉伸时才可用 | |

| 序号 | 类型选项 | 说明 | 图例示意 |
|---|---|---|---|
| 5 | 从截面－对称角 | 在截面的前后使用相同的拔模角，截面处保持形状固定；该选项仅当从截面的两侧同时拉伸时才可用 | |
| 6 | 从截面匹配的终止处 | 调整拔模角使前后端盖匹配，即创建拔模时截面保持不变，在截面处分割拉伸特征的侧面，并自动调整相应拔模角度以使拉伸的起始面和终止面大小匹配（如形状大小相同）；该选项仅当从截面的两侧同时拉伸时才可用 | |

#### 6. "偏置"选项组

"偏置"选项组用于对要拉伸的截面曲线进行偏置，然后再对偏置后的截面曲线进行拉伸。在"偏置"选项组的"偏置"下拉列表框中提供了 4 种偏置类型，如图 4-16 所示，包括"无""单侧""两侧""对称"。这 4 种偏置类型的功能用途如表 4-2 所示。

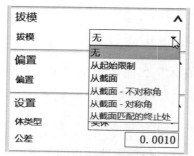

图 4-15　拔模类型选项

图 4-16　偏置类型

表 4-2　4 种偏置类型的功能用途

| 序号 | 类型选项 | 说明 | 图例示意 |
|---|---|---|---|
| 1 | 无 | 拉伸时没有偏置截面曲线，软件系统默认的偏置类型为"无" | |
| 2 | 单侧 | 只对截面曲线进行单侧偏置，在"结束"文本框中输入正值则向正方向偏置，输入负值则向负方向偏置 | |
| 3 | 两侧 | 在截面曲线的两侧进行偏置，两侧的偏置值可以不相同 | |
| 4 | 对称 | 对截面曲线进行对称偏置，即向截面曲线两侧偏置的距离相等 | |

7. "设置"选项组

在"设置"选项组中控制拉伸的体类型和公差。体类型可以为"实体"或"片体"。当从"体类型"下拉列表框中选择"实体"选项，拉伸结果是生成拉伸实体，拉伸实体的截面通常为封闭轮廓的截面，也可以是要进行偏置处理的开放轮廓截面。当从"体类型"下拉列表框中选择"片体"选项时，则拉伸结果是生成拉伸片体（曲面）。针对相同的截面几何曲线，拉伸结果为实体和片体的效果对比如图 4-17 所示。

（a）体类型为"实体"时 （b）体类型为"片体"时

图 4-17 不同体类型的拉伸效果对比图

8. "预览"选项组

在"预览"选项组中选中"预览"复选框时，则在创建拉伸体的过程中在图形窗口中预览拉伸情况。如果要显示拉伸结果，则单击"显示结果"按钮。

读者可使用"CH4\ls.prt"文件进行练习。

# 4.3 旋转

旋转操作是指将草图截面或曲线等二维对象绕着指定的旋转轴线，旋转一定的角度来生成实体或曲面片体。在这里以创建旋转实体为例进行介绍，典型的旋转实体如图 4-18 所示。平常见到的带轮、法兰盘和轴类等零件主体都可以采用"旋转"方式来构建。创建旋转实体的步骤和创建拉伸实体的步骤是类似的。

在功能区"主页"选项卡的"特征"组中单击"旋转"按钮，弹出如图 4-19 所示的"旋转"对话框，接着利用该对话框的"表区域驱动（截面）"选项组、"轴"选项组、"限制"选项组、"布尔"选项组和"设置"选项组等进行相关参照和参数的定义操作。与"拉伸"对话框相同的一些设置内容在此不再赘述。

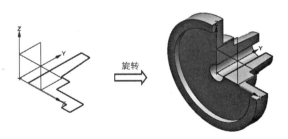

图 4-18 旋转实体

1. "表区域驱动（截面）"选项组

"表区域驱动（截面）"选项组用于指定要旋转的截面几何图形。既可以通过"曲线"按钮来选择截面几何图形，也可以通过单击"绘制截面"按钮 并进入草图工作界面绘制旋转截面几何图形。有效的旋转截面几何图形应该全部位于所要求的旋转轴的同一侧。对于旋转截面几何图形，如果需要，可以单击"指定原始曲线"按钮 来在其中选择某一段曲线作为原始曲线。

### 2. "轴"选项组

"轴"选项组用于指定旋转体的旋转轴。在"指定矢量"下拉列表框中选择一种矢量选项，并根据所选矢量选项指定相应的参照。如果单击"矢量对话框"按钮，则弹出如图 4-20 所示的"矢量"对话框，利用该对话框也可以指定矢量。对于有些类型的轴矢量，还需要指定一个轴点。轴点的定义可以使用"点构造器"按钮。

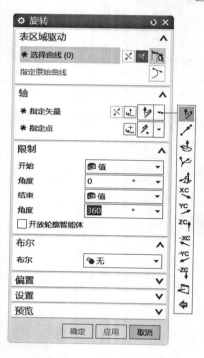

图 4-19　"旋转"对话框 　　　　　　　　　　图 4-20　"矢量"对话框

### 3. "限制"选项组

在"限制"选项组中设置旋转的起始位置和结束位置。例如，在该选项组的"开始"下拉列表框中选择"值"或"直至选定"选项，接着输入开始角度值或选择面、体、基准平面来设定开始旋转的位置。"结束"处的旋转位置同样也有"值"和"直至选定"两种限制方式。

### 4. "偏置"选项组

"偏置"选项组用于设置是否对旋转截面几何图形进行偏置。在"偏置"选项组的"偏置"下拉列表框中提供两种偏置选项，即"无"和"两侧"。当选择"无"选项时，表示在旋转时没有对旋转截面几何图形进行偏置，其旋转效果如图 4-21 所示，该选项是系统默认的偏置选项。当选择"两侧"选项时，表示在旋转时对截面几何图形的两侧都进行了偏置，其旋转效果如图 4-22 所示。

图 4-21　"无"偏置的旋转效果

图 4-22　"两侧"偏置的旋转效果

读者可使用"CH4\xz.prt"文件进行练习。

# 4.4　孔

　　孔是在已有实体上才能创建的一种常见的"加工"类型的设计特征。

　　在功能区"主页"选项卡的"特征"组中单击"孔"按钮，弹出"孔"对话框，如图 4-23 所示。从"类型"选项组的下拉列表框中可以看出孔的类型较多，包括"常规孔""钻形孔""螺钉间隙孔""螺纹孔""孔系列"。孔特征的创建方法通常是在"孔"对话框中指定孔的类型，接着选择实体表面或基准平面来定义孔的放置位置点，定义孔方向，并根据所选孔类型设置相应孔的参数和选项等，然后单击"确定"按钮或"应用"按钮。

　　不管是哪种类型的孔，都需要指定孔的放置位置和孔的方向。

　　"孔"对话框的"位置"选项组用来设置孔特征的放置位置，有"绘制截面"和"点"两种方法确定孔的中心点位置。

图 4-23　"孔"对话框

● 单击 "绘制截面" 按钮 ▣，利用弹出 "创建草图" 对话框指定放置平面创建内部草图，在草图环境下绘制点以作为孔的中心点，可以绘制多个草图点以定义多个孔的放置位置点。

● 单击 "点" 按钮 ⁺₊，可选择已经存在的点作为孔的放置中心点。激活该 "点" 按钮 ⁺₊ 时，还可以通过选择要草绘的平的面快速进入草绘环境，接着创建所需草图点作为孔的放置中心点。

"孔" 对话框的 "方向" 选项组用于定义孔特征的方向。在该选项组的 "孔方向" 下拉列表框中选择 "垂直于面" 或 "沿矢量" 选项，前者用于设置孔方向垂直于孔所在的面（通常其矢量方向与孔所在平面的法向相反），后者则用于通过多种方式构建矢量来定义孔方向（可使用 "指定矢量" 下拉列表框或 "矢量构造器" 按钮 ▣），如图 4-24 所示。

不同类型的孔，其要定义的形状和尺寸或规格参数是不同的。下面针对不同类型的孔进行简单的介绍。

### 1. 常规孔

"常规孔" 最为常用。在 "类型" 选项组的下拉列表框中选择 "常规孔" 时，在 "形状和尺寸" 选项组的 "成形" 下拉列表框中可以选择 4 种成形方式之一，这 4 种成形方式分别是 "简单孔" "沉头" "埋头" 和 "锥孔"，如图 4-25 所示。指定常规孔的成形方式后，在 "尺寸" 子选项组中设置孔的各项特征参数，其中，"深度限制" 下拉列表框提供了指定孔特征深度的不同方式，包括 "值" "直至选定" "直至下一个" "贯通体"。

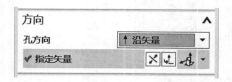

图 4-24　选择 "沿矢量" 定义孔方向时

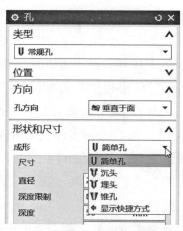

图 4-25　指定常规孔的成形方式

### 2. 钻形孔

在 "类型" 选项组的下拉列表框中选择 "钻形孔" 选项时，需要分别定义孔的放置位置点、孔方向、形状和尺寸、布尔方式、标准和公差等，如图 4-26 所示。

3. 螺钉间隙孔

在"类型"选项组的下拉列表框中选择"螺钉间隙孔"选项时，需要分别定义孔的放置位置点、孔方向、形状和尺寸、布尔方式、标准和公差等，从定义内容来看和钻形孔的定义内容很相近，但它们存在着明显的细节差异，螺纹间隙孔有自己的形状和尺寸、标准，例如在"形状和尺寸"方面，螺纹间隙孔分为"简单孔""沉孔""埋头"3种成形方式，有着自己的螺钉类型和螺钉尺寸等参数和属性，如图4-27所示。

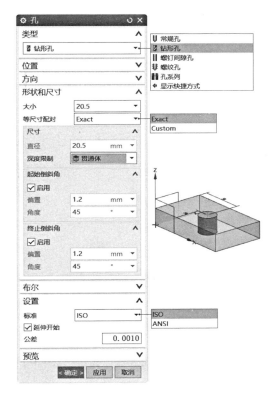

图 4-26    创建钻形孔          图 4-27    创建螺钉间隙孔

4. 螺纹孔

"螺纹孔"在机械设计中很常见，是一种常用的零件之间的连接结构。在"类型"选项组的下拉列表框中选择"螺纹孔"选项并指定孔位置和方向后，还需要在"设置"选项组的"标准"下拉列表框中选择所需的一种适用标准，接着在"形状和尺寸"选项组中分别设置螺纹尺寸、旋向、深度限制尺寸、退刀槽、起始倾斜角和终止倾斜角等，如图4-28所示。

5. 孔系列

在"类型"选项组的"类型"下拉列表框中选择"孔系列"选项，接着分别指定孔位置、孔方向，以及利用"规格"选项组分别设置"起始""中间""端点"3个选项组的内容，如图4-29所示。

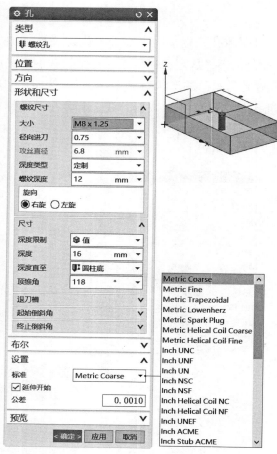

图 4-28 创建螺纹孔

图 4-29 创建孔系列

下面为创建一个孔的范例。

**1** 在"快速访问"工具栏中单击"打开"按钮 📂，选择"CH4\ktz.prt"文件，在"打开"对话框中单击 OK 按钮，原始模型如图 4-30 所示。

**2** 在功能区"主页"选项卡的"特征"组中单击"孔"按钮 🔩，弹出"孔"对话框，接着在"类型"选项组的下拉列表框中选择"常规孔"选项。

**3** 在"位置"选项组中单击"绘制截面"按钮 🔲，弹出"创建草图"对话框，在"草图类型"下拉列表框中选择"在平面上"选项，在"平面方法"下拉列表框中选择"自动判断"选项，从"指定坐标系"下拉列表框中选择"自动判断" ⚡，接着在模型中单击如图 4-31 所示的实体平面，然后单击"确定"按钮。

图 4-30 原始模型

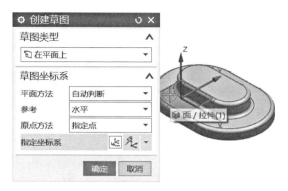

图 4-31 指定草图平面

**4** 进入草图任务环境。单击相关的曲线工具绘制如图 4-32 所示的闭合的"跑道形"曲线，接着在功能区"主页"选项卡的"约束"组中单击"转换至 / 自参考对象"按钮，弹出"转换至 / 自参考对象"对话框，在"转换为"选项组中选中"参考曲线或尺寸"单选按钮，然后在图形窗口中选择整个"跑道形"曲线，单击"确定"按钮，从而将整个"跑道形"曲线转换为参考曲线。在"曲线"组中单击"点"按钮＋，弹出"草图点"对话框，选择"自动判断的点"选项，并结合选择条上适当的点捕捉工具分别创建如图 4-33 所示的 6 个点。关闭"草图点"对话框后，单击"完成"按钮。

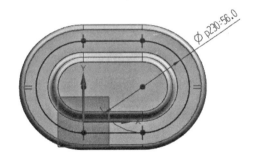

图 4-32 绘制"跑道形"曲线

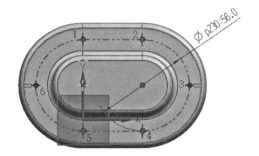

图 4-33 创建 6 个草图点

**5** 默认的孔方向方式为"垂直于面"。在"形状和尺寸"选项组的"成形"下拉列表框中选择"沉头"选项，在"尺寸"子选项组中设置"沉头直径"为 13，"沉头深度"为 4，"直径"为 6.6，"深度限制"为"贯通体"，如图 4-34 所示。

**6** 单击"应用"按钮，完成创建 6 个沉孔，效果如图 4-35 所示。

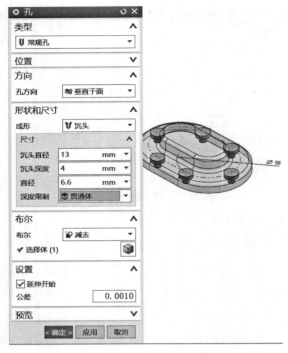

图 4-34 设置沉孔尺寸等　　　　　　　　　图 4-35 创建 6 个沉孔

**7** 在"位置"选项组中单击"绘制截面"按钮，选择沉孔所在的实体放置面作为新孔的放置平面，创建如图 4-36 所示的两个草图点，单击"完成"按钮。

**8** 在"形状和尺寸"选项组的"成形"下拉列表框中选择"简单孔"选项，在"尺寸"子选项组中设置"直径"为 5，"深度限制"为"贯通体"，如图 4-37 所示。

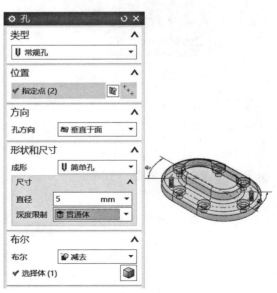

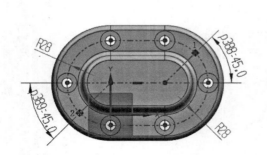

图 4-36 创建两个草图点　　　　　　图 4-37 定义"简单"常规孔的尺寸参数等

**⑨** 单击"应用"按钮，完成创建两个"简单"成形的常规孔，效果如图 4-38 所示。

**⑩** 确保孔类型为"常规孔"，在"形状和尺寸"选项组的"成形"下拉列表框中选择"简单孔"选项，在"尺寸"子选项组中设置"直径"为 14，"深度限制"为"值"，"深度"为 14，"深度直至"选择"圆柱底"，"顶锥角"为 118°，如图 4-39 所示。

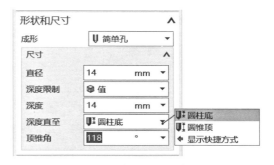

图 4-38　完成创建两个"简单"常规孔　　　　图 4-39　设置常规孔的形状和尺寸

**⑪** 在"位置"选项组中单击"点"按钮，将鼠标指针置于图形窗口中并按住鼠标中键翻转模型视图，在位于上边框条的选择条中选中"圆弧中心"按钮⊙以启用"圆弧中心"点捕捉模式，分别在模型底面选择如图 4-40 所示的两条圆弧边，获取其相应的圆心作为孔的放置中心点。

**⑫** 在"孔"对话框中单击"确定"按钮，完成创建两个简单孔的泵盖零件如图 4-41 所示。

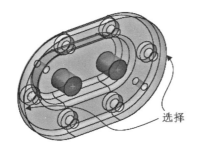

图 4-40　选择圆弧获取圆弧中心点　　　　图 4-41　完成效果（泵盖零件）

# 4.5　凸起

使用 NX 12.0 的"凸起"功能，可以用沿着矢量投影截面形成的面修改体，并可指定端盖位置和形状，这就是凸起特征的创建思路。要创建凸起特征，则在功能区"主页"选项卡的"特征"组中单击"更多"→"凸起"按钮◉，系统弹出如图 4-42 所示的"凸起"对话框，接着选择要凸起的截面曲线（也可以单击"绘制截面"按钮🔲来在指定平面上绘制所需的截面曲线），指定要凸起的面和凸起方向，设定端盖参数、拔模参数、自由边修剪选项、凸度等，然后单击

"确定"按钮或"应用"按钮。

下面介绍一个创建凸起特征的典型操作范例，该典型范例使用"CH4\tqtz.prt"文件。

**1** 在"快速访问"工具栏中单击"打开"按钮，选择"CH4\tqtz.prt"文件，在"打开"对话框中单击 OK 按钮，原始模型如图 4-43 所示。

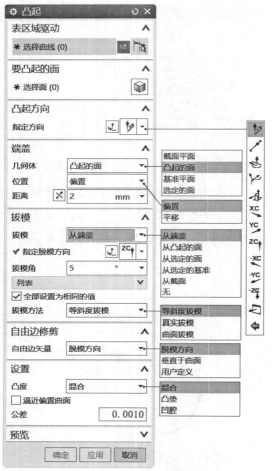

图 4-42　"凸起"对话框

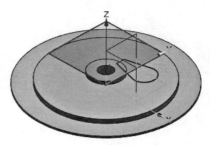

图 4-43　原始模型

**2** 在功能区"主页"选项卡的"特征"组中单击"更多"→"凸起"按钮，弹出"凸起"对话框。

**3** "表区域驱动（截面）"选项组中的"曲线"按钮此时处于被选中的状态，在选择条的"曲线规则"下拉列表框中选择"相连曲线"选项（如图 4-44 所示），在图形窗口中单击如图 4-45 所示的相连曲线以选中此截面几何图形。

图 4-44　巧用曲线规则

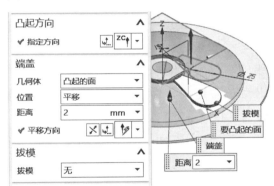

图 4-45　选择截面几何图形

④ 在"要凸起的面"选项组中单击"选择面"按钮 🔳，接着选择一个或多个要凸起的面，如图 4-46 所示。

⑤ 默认的凸起方向垂直于截面所在的平面。在本例中，可以在"凸起方向"选项组中指定新的凸起方向，例如选择"ZC 轴" **ᶻᶜ** 来定义 ZC 轴正方向为凸起方向。

⑥ 指定给侧壁几何体加盖的方式等。在"端盖"选项组的"几何体"下拉列表框中选择"凸起的面"选项，从"位置"下拉列表框中选择"平移"选项，在"距离"下拉列表框中设置距离为 2mm，接受默认的平移方向，如图 4-47 所示。

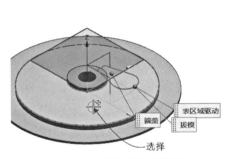

图 4-46　选择要凸起的面

图 4-47　设定端盖选项

⑦ 指定拔模选项以及在拔模操作过程中保持固定的位置等。当拔模选项为"从端盖""从凸起的面""从选定的面""从选定的基准"或"从截面"时，还可以在"拔模方法"下拉列表框中选择"等斜度拔模""真实拔模""曲面拔模"之一来指定拔模应用于侧壁的方法。本例在"拔模"选项组的"拔模"下拉列表框中选择"无"选项。

⑧ 在"自由边修剪"选项组中设置自由边矢量选项，如"脱模方向""垂直于曲面"或"用户定义"。本例选择"脱模方向"选项。

⑨ 在"设置"选项组中设置凸度选项（可供选择的凸度选项有"混合""凸垫""凹腔"）和公差等。在本例中，将凸度选项设置为"混合"，默认公差为 0.001，取消选中"逼近偏置曲面"复选框，如图 4-48 所示。

⑩ 在"凸起"对话框中单击"确定"按钮，结果如图 4-49 所示。

图 4-48 设置相关选项和参数

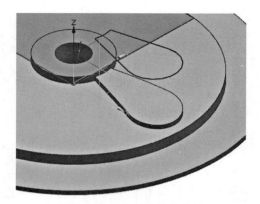

图 4-49 完成创建凸起特征

# 4.6 偏置凸起

"偏置凸起"是指通过根据点或曲线来偏置面，从而修改体。

要在指定曲面上创建偏置凸起特征，则在功能区"主页"选项卡的"特征"组中单击"更多"→"偏置凸起"按钮 ，弹出如图 4-50 所示的"偏置凸起"对话框，接着从"中心类型"选项组的下拉列表框中选择"点"或"曲线"选项。当选择"点"中心类型时，需要选择要偏置凸起的片体面，指定轨迹上的点，设置偏置参数（侧偏置和高度）、距离（上边距和下边距）、宽度（右侧宽度和左侧宽度）等；当选择"曲线"中心类型时，除了需要选择要偏置凸起的片体面之外，还需要选择曲线作为要遵循的轨迹，以及分别设置偏置参数（侧偏置和高度）、距离（上边距和下边距）、宽度（右侧宽度和左侧宽度）等，如图 4-51 所示。

以下是创建偏置凸起特征的操作范例，使用"CH4\pjtq.prt"文件，原始模型如图 4-52 所示。

**1** 在功能区"主页"选项卡的"特征"组中单击"更多"→"偏置凸起"按钮 ，弹出"偏置凸起"对话框。

**2** 在"中心类型"选项组的下拉列表框中选择"曲线"选项，此时"要偏置的体"选项组中的"面"按钮 处于被选中的状态，在图形窗口中单击原始曲面以选中它。

**3** 此时"要遵循的轨迹"选项组中的"曲线"按钮 处于被选中的状态，在图形窗口中选择如图 4-53 所示的圆弧曲线。

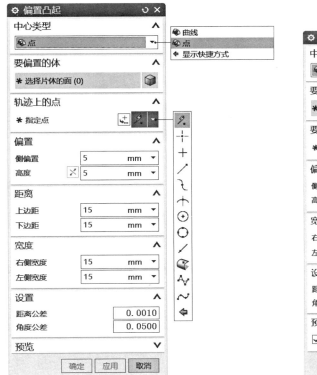

图 4-50 "偏置凸起"对话框

图 4-51 中心类型为"曲线"时

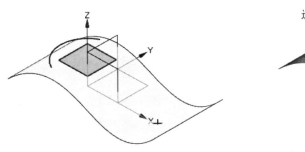

图 4-52 原始模型

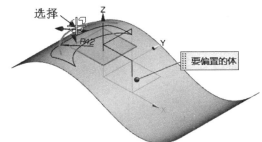

图 4-53 选择曲线

④ 在"偏置"选项组中设置"侧偏置"为 8mm,"高度"为 5mm;在"宽度"选项组中设置"右侧宽度"为 15mm,"左侧宽度"为 15mm;在"设置"选项组中设置"距离公差"为 0.001,"角度公差"为 0.05,如图 4-54 所示。

⑤ 单击"应用"按钮,完成创建一个偏置凸起特征,效果如图 4-55 所示。

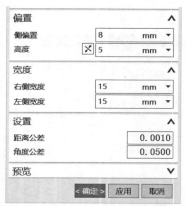

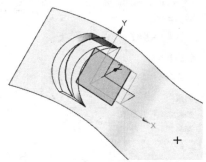

图 4-54　设置偏置和宽度参数等　　　　　图 4-55　创建一个偏置凸起特征

**6** 从"中心类型"选项组的下拉列表框中选择"点"选项。

**7** 在"要偏置的体"选项组中选中"面"按钮，在图形窗口中选择要偏置凸起的片体面，本例中单击原始曲面。

**8** 在"轨迹上的点"选项组的"指定点"下拉列表框中选择"自动判断的点"按钮，在图形窗口中单击如图 4-56 所示的一个点。

**9** 在"偏置"选项组中设置"侧偏置"为 8mm，"高度"为 5mm；在"距离"选项组中设置"上边距"为 15mm，"下边距"为 15mm；在"宽度"选项组中设置"右侧宽度"为 15mm，"左侧宽度"为 15mm；"设置"选项组中设置"距离公差"为 0.001，"角度公差"为 0.05。

**10** 在"偏置凸起"对话框中单击"确定"按钮，完成创建第二个偏置凸起特征，效果如图 4-57 所示。

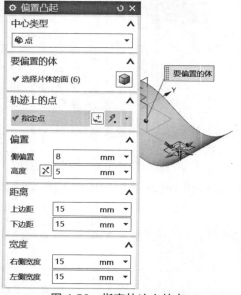

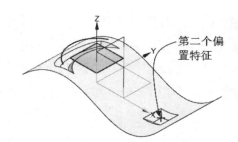

图 4-56　指定轨迹上的点　　　　　　图 4-57　完成创建第二个偏置凸起特征

# 4.7 槽

槽是轴类零件上较为常见的一类特征，它的放置面必须是圆柱面或圆锥面，旋转轴为选定面的轴。

在功能区"主页"选项卡的"特征"组中单击"更多"→"槽"按钮，系统弹出"槽"对话框，如图4-58所示，指定槽的类型为"矩形""球形端槽"或"U形槽"，接着选择槽的放置面，并在弹出的槽参数对话框中设置相应槽的参数，单击"确定"按钮，弹出如图4-59所示的"定位槽"对话框，此时可以在"定位槽"对话框中单击"确定"按钮以接受槽默认的初始位置，或者在图形窗口中选择目标边和工具边，并在弹出的"创建表达式"对话框中设置工具边到目标边之间的距离后单击"确定"按钮，从而完成槽特征的定位与创建。槽特征的定位实际上只需要在一个方向（轴线方向）上进行即可。

图4-58 "槽"对话框

图4-59 "定位槽"对话框

表4-3给出了3种类型的槽特征的参数特点及其图例。

表4-3 槽特征的3种类型

| 序号 | 槽类型 | 参数特点 | 图例 |
|---|---|---|---|
| 1 | 矩形 | 矩形槽的截面为矩形，其参数包括槽直径和宽度 | |
| 2 | 球形端槽 | 球形端槽的截面通常为半圆形（球形），其参数包括槽直径和球直径 | |

| 序号 | 槽类型 | 参数特点 | 图例 |
|---|---|---|---|
| 3 | U 形槽 | U 形槽带有拐角，其参数包括槽直径、宽度和拐角半径 | |

下面介绍一个创建槽特征的典型范例。

**1** 在"快速访问"工具栏中单击"打开"按钮，选择"CH4\ctz.prt"文件，在"打开"对话框中单击 OK 按钮，文件中已经提供了一个轴实体。

**2** 在功能区"主页"选项卡的"特征"组中单击"更多"→"槽"按钮，系统弹出"槽"对话框。

**3** 在"槽"对话框中单击"矩形"按钮，弹出如图 4-60 所示的"矩形槽"对话框。在图形窗口中选择如图 4-61 所示的圆柱面作为槽特征的放置面。

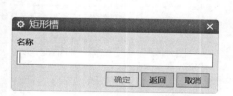

图 4-60 "矩形槽"对话框

图 4-61 选择放置面

**4** 在弹出的新"矩形槽"对话框中设置"槽直径"为 12mm，"宽度"为 2.5mm，如图 4-62 所示，单击"确定"按钮。

**5** 系统弹出"定位槽"对话框。接着分别选择目标边和刀具边，并通过"创建表达式"对话框设置目标边和刀具边的定位，定位距离为 0，如图 4-63 所示。

图 4-62 设置矩形槽的参数

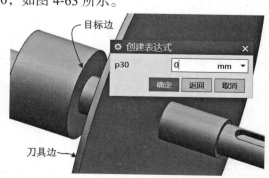

图 4-63 定位槽的操作

6 在"创建表达式"对话框中单击"确定"按钮，完成一个矩形槽的创建，如图4-64所示。

7 在出现的"矩形槽"对话框中单击"返回"按钮，返回到"槽"对话框，使用和前面相同的方法在轴实体模型中再创建一个同样规格大小的矩形槽，完成创建矩形槽2后的模型效果如图4-65所示。

图 4-64 创建一个矩形槽

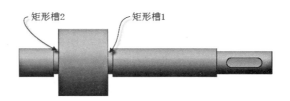

图 4-65 完成创建矩形槽 2

# 4.8 螺纹

"螺纹"是指在旋转实体表面上创建的沿着螺旋线所形成的具有一致剖面的连续凸起或凹槽结构特征。螺纹联接广泛应用于各类机械设计、产品设计和运动传动机构中。

创建螺纹特征，需要在功能区"主页"选项卡的"特征"组中单击"更多"→"螺纹"按钮，弹出如图4-66所示的"螺纹切削"对话框。从该对话框来看，螺纹类型共有两类，分别为"符号"螺纹和"详细"螺纹。下面分别介绍这两种类型的螺纹。

1. "符号"螺纹

"符号"螺纹并不形成逼真的螺纹三维实体，它只是通过系统生成螺纹符号来表示螺纹和标注螺纹。"符号"螺纹计算量少，生成速度快。

选中"符号"单选按钮时，用户设置螺纹参数的方法有以下两种。

● 从表中选择：选择要创建螺纹的一个圆柱面时，

图 4-66 "螺纹切削"对话框

系统将自动根据该圆柱面的直径进行表格查询，并选择匹配的标准螺纹尺寸或螺纹规格参数。用户可以单击"从表中选择"按钮，并利用弹出的对话框从表中选择所需的螺纹参数。

● 手工输入：当在"螺纹切削"对话框中选中"手工输入"复选框时，用户可以在"螺纹"对话框中手工输入螺纹的相关参数。

2. "详细"螺纹

"详细"螺纹表示创建的是真实的螺纹，可以将螺纹的各个细节形态都可视化地展现出来。"详细"螺纹的计算量相对较大，所以创建和更新速度会相对较慢。

下面通过一个范例介绍创建"详细"螺纹的操作步骤。

**1** 在"快速访问"工具栏中单击"打开"按钮 🥢，选择资源中的"CH4\xxlw.prt"文件，在"打开"对话框中单击 OK 按钮，文件中已提供了如图 4-67 所示的开槽锥端紧定螺钉原始模型。

**2** 在功能区"主页"选项卡的"特征"组中单击"更多"→"螺纹"按钮 🥢，弹出"螺纹切削"对话框。

**3** 在"螺纹切削"对话框的"螺纹类型"选项组中选中"详细"单选按钮，在"旋转"选项组中选中"右旋"单选按钮。

**4** 在模型中选择要创建螺纹的圆柱面，如图 4-68 所示。

图 4-67　原始模型

图 4-68　选择要创建螺纹的圆柱面

**5** 在提示下指定螺纹的起始面，如图 4-69 所示。如果发现在起始面处显示的螺纹轴方向不对（正确的螺纹轴方向应该是由螺纹起始面指向要生成螺纹的圆柱面一侧），那么单击"螺纹轴反向"按钮，如图 4-70 所示。

图 4-69　指定螺纹的起始面

图 4-70　设置螺纹轴反向

**6** 在"螺纹"对话框中设置"详细"螺纹的小径、长度、螺距和角度这些参数，如图 4-71 所示。

**7** 单击"确定"按钮，完成创建"详细"螺纹的开槽锥端紧定螺钉，如图 4-72 所示。

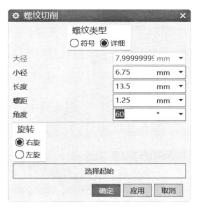

图 4-71　设置 "详细" 螺纹的参数

图 4-72　开槽锥端紧定螺钉

# 4.9　筋板

可以通过拉伸一个平的截面以与实体相交来添加薄壁筋板或网络筋板。在一些塑胶内壳类的零件内腔里面，常见到一些筋板。有些机械零件也须考虑筋板设计。筋板由绘制在某平面内的截面几何图形（截面曲线）定义，筋板截面所在的平面可限定筋板的高度，形成的壁分为垂直于剖切平面和平行于剖切平面两种，可以设置筋板与目标体合并，可以为筋板设置帽形体和拔模参数等。

图 4-73　"筋板" 对话框

要创建筋板特征，则在功能区 "主页" 选项卡的 "特征" 组中单击 "更多" → "筋板" 按钮 ◈，弹出如图 4-73 所示的 "筋板" 对话框。在默认目标体的情况下，选择截面曲线或在指定平面绘制所需的截面几何图形，在 "壁" 选项组中选中 "垂直于剖切平面" 单选按钮或 "平行于剖切平面" 单选按钮。选中 "垂直于剖切平面" 单选按钮时，将筋板壁方向设为与剖切平面垂直，此时还可以定义帽形体和拔模参数；而选中 "平行于剖切平面" 单选按钮时，将筋板壁方向设为与剖切平面平行，仅可用于单曲线链，此时 "帽形体" 选项组和 "拔模" 选项组不可用。

下面介绍一个创建筋板特征的操作范例。

❶ 在 "快速访问" 工具栏中单击 "打开" 按钮 ⬀，选择 "CH4\jb.prt" 文件，在 "打开" 对话框中单击 OK 按钮，文件中已提供了如图 4-74 所示的实体模型和一平面截面曲线。

**2** 在功能区"主页"选项卡的"特征"组中单击"更多"→"筋板"按钮 ⊛，打开"筋板"对话框。

**3** NX 系统默认已有实体模型为目标体，此时"表区域驱动（截面）"选项组中的"曲线"按钮 处于被选中的激活状态，在图形窗口中选择已有的截面几何图形。

**4** 在"筋板"对话框的"壁"选项组、"帽形体"选项组和"拔模"选项组中设置如图 4-75 所示的内容。

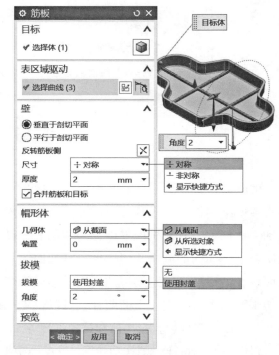

图 4-74　已有模型和平面截面曲线　　　　　　图 4-75　设置筋板选项及其参数

**5** 单击"确定"按钮，完成创建如图 4-76 所示的筋板特征。

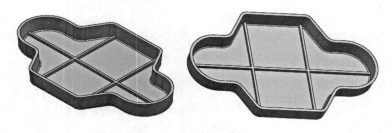

图 4-76　完成创建筋板特征

# 4.10 晶格

要创建晶格体，可以在功能区"主页"选项卡的"特征"组中单击"更多"→"晶格"按钮 🕸，打开"晶格"对话框。在"晶格"对话框的"类型"下拉列表框中提供了两种晶格类型选项，即"单位图"和"正形图"。

当选择"单位图"晶格类型选项时，如图4-77所示，此时需要选择边界体，设置单位晶格类型（单元格类型）及其参数，指定方位以定义种子放置（即定位和定向种子单元格），设置创建体的杆径和细分因子，指定边界修剪选项等。在指定边界修剪选项时，需要注意理解"移除断开的晶格部分"复选框和"移除选定面上的悬杆"复选框的功能含义，前者用于移除所有断开的小晶格部分，仅保留最大的体；后者用于从晶格图中移除所有仅一端与晶格相连且接触边界体的其中一个选定的杆。另外，"图"选项组的"使图节点随机化"复选框用于设置在指定半径范围内是否随机移动所有晶格节点。

 **知识点拨：**

"单位晶格"选项组中的"均匀立方体"复选框用于设置是否将单位晶格缩放为均匀立方体。选中"均匀立方体"复选框时，单位晶格将缩放为均匀立方体，此时需要设置边长参数；取消选中"均匀立方体"复选框时，单位晶格将按照设定的X尺寸、Y尺寸和Z尺寸进行缩放。

当选择"正形图"晶格类型选项时，需要选择面或曲面片体以在其上创建晶格，如图4-78所示，接着利用"单位晶格"选项组选定单元格类型，设置是否均匀立方体，在"图"选项组的"图层"数值框中指定相互堆叠的单元层的数量，在"偏置"下拉列表框中设置距基本面的偏置值，利用"使图节点随机化"复选框设置在指定半径范围内是否随机移动所有晶格节点，以及在"创建体"选项组中分别指定杆径参数和细分因子。

下面介绍创建晶格体的典型操作范例。

**1** 在"快速访问"工具栏中单击"打开"按钮 📂，选择"CH4\jg.prt"文件，在"打开"对话框中单击OK按钮，文件中已经提供了如图4-79所示的原始模型。

**2** 在功能区"主页"选项卡的"特征"组中单击"更多"→"晶格"按钮 🕸，系统弹出"晶格"对话框。

**3** 从"晶格"对话框的"类型"下拉列表框中选择"正形图"选项，此时"基本面"选项组中的"面"按钮 🔲 处于被选中的状态，选择如图4-80所示的圆弧曲面。

**4** 在"单位晶格"选项组的"单元格类型"下拉列表框中选择 QuadDiametralLine 选项，取消选中"均匀立方体"复选框，分别设置"X尺寸"为10mm，"Y尺寸"为15mm，"Z尺寸"为15mm；在"图"选项组的"图层"数值框中设置相互堆叠的单元层的数量为2，在"偏置"

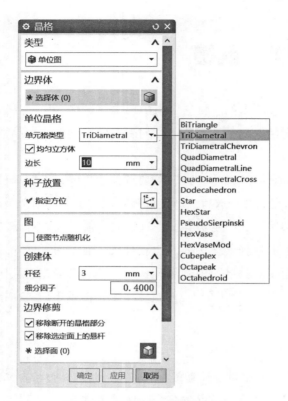

图 4-77　"晶格"对话框（1）

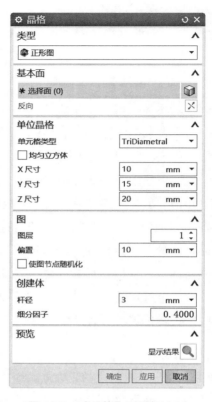

图 4-78　"晶格"对话框（2）

图 4-79　原始模型

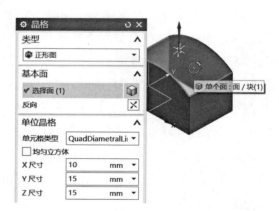

图 4-80　选择圆弧曲面

下拉列表框中输入 35，选中"使图节点随机化"复选框，"最大偏差"为 0.5mm；在"创建体"
选项组中设置"杆径"为 2mm，"细分因子"为 0.4，如图 4-81 所示。

5　单击"应用"按钮，按照正形图类型创建的晶格效果如图 4-82 所示。

图 4-81 设置单元晶格等参数

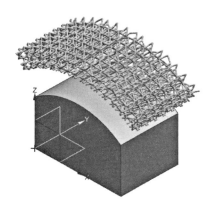

图 4-82 晶格效果

**6** 在"晶格"对话框的"类型"下拉列表框中选择"单位图"选项,"边界体"选项组的"体"按钮处于被选中的状态,在图形窗口中单击原始实体模型以定义晶格的边界。

**7** 在"单位晶格"选项组的"单元格类型"下拉列表框中选择 HexVaseMod 选项,选中"均匀立方体"复选框,设置"边长"为 25mm;在"图"选项组中取消选中"使图节点随机化"复选框;在"创建体"选项组中设置"杆径"为 5mm,"细分因子"为 0.4;在"边界修剪"选项组中只选中"移除断开的晶格部分"复选框,如图 4-83 所示。

**8** 在"预览"选项组中单击"显示结果"按钮,新晶格预览效果如图 4-84 所示。

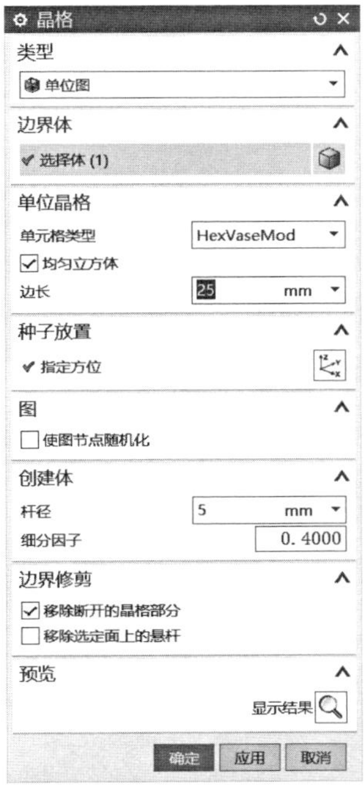

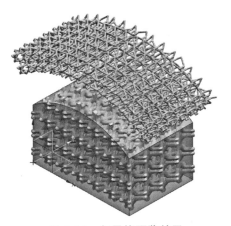

图 4-83 设置晶格参数

图 4-84 新晶格预览效果

**9** "预览"选项组原"显示结果"按钮 🔍 变为"撤销结果"按钮 🔄，如图 4-85 所示，而对话框中的其他选项组变为不可编辑。此时，如果单击"撤销结果"按钮 🔄，则对话框返回到预览之前的可编辑晶格参数的状态。

**10** 单击"确定"按钮，结果如图 4-86 所示。

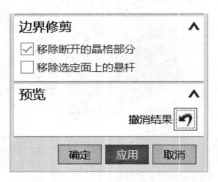

图 4-85  "预览"选项组

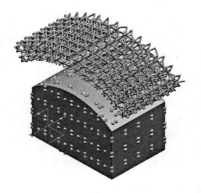

图 4-86  完成第二个晶格特征

# 4.11  思考与上机练习

（1）什么是体素特征？如何分别创建它们？

（2）可以创建具有拔模角度的拉伸实体特征吗？如何操作？

（3）创建简单孔结构有哪些方法？

（4）凸起和偏置凸起有什么异同之处？

（5）什么是"符号"螺纹？什么是"详细"螺纹？

（6）在什么情况下需要创建筋板？

（7）上机练习：请自行设计一个简单的机械零件，要求使用本章所学的至少 5 个设计特征。

（8）上机练习：请参照如图 4-87 所示的丝杆零件工程图的相关尺寸，在 NX 12.0 中使用相关设计特征来建立该丝杆零件的三维实体模型。

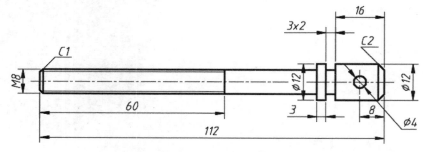

图 4-87  丝杆零件工程图

# 第 5 章　扫掠特征与特征操作

本章导读

　　本章主要介绍扫掠特征和一些典型的特征操作，这些典型的特征操作包括创建细节特征、关联复制、偏置/缩放特征、修剪体和组合，其中细节特征主要包括边倒圆、倒斜角、拔模、倒圆腔体和面倒圆，关联复制则主要包括阵列特征、阵列几何特征、镜像特征、镜像几何体和抽取几何体等，特征组合则包括求和、求差、求交和缝合等。

　　熟练掌握特征操作，有利于丰富设计手段和提高设计效率。

## 5.1　扫掠特征

　　用于创建扫掠特征的命令主要包括"扫掠""变化扫掠""沿引导线扫掠""管"和"扫掠体"。有些扫掠形体通过不同的扫掠工具命令都可以创建，这便要求用户能够灵活使用，注意积累经验。本节主要介绍"扫掠""变化扫掠""沿引导线扫掠"和"管"命令。

### 5.1.1　扫掠

　　使用"扫掠"命令，可以通过沿一条或多条引导线扫掠截面来创建体（实体或曲面片体），使用各种方法控制沿着引导线的形状。该"扫掠"命令的功能较为强大。使用"扫掠"命令创建简单扫掠特征的典型示例如图 5-1 所示。

图 5-1　使用"扫掠"命令创建扫掠特征的典型示例

在功能区"主页"选项卡的"特征"组中单击"更多"→"扫掠"按钮 ，弹出如图 5-2 所示的"扫掠"对话框。接着指定截面曲线和引导线（最多 3 条），在选择截面曲线和引导线时，需要注意巧妙地应用选择条上的"曲线规则"下拉列表框来辅助选择所需的曲线。"曲线规则"下拉列表框提供的曲线规则选项主要有"单条曲线""相连曲线""相切曲线""特征曲线""面的边""片体边""区域边界曲线""组中的曲线""自动判断曲线"等。指定截面曲线和引导线后，必要时可指定脊线，接下来的重点便是设置截面选项，截面位置的定义方式可以为"沿引导线任何位置"或"引导线末端"，截面对齐方式有"参数""弧长""根据点"3 种，根据设计要求设定定位方法方向、缩放方法，以及在"设置"选项组中指定体类型（可以为"实体"或"片体"）等，最后单击"确定"或"应用"按钮，即可完成一个扫掠特征的创建。

对于扫掠截面而言，截面位置可以位于沿引导线任何位置，也可以位于引导线末端。通常为了便于控制扫掠形状，可在主引导线末端（如引导线开始位置）处绘制好所需的截面曲线。若在扫掠操作之前要绘制截面曲线，则单击"草图"按钮 ，弹出"创建草图"对话框，接着在"草图类型"选项组的下拉列表框中选择"基于路径"选项，选择路径曲线，接着设定平面位置、平面方位和草图方向，如图 5-3 所示，单击"确定"按钮，然后使用相关的草图工具绘制所需的截面曲线即可。

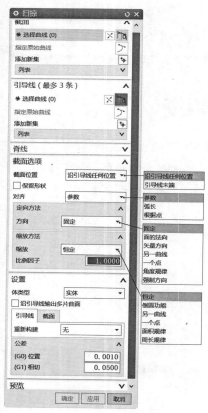

图 5-2　"扫掠"对话框

图 5-3　"创建草图"对话框

下面介绍一个使用"扫掠"命令创建扫掠特征的典型范例。

**1** 按 Ctrl+O 快捷键，弹出"打开"对话框，选择"CH5\sltz.prt"文件，单击 OK 按钮，文件中存在着如图 5-4 所示的曲线。

**2** 在功能区"主页"选项卡的"特征"组中单击"更多"→"扫掠"按钮🏵，弹出"扫掠"对话框。

**3** 确保在上边框的选择条的"曲线规则"下拉列表框中选择"相连曲线"，在图形窗口中单击如图 5-5 所示的相连曲线作为扫掠截面。

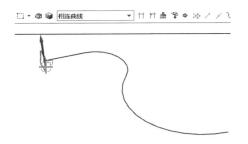

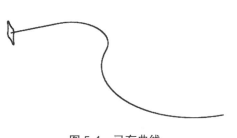

图 5-4　已有曲线

图 5-5　指定扫掠截面

**4** 在"引导线（最多 3 条）"选项组中单击"引导线"按钮🔖，确保曲线规则为"相连曲线"，在图形窗口中在靠近截面曲线的一端单击另一条相连曲线以选择整条相连曲线作为引导线。

**5** 在"截面选项"和"设置"选项组中分别设置相应的选项和参数，如图 5-6 所示。其中，在"截面选项"选项组的"定向方法"子选项组中，从"方向"下拉列表框中选择"角度规律"选项，从"规律类型"下拉列表框中选择"线性"选项，起点角度为 0°，终点角度为 360°。

**6** 单击"确定"按钮，完成的扫掠实体特征如图 5-7 所示。

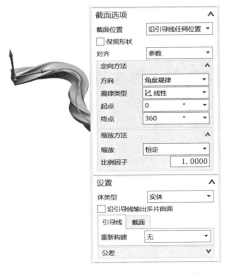

图 5-6　设置截面选项和体类型等

图 5-7　完成创建扫掠实体特征

### 5.1.2 沿引导线扫掠

使用"沿引导线扫掠"命令，可以通过沿着引导线扫掠横截面来创建体。引导线可以有尖角，但具有过小尖角的引导线可能会导致扫掠出现问题。对于开放的引导线，为了避免出现意料之外的扫掠结果，建议将截面曲线绘制到引导线的开口端。

在功能区"主页"选项卡的"特征"组中单击"更多"→"沿引导线扫掠"按钮 🐎，弹出如图 5-8 所示的"沿引导线扫掠"对话框，接着分别指定截面曲线、引导线、第一偏置值和第二偏置值、布尔选项和体类型等，然后单击"确定"或"应用"按钮。如果将第一偏置值和第二偏置值设置为等值，则创建实心形式的扫掠实体特征；如果将第一偏置值和第二偏置值设置为其他有效的不等值，则可以创建中空的扫掠实体特征，如图 5-9 所示。

图 5-8　"沿引导线扫掠"对话框

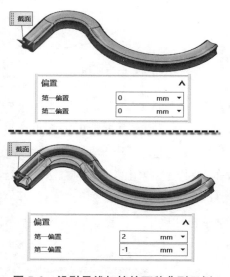

图 5-9　沿引导线扫掠的两种典型示例

与"扫掠"命令相比，"沿引导线扫掠"命令少了截面选项的设置功能，而提供对截面曲线进行简单偏置的功能。

### 5.1.3 变化扫掠

使用"变化扫掠"命令，可以通过沿路径扫掠横截面来创建体，此时横截面形状沿路径可发生改变，其典型思路是在路径上指定相关关键点处的横截面来扫掠。

下面通过一个典型操作实例介绍如何创建变化扫掠特征。

**1** 按 Ctrl+O 快捷键，弹出"打开"对话框，选择"CH5\bhsl.prt"文件，单击 OK 按钮，文件中提供了如图 5-10 所示的曲线。

**2** 在功能区"主页"选项卡的"特征"组中单击"更多"→"变化扫掠"按钮 ，系统弹出如图 5-11 所示的"变化扫掠"对话框。

图 5-10　已有曲线

图 5-11　"变化扫掠"对话框

　　**3** 在"表区域驱动（截面）"选项组中单击"绘制截面"按钮 ，系统弹出"创建草图"对话框，在靠近已有曲线链左端点的大致位置处选择已有曲线链作为相切连续路径。在"创建草图"对话框的"平面位置"选项组中，从"位置"下拉列表框中选择"弧长百分比"选项，将"弧长百分比"设为 0，从"平面方位"选项组的"方向"下拉列表框中选择"垂直于路径"选项，如图 5-12 所示，单击"确定"按钮。

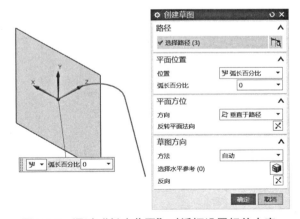

图 5-12　通过"创建草图"对话框设置相关内容

📖　*知识点拨：*

　　"平面位置"选项组的"位置"下拉列表框提供的选项有"弧长百分比""弧长""通过点"。"弧长百分比"选项用于将位置定位为曲线长度的百分比，"弧长"选项用于按沿曲线的距离定义位置，"通过点"选项用于按沿曲线的指定点定义位置。

4 绘制如图 5-13 所示的圆，并为圆添加一个直径尺寸约束，然后单击"完成草图"按钮。

5 此时，"变化扫掠"对话框和特征预览如图 5-14 所示。在"设置"选项组中选中"显示草图尺寸"复选框，需要时还可以选中"尽可能合并面"复选框。在"辅助截面"选项组中单击"添加新集"按钮，添加一个辅助截面集，从"定位方法"下拉列表框中选择"通过点"选项，在曲线链中选择如图 5-15 所示的一个中间点（即相邻直线和圆弧的一个重合点）。

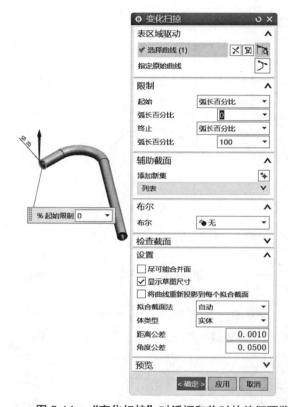

图 5-13　绘制一个圆并标注尺寸　　　　图 5-14　"变化扫掠"对话框和临时的特征预览

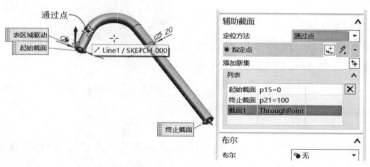

图 5-15　添加一个截面放置点

**6** 再次单击"添加新集"按钮，来添加一个新的辅助截面集，同样从"定位方法"下拉列表框中选择"通过点"选项，接着在曲线链中选择另一个中间点，如图5-16所示。

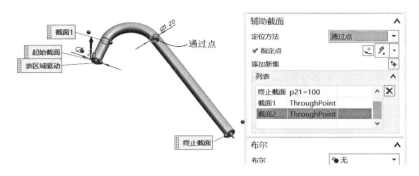

图 5-16 添加另一个截面放置点

**7** 在"辅助截面"选项组的截面列表中选择"截面1"，此时在图形窗口中显示该截面的草图尺寸，单击该截面要修改的尺寸，如图5-17（a）所示，接着在屏显框内单击"启动公式编辑器"按钮，从其打开的下拉菜单中选择"设为常量"命令，然后将该尺寸修改为35，如图5-17（b）所示。

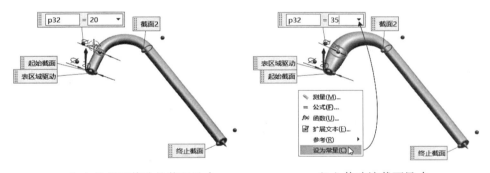

（a）选择要修改的截面尺寸　　　　　（b）修改该截面尺寸

图 5-17 修改截面 1 的尺寸

**8** 使用同样的方法，修改"截面2"的尺寸，将其直径尺寸修改为42。此时，预览效果如图5-18所示。

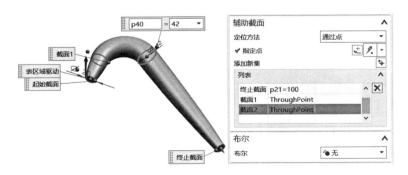

图 5-18 修改截面 2 尺寸后的预览效果

**⑨** 在"变化扫掠"对话框中单击"确定"按钮，完成扫掠得到的实体效果如图 5-19 所示。

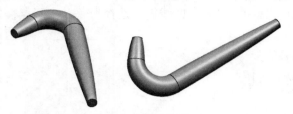

图 5-19 完成的实体效果

## 5.1.4 管道

使用"管"命令，可以通过沿着曲线扫掠圆形横截面创建实体，管道的主要参数有外径和内径。创建管道特征的典型示例如图 5-20 所示。

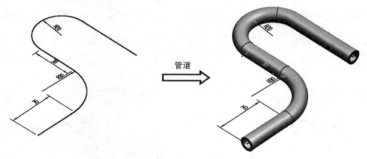

图 5-20 创建管道特征的典型示例

**①** 在功能区"主页"选项卡的"特征"组中单击"更多"→"管"按钮 ，弹出"管"对话框，如图 5-21 所示。

**②** 选择管道中心线路径的曲线。

**③** 在"横截面"选项组中分别设置外径和内径尺寸。

**④** 在"布尔"选项组的"布尔"下拉列表框中选择一个布尔选项，例如选择"无"选项。

**⑤** 在"设置"选项组的"输出"下拉列表框中选择"单段"或"多段"选项。

**⑥** 单击"确定"按钮。

读者可使用"CH5\gd.prt"文件进行练习。

图 5-21 "管"对话框

# 5.2 细节特征

细节特征创建工具是创建复杂且精确模型的一类不可缺少的工具。细节特征主要包括边倒圆、倒斜角、拔模、腔倒圆和面倒圆等。

## 5.2.1 边倒圆

"边倒圆"是最为常用的倒圆类型，是指将设定的倒圆半径添加到实体的边缘以形成圆柱面或圆锥面。既可以对实体边缘产生恒定半径的倒圆角，也可以对实体边缘产生可变半径的倒圆角，还可以使边倒圆拐角突然停止等。

在功能区"主页"选项卡的"特征"组中单击"边倒圆"按钮，系统弹出如图 5-22 所示的"边倒圆"对话框。在"边"选项组的"连续性"下拉列表框中选择"G1（相切）"或"G2（曲率）"选项。当选择"G1（相切）"选项时，可以从"形状"下拉列表框中选择"圆形"或"二次曲线"，"圆形"形状的圆角只需设定半径值即可。而"二次曲线"形状的圆角需要根据指定的二次曲线法（包括"边界和中心""边界和 Rho""中心和 Rho" 3 种）设置相应的参数来定义，在大多数情况下采用"圆形"形状的圆角。当从"连续性"下拉列表框中选择选择"G2（曲率）"选项时，设置的圆角参数是半径 1 和 Rho1 值。

指定圆角形状和尺寸参数后，在模型中选择一条或多条要采用当前圆角参数进行倒角的边，如图 5-23 所示，然后单击"确定"按钮，即可创建恒定半径的边倒圆特征。

图 5-22 "边倒圆"对话框

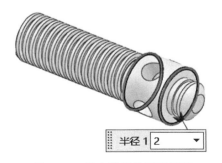

图 5-23 恒定半径边倒圆示例

在"边"选项组中单击"添加新集"按钮🔳，可以创建一个新边倒圆集，同一个边倒圆集的边对象具有相同的倒圆形状和尺寸。

如果要创建可变半径的边倒圆特征，那么要使用"变半径"选项组中的工具，如图 5-24 所示。可变半径边倒圆通过在选定边上指定多个控制点，并为这些控制点指定不同的圆角参数来实现倒圆半径可变，如图 5-25 所示。要在边对象上指定新的位置控制点，需先在"变半径"选项组的"位置"下拉列表框中选择一个图标选项，接着选择相应的参照对象，以及进行位置选项和参数设置，指定的控制位置点在"列表"子选项组中列出，在"列表"子选项组中选择要编辑的控制位置点，可以单独修改它的位置参数和圆角半径参数。

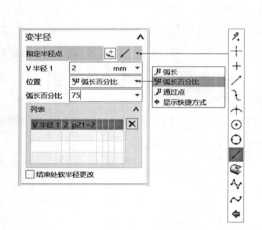

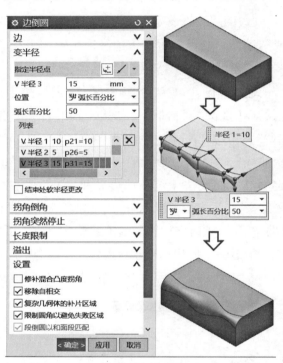

图 5-24　"变半径"选项组　　　　　图 5-25　可变半径边倒圆示例

在某些边倒圆的场合中，可以对指定的 3 边邻接的拐角进行设置以获得满足设计要求的模型效果，如图 5-26 所示。在该示例中，设置倒圆半径并选择要倒圆的 3 条边后，展开"拐角倒角"选项组，选择其中一个端点工具，接着在图形窗口中选择所需顶点，并结合列表分别设置该顶点沿各边的倒角距离。读者可以打开"CH5\bdy.prt"文件上机操练。

边倒圆会延续至相切边的末端，另外可设置边倒圆的拐角突然停止于某一位置，这需要用到"拐角突然停止"选项组，典型示例如图 5-27 所示。

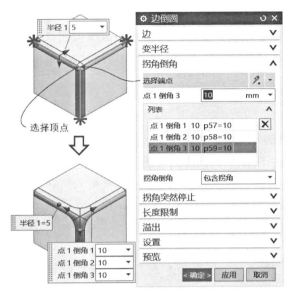

图 5-26　拐角倒角示例

图 5-27　拐角突然停止示例

另外，在"长度限制"选项组中可以启用长度限制，限制对象可以为平面、面或边。

## 5.2.2　倒斜角

"倒斜角"就是俗称的"倒角"，它是指对相邻面之间陡峭的边进行"去角"操作。倒斜角在机械设计中主要有两个考量，一是为了避免尖锐的产品边缘擦伤其他物体，二是设计倒斜角有利于零件装配。

在功能区"主页"选项卡的"特征"组中单击"倒斜角"按钮，弹出如图 5-28 所示的"倒斜角"对话框。在"边"选项组中单击"选择边"按钮，在模型中选择要倒斜角的边。在"设置"选项组中指定横截面偏置类型，并根据横截面偏置类型设置相应的倒斜角参数。在"设置"选项组中指定偏置方法和公差，偏置方法有"偏置面并修剪"和"沿面偏置边"两种。

横截面偏置类型一共有 3 种，即"对称""非对称""偏置和角度"，下面分别介绍这 3 种类型。

图 5-28　"倒斜角"对话框

### 1. 对称

"对称"类型用于与倒角边邻接的两个面均采用相同偏置值方式的倒斜角情况，它只需设置一个"距离"值，实际上约定了倒斜角的角度值为45°，在机械设计中大多数的倒斜角可采用这种类型。"对称"类型的倒斜角如图 5-29（a）所示。

### 2. 非对称

"非对称"类型可以使倒角边两侧的倒角距离值不相同。选择该类型时，需要分别指定"距离 1"和"距离 2"的值，单击在"偏置"选项组中出现的"反向"按钮图可以使"距离 1"和"距离 2"的测量侧相互切换，即相当于互换距离值。"非对称"类型的倒斜角如图 5-29（b）所示。

### 3. 偏置和角度

"偏置和角度"类型是通过使用一个"距离"值和"角度"值来对选定边进行倒斜角。当将"角度"设置为45°时，效果和"对称"倒斜角效果相同。"偏置和角度"类型的倒斜角如图 5-29（c）所示。

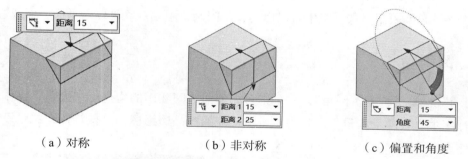

（a）对称    （b）非对称    （c）偏置和角度

**图 5-29　倒斜角的 3 种横截面偏置类型**

## 5.2.3　拔模

在一些注塑件和铸件中，往往要考虑脱模的问题，而在脱模方向的各个面中设计相应的拔模斜度。

在功能区"主页"选项卡的"特征"组中单击"拔模"按钮，弹出"拔模"对话框，如图 5-30 所示。从"类型"选项组的下拉列表框中可以看出，NX 拔模共有 4 种类型，即"面"类型、"边"类型、"与面相切"类型和"分型边"类型。不同类型的拔模，所要设置的内容也有所不同，但不管哪种类型的拔模都需要指定脱模方向和一些公差值等。下面结合图例介绍各类型的拔模特征。

图 5-30　"拔模"对话框

**1．"面"类型**

"面"类型是较常见的拔模类型，是相对于固定面和/或分型面拔模，该类型拔模需要指定脱模方向、拔模参考、要拔模的面等，其中，在"拔模参考"选项组的"拔模方法"下拉列表框中可以选择"固定面""分型面""固定面和分型面"3 种拔模方法之一，并根据指定拔模方法选择相应的拔模参考。"固定面"拔模方法用于从固定面拔模，包含拔模面与固定面的相交曲线将用作计算该拔模的参考；"分型面"拔模方法用于从固定分型面拔模，包含拔模面与固定面的相交曲线将用作计算该拔模的参考，要拔模的面将在与固定面的相交处进行细分，可根据需要将拔模添加到两侧；"固定面和分型面"拔模方法用于从固定面向分型面拔模，包含拔模面与固定面的相交曲线将用作计算该拔模的参考，要拔模的面将在与分型面的相交处进行细分。

"面"拔模的典型图例如图 5-31 所示，在该图例中，选择"ZC 轴" <sup>zc</sup>定义脱模方向，在"拔模参考"选项组的"拔模方法"下拉列表框中选择"固定面"选项，单击"选择固定面"按钮，在模型中单击底面的一条边以选择单个底面（配合"面规则"来选择）作为固定面，接着在"要拔模的面"选项组中单击"面"按钮，分别选择 4 个侧面作为要拔模的面，并在"角度 1"下拉列表框中设置拔模角度 1 的值为 5°。

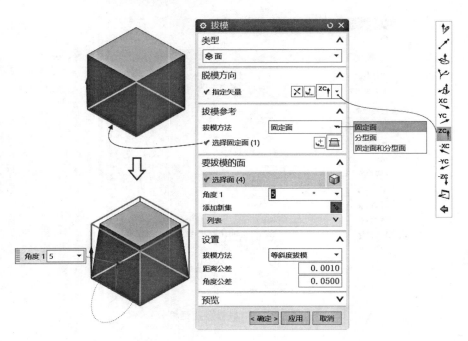

图 5-31　"面"拔模

### 2. "边"类型

"边"类型拔模是指从固定边起拔模，常用于从一系列实体边开始，与脱模方向成设定的拔模角度，对指定实体面进行拔模操作，可实现变角度的拔模效果。该类型拔模操作与"面"拔模操作较为相似。

选择"边"拔模类型时，指定正确的脱模方向，在"固定边"选项组中单击"边"按钮 ⬡，接着为拔模新集选择所需的固定边，设置拔模角度，如图 5-32 所示，最后单击"确定"按钮即可完成拔模特征创建。如果要创建"边"类型的可变拔模特征，那么需要利用"可变拔模点"选项组中的点构造工具（包括"指定点"下拉列表框和"点构造器"按钮 ⊞）在模型边上指定多个可变控制点，编辑它们的位置，以及分别为它们设置不同的拔模角度，从而获得可变角度的"边"拔模特征。

### 3."与面相切"类型

"与面相切"拔模适用于对相切表面拔模后要求仍然保持相切的情况。选择"与面相切"类型时，指定脱模方向，在"相切面"选项组中单击"面"按钮 ⬡，为新集选择相切面，设置拔模角度，以及在"设置"选项组中指定距离公差和角度公差，如图 5-33 所示，然后单击"确定"按钮，便可完成此类型的拔模特征。

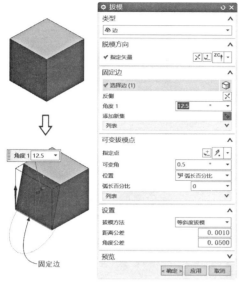

图 5-32 "边"拔模

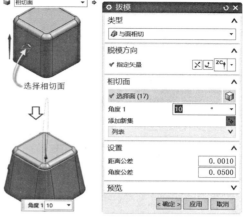

图 5-33 "与面相切"拔模

### 4. "分型边"类型

"分型边"类型的拔模是沿着指定的分型边使要拔模的实体表面与指定脱模方向成一定角度来创建的拔模特征。该类型拔模需要分别指定脱模方向、固定面、分型边（Parting Edges）、设置，如图 5-34 所示。

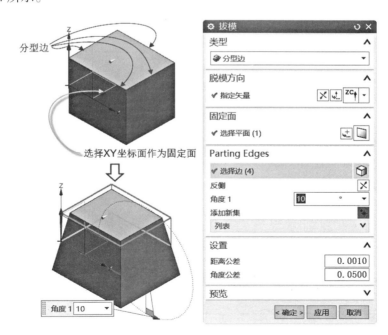

图 5-34 "分型边"拔模

## 5.2.4 腔倒圆

在 NX 12.0 中，可以在机械零件内部腔体边上创建圆角以生成因加工工艺而形成的几何体，其方法是在上边框条中单击"菜单"按钮 雪 菜单(M)▾，选择"插入"→"航空设计"→"腔倒圆"命令，弹出如图 5-35 所示的"腔倒圆"对话框。接着指定腔底面和腔壁面，并在"刀具"选项组的"工具类型"下拉列表框中选择"端铣刀""T 形刀"或"球面铣刀"，然后根据所选工具类型设置相应的加工参数和选项。下面对 3 种工具类型进行介绍。

图 5-35　"腔倒圆"对话框

### 1. 端铣刀

当从"工具类型"下拉列表框中选择"端铣刀"时，需要指定"直径""半径""拐角间隙"3个参数值，其中"底部半径"值必须不能大于"直径"值的一半。在"斜角壁"下拉列表框中设置加工方式，这些针对成角度的壁进行加工的方式如表 5-1 所示。

表 5-1　针对成角度的壁的加工方式

| 序号 | 加工方式 | 说明 | 图例 |
|------|----------|------|------|
| 1 | 侧刃切削壁 | 仅当与底面附近的壁相切时切削底面，无锐边 | |
| 2 | 切削底面和侧刃切削壁 | 切削底面直到刀具触及壁顶部，留锐边 | |
| 3 | 切削底面 | 切削底面，使壁垂直于底面 | |
| 4 | 侧刃切削壁和底面 | 使用成角度的刀具侧刃切削壁和底面，留锐边 | |

### 2. T 型刀

当从"工具类型"下拉列表框中选择"T 型刀"时，需要分别指定"直径""底部半径""上半径""颈部直径""刀刃长度""拐角间隙"这些参数值，如图 5-36 所示，其中"上半径"值必须不能大于"直径"值的一半，"刀刃长度"值必须大于或等于"底部半径"值与"上半径"值之和。

3. 球面铣刀

当从"工具类型"下拉列表框中选择"球面铣刀"时，需要分别指定"直径""颈部直径""拐角间隙"值，如图 5-37 所示。

图 5-36 选择"T 型刀"工具类型时

图 5-37 选择"球面铣刀"工具类型时

读者可以使用"CH5\dyqt.prt"文件进行腔倒圆的上机操练，图 5-38 给出了该腔体倒圆的流程示意图。执行"腔倒圆"命令后，选择腔体底面时，软件系统通常会自动选定腔体壁面。本例选用的工具类型为"端铣刀"，读者也可以尝试采用"球面铣刀"工具类型在腔体内创建加工圆角。

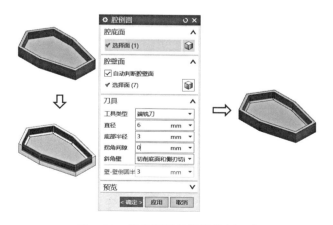

图 5-38 腔体倒圆的操练范例示意

### 5.2.5 面倒圆

"面倒圆"是指在选定面组之间添加相切圆角面，圆角截面形状可以是圆形、二次曲线或规律控制，也可以在共享一条边的两个面之间添加圆角。

在功能区"主页"选项卡的"特征"组中单击"面倒圆"按钮 ，系统弹出如图 5-39 所示的"面倒圆"对话框，可以创建 3 种类型的面倒圆，即"双面"类型、"三面"类型和"特征相交边"类型，它们的功能含义及典型图例如表 5-2 所示。

表 5-2 面倒圆类型

| 序号 | 类型 | 功能含义 | 图例 |
|---|---|---|---|
| 1 | 双面 | 在一个体或多个分开体的两个面之间倒圆 | |
| 2 | 三面 | 在两个面之间倒圆，并相切于一个体或多个分开体的中间面 | |
| 3 | 特征相交边 | 在共享一条边的两个面之间生成圆角 | |

在这里以创建"双面"类型的面倒圆特征为例进行介绍。从"类型"下拉列表框中选择"双面"类型，接着通过"面"选项组的选择工具分别选择面 1 和面 2（在选择所需面之前，要特别注意选择条上的"面规则"选项的设置），注意设置两个面的法向方向指向能产生圆角的一侧，在"横截面"选项组的"方位"下拉列表框中选择"滚球"或"扫掠圆盘"，这里以选择"滚球"为例，接着从"宽度方法"下拉列表框中选择"自动"选项，从"形状"下拉列表框中选择"对称曲率"选项，在"边界方法"下拉列表框中选择"规律控制"选项，在"规律类型"下拉列表框中选择"三次"选项，设置"边界起点"为 5mm，"边界终点"为 16mm，"深度规律类型"为"恒定"，"深度"为 0.6，单击"脊线"按钮 ，在模型中选择一条边线作为脊线，单击"反向"按钮 可以反向脊线方向，相关设置如图 5-40 所示，然后单击"确定"按钮，从而完成在两组选定面之间创建面倒圆特征。读者可使用"CH5\mdy.prt"文件进行练习。

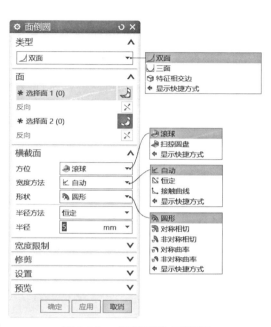

图 5-39　"面倒圆"对话框

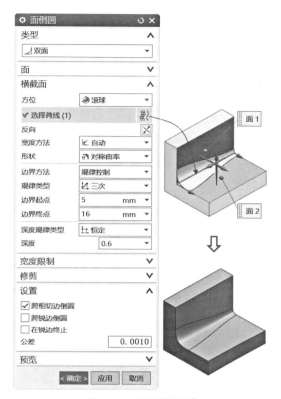

图 5-40　面倒圆示例

# 5.3　关联复制

"关联复制"是指对已经创建好的特征或几何体进行编辑或复制,以得到所需的实体或片体。关联复制的知识点包括阵列特征、阵列几何特征、镜像特征、镜像几何体和抽取几何特征等。

## 5.3.1　阵列特征

在 NX 12.0 建模应用模块功能区的"主页"选项卡的"特征"组中提供有一个"阵列特征"按钮 ⬥,该按钮的主要功能是将特征复制到许多阵列或布局(线性、圆形、多边形等)中,并有对应阵列边界、实例方位、旋转和变化的各种选项。

在功能区"主页"选项卡的"特征"组中单击"阵列特征"按钮 ⬥,弹出如图 5-41 所示的"阵列特征"对话框。选择要形成阵列的特征,接受默认的参考点或重新指定参考点,从"阵列定义"选项组的"布局"下拉列表框中选择一种阵列布局方式,接着为该阵列布局方式设置相应的阵列参数，在"阵列方法"选项组的"方法"下拉列表框中选择"变化"选项或"简单"选项。当选择"变化"选项时，软件支持多个输入及检查每个实例位置等，此时，在"设置"选项组的"输出"下拉列表框中选择"阵列特征""复制特征"或"特征复制到特征组中"以设置结果输出方式。当选择"简单"选项时，则采用最快的阵列创建方法，但很少检查实例，只允许一个特征作为阵列的输入，此时"设置"选项组不提供"输出"下拉列表框，而是提供一个"创建参考图样"复选框（选择多个要形成图样的特征并且方法为"简单"时可用），如图 5-42 所示，该复选框的作用是选定的第一个特征将被创建为主图样，其他特征将作为参考图样。

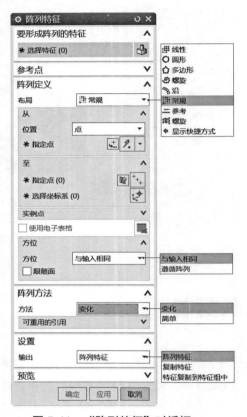

图 5-41 "阵列特征"对话框

图 5-42 方法为"简单"时

"阵列定义"选项组的"布局"下拉列表框提供了多种阵列布局选项，包括"线性"⊞、"圆形"○、"多边形"✿、"平面螺旋"⊙、"沿"➘、"常规"▦、"参考"▥和"螺旋"◈。下面介绍主要阵列布局选项的功能含义。

### 1. 线性

"线性"布局使用一个或两个线性方向定义布局，以线性阵列的形式复制所选特征。创建线性阵列特征的典型范例如下。

**1** 按 Ctrl+O 快捷键，弹出"打开"对话框，选择"CH5\zltz-xx.prt"文件，单击 OK 按钮，该文件中存在着如图 5-43 所示的实体模型。

**2** 在功能区"主页"选项卡的"特征"组中单击"阵列特征"按钮 ，系统弹出"阵列特征"对话框。

**3** 系统提示选择要形成阵列的特征。本例在部件导航器的"模型历史记录"下选择"沉头孔（2）"特征，或者在模型窗口中选择"沉头孔（2）"特征。

**4** 在"阵列定义"选项组的"布局"下拉列表框中选择"线性"选项。在"边界定义"子选项组中将边界选项设置为"无"；在"方向 1"子选项组中选择"XC 轴"选项 以定义方向 1 矢量，其间距选项为"数量和间隔"，"数量"为 5，"节距"为 18；在"方向 2"子选项组中选中"使用方向 2"复选框，选择"YC 轴"选项 ，该方向的"间距"也设为"数量和间隔"，方向 2 的"数量"为 3，"节距"为 22；在"阵列设置"子选项组的"交错"下拉列表框中选择"无"选项，如图 5-44 所示。

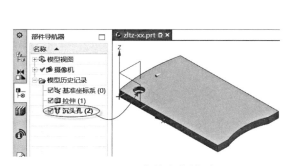

图 5-43 已有的实体模型

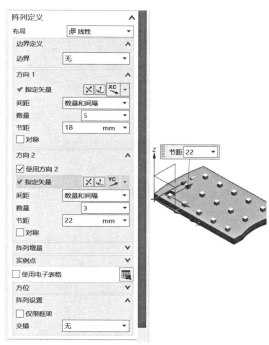

图 5-44 阵列定义

**5** 在"阵列方法"选项组的"方法"下拉列表框中选择"变化"选项，在"设置"选项组的"输出"下拉列表框中选择"阵列特征"选项，如图 5-45 所示。

**6** 单击"确定"按钮，完成阵列特征的效果如图 5-46 所示。

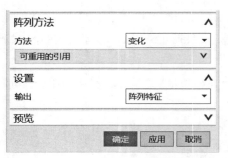

图 5-45　设置阵列方法和输出选项

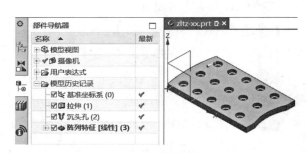

图 5-46　完成阵列特征

### 2. 圆形

"圆形"阵列布局使用旋转轴和可选的径向间距参数定义布局，以圆形阵列的方式来复制所选的特征。盘类零件上的重复性特征多采用"圆形"阵列布局来创建。通过"圆形阵列"操作进行设计的典型示例如图 5-47 所示。

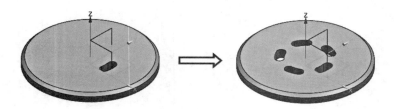

图 5-47　圆形阵列的典型示例

下面为使用"圆形阵列"功能的一个典型范例。

**1** 按 Ctrl+O 快捷键，弹出"打开"对话框，选择"CH5\zltz-yx.prt"文件，单击 OK 按钮，该文件中存在着如图 5-48 所示的实体模型，模型中存在着一个拉伸切口 A（"拉伸 3"特征）。

**2** 在功能区"主页"选项卡的"特征"组中单击"阵列特征"按钮 ，系统弹出"阵列特征"对话框。

**3** 系统提示选择要形成阵列的特征。本例选择拉伸切口 A（"拉伸 3"特征）。

**4** 在"阵列定义"选项组的"布局"下拉列表框中选择"圆形"选项，在"边界定义"子选项组的"边界"下拉列表框中选择"无"选项；在"旋转轴"子选项组中选择"ZC 轴"选项 ，在"指定点"下拉列表框中选择"圆弧中心 / 椭圆中心 / 球心"选项 ，并在模型中选择盘状底面大的圆形轮廓线以获取其圆心；在"斜角方向"子选项组中，设置"间距"为"数量和跨距"，"数量"为 5，"跨角"为 360°，在"辐射"子选项组中取消选中"创建同心成员"复选框，在"方位"子选项组的"方位"下拉列表框中选择"遵循阵列"选项，如图 5-49 所示。

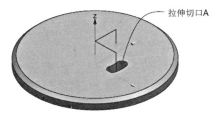

图 5-48　原始实体模型

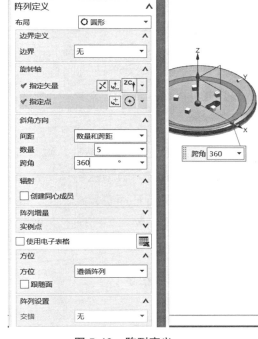

图 5-49　阵列定义

**⑤** 在"阵列方法"选项组的"方法"下拉列表框中选择"变化"选项，在"设置"选项组的"输出"下拉列表框中选择"复制特征"选项，在"表达式"下拉列表框中选择"新建"选项，如图 5-50 所示。

**⑥** 单击"确定"按钮，结果如图 5-51 所示。

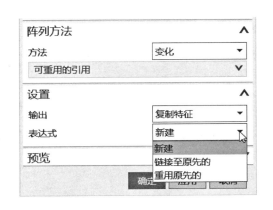

图 5-50　指定阵列方法和输出选项等

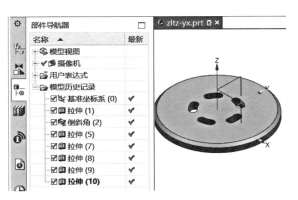

图 5-51　完成创建圆形阵列实例副本

**知识点拨：**

　　在本例中，如果在"阵列定义"选项组的"方位"子选项组的"方位"下拉列表框中选择"与输入相同"选项，那么最终创建的圆形阵列实例副本结果如图 5-52 所示。

在构建圆形阵列的过程中，如果在"阵列定义"选项组的"辐射"子选项组中选中"创建同心成员"复选框，那么可以在另一个方向（径向方向）定义阵列以获得辐射状的阵列图样效果，如图 5-53 所示，此时需要设置辐射的径向间距参数等，并可以设置是否包含第一个圆。

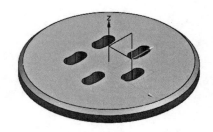

图 5-52　与输入相同

### 3. 多边形

采用"多边形"阵列布局时，使用正多边形和可选的径向间距参数定义布局。典型示例如图 5-54 所示（配套的练习素材为"CH5\zltz-dbx.prt"文件）。对于某些要阵列的特征而言，在创建其阵列特征时要考虑在"方位"子选项组的"方位"下拉列表框中选择"遵循阵列"选项还是选择"与输入相同"选项等。

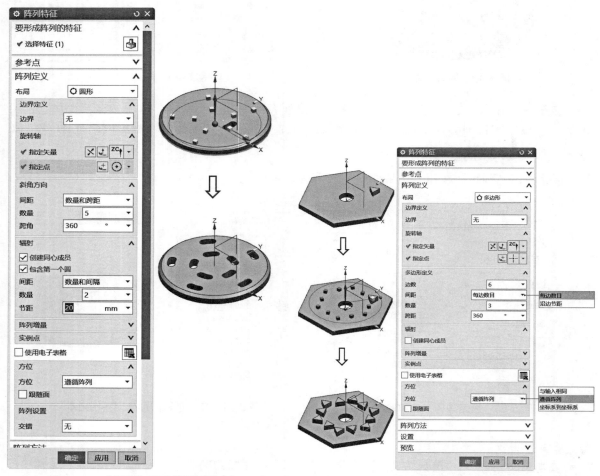

图 5-53　"辐射"形式的圆形阵列　　　　图 5-54　创建多边形布局形式的阵列实例

#### 4. 平面螺旋

选择"平面螺旋"阵列布局时，使用平面螺旋路径定义布局。其典型示例如图 5-55 所示。

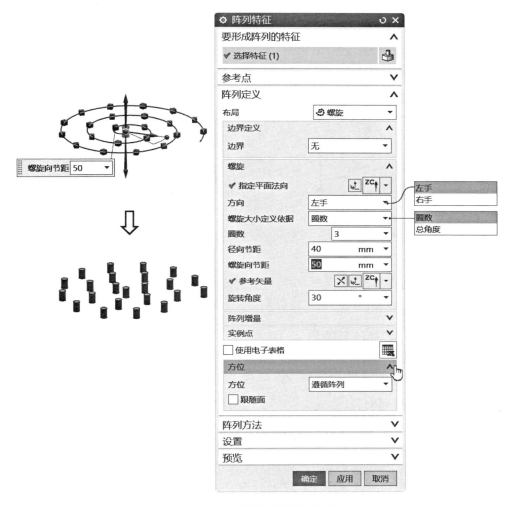

图 5-55　创建螺旋式的阵列特征

#### 5. 螺旋

采用"螺旋"阵列布局时，则使用空间螺旋线路径来定义阵列布局。创建"螺旋线"布局类型的阵列特征示例如图 5-56 所示，其螺旋大小依据（定义）除了"数量、螺距、圈数"之外，还有"数量、角度、距离""数量、螺距和跨距""角度、螺距、圈数""角度、螺距和跨距"几种。

#### 6. 沿

采用"沿"阵列布局时，将定义这样一个布局：该布局遵循一个连续的曲线链和可选的第二曲线链或矢量，路径方法可以是"刚性""偏置"或"平移"，方位可以垂直于路径或与输入相同。其典型示例如图 5-57 所示。

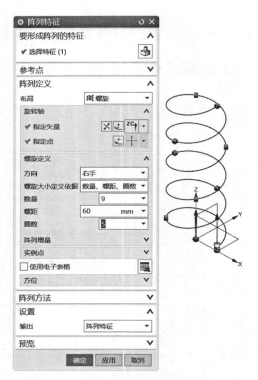

图 5-56 "螺旋线" 阵列特征示例

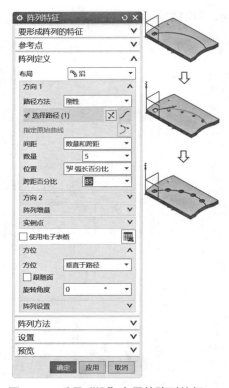

图 5-57 采用 "沿" 布局的阵列特征

### 7. 常规

采用 "常规" 阵列布局时,"阵列定义" 选项组提供的设置内容如图 5-58 所示,此时使用按一个或多个目标点或坐标系定义的位置来定义布局。

### 8. 参考

采用 "参考" 阵列布局时,使用现有阵列的定义来定义布局,"阵列定义" 选项组提供的设置内容如图 5-59 所示。执行 "阵列特征" 工具命令,接着选择要形成阵列的特征并选择 "参考" 布局选项后,选择要参考的阵列,以及选择参考阵列的基本实例手柄以用作阵列的开始位置。

## 5.3.2 阵列面与阵列几何特征

在 NX 12.0 "建模" 应用模块中,使用功能区 "主页" 选项卡的 "特征" 组中的 "更多" → "阵列面" 按钮🎲,可以使用阵列边界、实例方位、旋转和删除等各种选项将一组面复制到许多阵列或布局(线性、圆形、多边形等),然后将它们添加到体。单击 "阵列面" 按钮🎲,弹出如图 5-60 所示的 "阵列面" 对话框,该对话框的内容和之前介绍的 "阵列特征" 对话框的内容相似,

图 5-58　选择"常规"布局时

图 5-59　选择"参考"布局时

图 5-60　"阵列面"对话框

图 5-61　"阵列几何特征"对话框

也就是意味着"阵列面"操作的方法步骤和"阵列特征"操作的方法步骤是类似的，在此不再赘述。只是说明一下，"阵列面"操作主要针对选定的一组面进行阵列操作，而"阵列特征"操作则针对选定的特征等对象进行阵列操作。"阵列面"特别适用于对非参模型（即移除了特征参数的模型）进行修改设计。

在功能区"主页"选项卡的"特征"组中单击"更多"→"阵列几何特征"按钮 ，弹出如图 5-61 所示的"阵列几何特征"对话框，接着选择要形成阵列的对象（几何特征），进行阵列定义以将几何体复制到许多阵列或布局（线性、圆形、多边形等）中，并可设置对应阵列边界、实例方位、旋转和删除的各种选项。具体操作过程也和"阵列特征"类似，这里不再详细介绍。

## 5.3.3 镜像特征

创建镜像特征是指复制特征并根据指定平面进行镜像。创建镜像特征的典型示例如图 5-62 所示。创建镜像特征的方法及步骤简述如下（示例文件为"CH5\jxtz.prt"）。

**1** 在功能区"主页"选项卡的"特征"组中单击"更多"→"镜像特征"按钮 ，弹出如图 5-63 所示的"镜像特征"对话框。

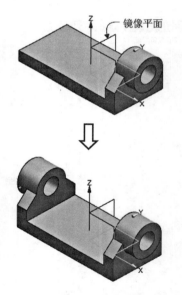

图 5-62　创建镜像特征的典型示例

图 5-63　"镜像特征"对话框

**2** 选择要镜像的特征。可以结合 Ctrl 键在部件导航器中多选几个特征作为要镜像的特征。

**3** 在"镜像平面"选项组中，若从"平面"下拉列表框中选择"现有平面"选项，单击"平面"按钮 并选择所需的平面作为镜像平面，例如在如图 5-62 所示的示例中选择基准坐标系的 YZ 坐标面作为镜像平面。如果当前模型中没有所需的镜像平面，则可以从"平面"下拉列表框中选择"新平面"选项并利用相应的平面创建工具创建新的平面来定义镜像平面。

4 在"镜像特征"对话框中单击"应用"按钮或"确定"按钮，从而完成镜像特征操作。

## 5.3.4 镜像面与镜像几何体

"镜像面""镜像"几何体的操作与镜像特征的类似，下面分别简单介绍。

"镜像面"是指复制一组面并跨平面进行镜像。在功能区"主页"选项卡的"特征"组中单击"更多"→"镜像面"按钮🔯，弹出如图 5-64 所示的"镜像面"对话框，接着选择要镜像的面，可以利用面查找器获得结果面，再指定镜像平面，然后单击"确定"按钮。

"镜像"几何体是指复制几何体并跨平面进行镜像。在功能区"主页"选项卡的"特征"组中单击"更多"→"镜像几何体"按钮🦴，弹出如图 5-65 所示的"镜像几何体"对话框，选择要生成实例的对象（即选择要镜像的几何体），接着指定镜像平面，以及在"设置"选项组中设置是否"关联"和"复制螺纹"等，然后单击"确定"按钮即可。

图 5-64 "镜像面"对话框

图 5-65 "镜像几何体"对话框

## 5.3.5 抽取几何特征

"抽取几何特征"是指为同一部件中的体、面、曲线、点和基准创建关联副本，并可以为体创建关联镜像副本。

要抽取几何特征，则在功能区"主页"选项卡的"特征"组中单击"更多"→"抽取几何特征"按钮🥢，弹出如图 5-66 所示的"抽取几何特征"对话框，在"类型"选项组的下拉列表框中指定抽取几何特征的类型（可供选择的类型有"复合曲线""点""基准""草图""面""面区域""体"

和"镜像体"），接着根据所选类型选择所需的对象并进行相应的参数设置等，然后单击"确定"按钮。

图 5-66　"抽取几何特征"对话框

- 复合曲线：通过复制其他曲线或边来创建曲线，并可以设置复制的曲线与原曲线是否具有关联性，是否隐藏原先的曲线，是否允许自相交等。

- 点：通过选择要复制的点来创建点，并可以设置复制的点与要复制的点是否具有关联性，是否在点之间绘制直线，是否使用父部件的显示属性。

- 基准：通过选择要复制的基准来生成新的基准，可以设置新基准与要复制的原先基准是否具有关联性，是否隐藏原先的基准，是否使用父部件的显示属性等。

- 草图：通过选择抽取的草图特征来产生新的曲线，可以设置"关联""隐藏原先的""使用父对象的显示属性"和"显示参考曲线"这些复选框的状态。

- 面：用于抽取实体表面或片体，生成的抽取表面是一个片体。面选项可以为"单个面""面与相邻面""体的面""面链"，为了选择所需复制的面，设置合适的面选项是很重要的。

- 面区域：在选择的表面集区域中抽取相对于种子面并由边界面限制的片体，其中种子面定义了区域中的起始面，边界面是用来对选择区域进行界定的一个或多个表面，相当于定义终止面。可以设置是否遍历内部边和使用相切边角度。

- 体：对实体或片体进行关联复制，可以设置复制体与要复制的体是否具有关联性，是否隐藏原先的体，是否使用父部件的显示属性等。

- 镜像体：选择要镜像的体和镜像平面来创建镜像体。与"镜像特征"命令不同，镜像体不能以自身的表面作为镜像平面，只能以基准平面作为镜像平面。

　　例如，在"类型"选项组的下拉列表框中选择"面"选项，接着在"面"选项组中指定面选项并定义所需的面，以及在"设置"选项组中指定"关联"复选框、"隐藏原先的"复选框、"不带孔抽取（删除孔）"复选框和"使用父对象的显示属性"复选框、"固定于当前时间戳记"复选框的状态，并指定曲面类型（"与原先相同""三次多项式"或"一般 B 曲面"），然后单击"确定"按钮，从而完成抽取面的操作。通过抽取几何体创建曲线的操作也相似。

# 5.4　偏置 / 缩放特征

偏置 / 缩放特征的主要操作有"抽壳"和"缩放体"，本节分别介绍它们。

## 5.4.1　抽壳

可以通过应用壁厚并打开选定的面修改实体，这就是抽壳操作。抽壳操作参照指定的平面移除一部分材料以形成具有一定厚度的薄壁体，抽壳分两种方式（情况），一种是"移除面，然后抽壳"，另一种则是"对所有面抽壳"。

1. 移除面，然后抽壳

"移除面，然后抽壳"方式需要选取实体的一个面作为开口面，其他表面通过设置的厚度参数形成一个非封闭的有固定厚度的壳体薄壁。操作范例如下。

🔟 打开"CH5\ck.prt"文件，在功能区"主页"选项卡的"特征"组中单击"抽壳"按钮 📦，弹出如图 5-67 所示的"抽壳"对话框。

🔟 从"类型"选项组的下拉列表框中选择"移除面，然后抽壳"选项。

🔟 "要穿透的面"选项组中的"面"按钮 📦 处于被选中的激活状态，在图形窗口中选择如图 5-68 所示的实体面作为要移除的面。

🔟 在"厚度"选项组中设置抽壳的厚度为 3.68mm。

图 5-67　"抽壳"对话框

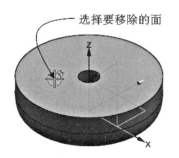

图 5-68　选择要移除的面

📖 知识点拨：

在一些设计场合，如果要为不同的表面设置不同的厚度，需要展开"备选厚度"选项组，从该选项组中单击"抽壳设置"按钮 📦 ，选择要设置不同厚度的实体表面，并设置其厚度值，如图 5-69 所示。要设置其他不同的厚度，则单击"添加新集"按钮 ⊞ ，为新集选择面并设置新厚度值。

**⑤** 在"设置"选项组的"相切边"下拉列表框中选择"相切延伸面"选项，选中"使用补片解析自相交"复选框，接受默认的公差值，单击"确定"按钮，抽壳效果如图 5-70 所示。

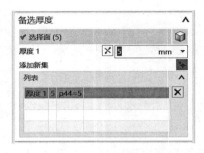

图 5-69　"备选厚度"选项组

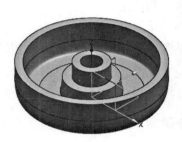

图 5-70　抽壳效果

### 2. 对所有面抽壳

"对所有面抽壳"方式是指按照设定的厚度抽壳实体，使实体形成一个全封闭的有固定厚度的壳体。该方式与"移除面，然后抽壳"的不同之处在于："对所有面抽壳"方式是选取实体直接进行抽壳，"移除面，然后抽壳"方式是选取要移除的面来进行抽壳操作。

在功能区"主页"选项卡的"特征"组中单击"抽壳"按钮 📦 ，弹出"抽壳"对话框，在"类型"下拉列表框中选择"对所有面抽壳"选项，如图 5-71 所示，接着选择要抽壳的体，设置厚度值，必要时可定义备选厚度等，然后单击"确定"或"应用"按钮。抽壳所有面的典型图例如图 5-72 所示。

图 5-71　"对所有面抽壳"选项

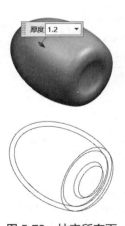

图 5-72　抽壳所有面

## 5.4.2 缩放体

"缩放体"命令用于缩放实体或片体。在功能区"主页"选项卡的"特征"组中单击"更多"→"缩放体"按钮 ，弹出如图 5-73 所示的"缩放体"对话框，在"类型"选项组的下拉列表框中选择"轴对齐""均匀"或"不均匀"选项，选择要缩放的体或片体，接着根据所选类型设置相应的缩放轴、缩放点或缩放 CSYS，并指定比例因子，然后单击"确定"按钮或"应用"按钮，即可完成缩放体操作。

图 5-73 "缩放体"对话框

# 5.5 修剪体

"修剪体"是指使用面或基准平面修剪掉一部分体，即可以利用平面、曲面或基准平面将实体一分为二，保留一侧而切除另一侧的材料。修剪实体后，得到的仍然可以是参数化实体（保留实体创建时的所有参数）。

在功能区"主页"选项卡的"特征"组中单击"修剪体"按钮 ，弹出如图 5-74 所示的"修剪体"对话框。接着选择要修剪的目标体，利用"工具"选项组指定曲面或平面作为修剪的刀具（分"面或平面"和"新建平面"两种方式），修剪刀具面上矢量箭头所指的方向是要移除的部分，可以通过单击"反向"按钮 来指定要移除的部分。修剪体的典型图例如图 5-75 所示。

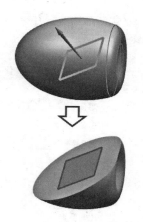

图 5-74　"修剪体"对话框　　　　　　　图 5-75　修剪体的典型图例

# 5.6　组合

本节介绍实体组合的几种方法，包括合并（求和）、减去（求差）、相交（求交）和缝合，其中合并、减去和相交属于布尔运算。

## 5.6.1　合并

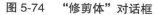

"合并（求和）"是指将两个或多个实体合并为单个实体。在功能区"主页"选项卡的"特征"组中单击"合并"按钮 ，弹出如图 5-76 所示的"合并"对话框，接着选择目标体，再选择工具体，在"设置"选项组中设置是否保持目标和工具，需要时可使用"区域"选项组定义区域，最后单击"确定"或"应用"按钮，即可将所选工具体与目标体合并成一个实体。需要注意的是求和布尔运算的目标体只能有一个，而工具体则可以有多个。

图 5-77 展示了一个长方体和一个圆柱体经过合并（求和）布尔运算，组合成一个单独实体的情形，长方体为目标体，圆柱体为工具体。

图 5-76　"合并"对话框

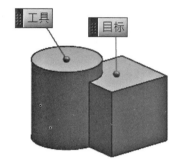

图 5-77　工具体与目标体

## 5.6.2　减去

"减去(求差)"是指从目标实体中减去工具实体,典型示例如图 5-78 所示。在功能区"主页"选项卡的"特征"组中单击"减去"按钮，弹出如图 5-79 所示的"求差"对话框,接着选择一个实体作为目标体(即目标实体),再选择一个或多个实体作为工具体(即工具实体),以及在"设置"选项组中设置是否保存目标和工具,然后单击"确定"或"应用"按钮即可。注意目标实体必须与工具实体相交,否则求差时会出现错误警示信息。

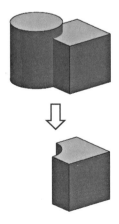

图 5-78　减去示例

图 5-79　"求差"对话框

### 5.6.3 相交

"相交（求交）"用于创建一个包含两个不同实体的共用体积的实体，如图 5-80 所示。在功能区"主页"选项卡的"特征"组中单击"相交"按钮🔧，弹出如图 5-81 所示的"相交"对话框，接着选择一个实体作为目标体，再选择其他实体作为工具体，在"设置"选项组中设置是否保存目标和工具，然后单击"确定"或"应用"按钮。

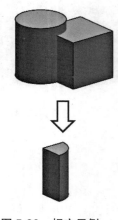

图 5-80　相交示例

图 5-81　"相交"对话框

### 5.6.4 缝合

使用"缝合"命令可以通过将公共边缝合在一起来组合片体，也可以通过缝合公共面来组合实体。

下面以通过缝合公共面来组合实体为例进行介绍。在功能区"主页"选项卡的"特征"组中单击"更多"→"缝合"按钮📖，弹出如图 5-82 所示的"缝合"对话框，从"类型"选组的下拉列表框中选择"实体"选项，在模型窗口中选择目标实体面，接着在"工具面"选项组中单击"面"按钮🔲，选择工具实体面，单击"确定"或"应用"按钮，即可将具有公共面的两个实体缝合成一个实体。

图 5-82　"缝合"对话框

# 5.7 思考与上机练习

（1）请分析"扫掠""沿引导线扫掠""变化扫掠"三者有什么不同？

（2）在什么情况下使用"倒圆腔体"更为方便？

（3）请举例说明阵列特征的几种阵列布局。

（4）使用"抽取几何体"命令可以创建哪些几何要素？

（5）请举例说明抽壳操作的方法步骤。

（6）什么是修剪体操作？

（7）使用"缝合"命令可以进行哪些操作？

（8）上机练习：请按照图 5-83 所示的泵盖零件图信息在 NX 12.0 中建立其三维模型，要求应用"阵列特征""镜像特征""倒斜角""边倒圆"等命令。

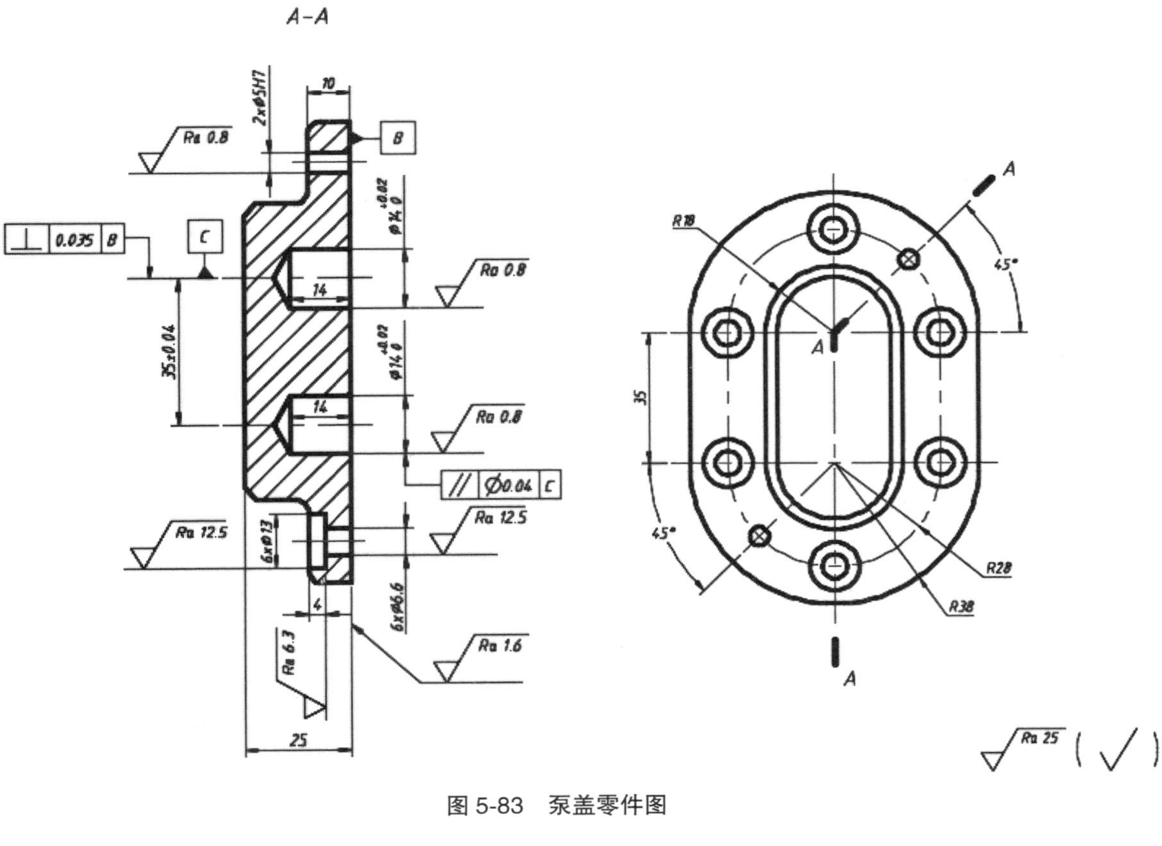

图 5-83 泵盖零件图

# 第6章  特征编辑与同步建模

**本 章 导 读**

NX 12.0 还提供了其他实用的特征编辑与同步建模工具，以便于用户对实体模型进行相关的编辑和处理，尤其同步建模特别适用于对非参模型进行编辑。

本章重点介绍特征编辑与同步建模的实用知识。

## 6.1  特征编辑

本节介绍的特征编辑知识主要包括编辑特征参数、编辑特征尺寸、特征重排序、移动特征、抑制特征与取消抑制特征、可回滚编辑、特征回放、移除参数和编辑实体密度。

### 6.1.1  编辑特征参数

"编辑特征参数"是对特征存在的参数进行重新编辑定义以获得满足设计要求的特征效果。通过编辑处于当前模型状态的特征的参数值来修改模型，而不用将要编辑的特征删除再重新构建，可以大大提高设计效率和建模准确性。

在上边框条中单击"菜单"按钮 菜单(M) ，并从菜单栏中选择"编辑"→"特征"→"编辑参数"命令，弹出如图 6-1 所示的"编辑参数"对话框，接着选择要编辑的特征（既可以在"编辑参数"对话框的特征列表框中选择，也可以在部件导航器中选择），单击"确定"按钮，则系统弹出该特征的创建对话框，在该对话框中对该特征的参数进行编辑。例如，选择"边倒圆（3）"特征，单击"确定"按钮后，弹出"边倒圆"对话框，如图 6-2 所示，从中可对所选边倒圆特征的相关参数进行设置以编辑生成新的边倒圆特征。

图 6-1 "编辑参数"对话框

图 6-2 "边倒圆"对话框

## 6.1.2 编辑特征尺寸

本节介绍如何编辑选定的特征尺寸。其方法是在上边框条中单击"菜单"按钮 菜单(M) ，并选择"编辑"→"特征"→"特征尺寸"命令，弹出如图 6-3 所示的"特征尺寸"对话框，此时"特征"选项组中的"特征"按钮 处于被选中的状态，如果需要，可以展开"相关特征"子选项组，如图 6-4 所示，从中设置"添加相关特征"复选框和"添加体中的所有特征"复选框的状态。

图 6-3 "特征尺寸"对话框

图 6-4 展开"相关特征"子选项组

接着选择要使用特征尺寸进行编辑的特征，则在"尺寸"选项组的尺寸列表中显示所选特征的相关尺寸，如图 6-5 所示。在"尺寸"选项组中单击"尺寸"按钮，则可以在图形窗口中选择要编辑值的尺寸，也可以在"尺寸"选项组的尺寸列表中选择要编辑的一个尺寸值，如图 6-6 所示。

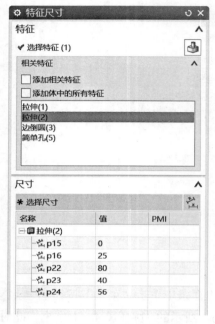

图 6-5  显示所选特征的尺寸

图 6-6  选择要编辑值的尺寸

在对应的尺寸框中输入新的尺寸值，如图 6-7 所示，然后单击"应用"按钮或"确定"按钮，则可以在图形窗口中发现所选特征的尺寸按新值来驱动特征，示例中拉伸的圆柱形特征由高度 25mm 变成了 50mm，编辑此尺寸前和编辑此尺寸后的模型对比效果如图 6-8 所示。

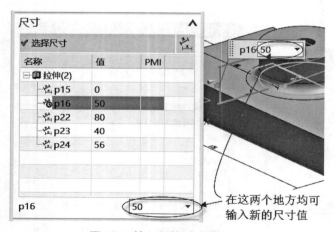

图 6-7  输入新的尺寸值

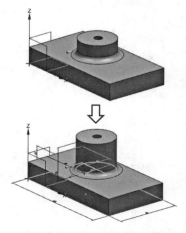

图 6-8  编辑特征尺寸前后效果

## 6.1.3 特征重排序

特征重排序是指更改特征应用到模型时的顺序，这可能会改变模型的形状效果。可以将要编辑的特征重新排序到所选特征之前或之后，特征重排序后，时间戳记会自动更新。当特征之间存在父子关系时，将不能在这些特征间进行重排序操作。

在上边框条中单击"菜单"按钮 菜单(M)▼，并选择"编辑"→"特征"→"重排序"命令，系统弹出如图 6-9 所示的"特征重排序"对话框。在"参考特征"列表框中选择要编辑的参考特征，例如选择"倒斜角（4）"，接着在"选择方法"选项组中选中"之前"单选按钮或"之后"单选按钮，例如选中"之前"单选按钮，则在"重定位特征"列表框中列出在当前设定选择方法情况下的可调整顺序的特征，从中选择一个特征作为重定位特征，例如选择"壳（7）"特征，单击"确定"按钮或"应用"按钮，则将所选特征重新排序到参考特征之前或之后，如图 6-10 所示。特征重排序时要注意相关父项特征的影响。

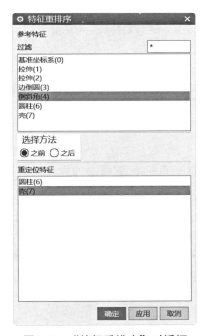

图 6-9 "特征重排序"对话框

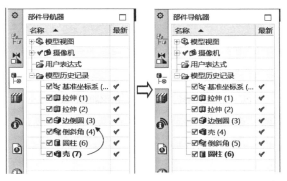

图 6-10 特征重排序图例

## 6.1.4 移动特征

移动特征是指将无关联的特征移动到指定位置，该操作不能对已经存在定位尺寸的特征进行编辑。

在上边框条中单击"菜单"按钮 菜单(M)▾，并选择"编辑"→"特征"→"移动"命令，弹出如图 6-11 所示的"移动特征"对话框（1），该对话框的特征列表框列出了当前模型可移动位置的无关联特征，从中选择要移动编辑的一个无关联特征，单击"确定"按钮，弹出如图 6-12 所示的"移动特征"对话框（2），执行以下操作来移动选定的无关联特征。

图 6-11　"移动特征"对话框（1）

图 6-12　"移动特征"对话框（2）

**1. 使用 DXC、DYC、DZC 增量值移动特征**

DXC、DYC 和 DZC 文本框分别用于设置所选特征沿着 X、Y 和 Z 方向移动的增量值。通过这 3 个方向的增量值移动所选特征。

**2. 至一点**

"至一点"按钮用于将所选特征从原位置按照由参考点到目标点所确定的方向与距离移动。单击该按钮，弹出"点"对话框，选择参考点，再利用"点"对话框选择目标点即可完成移动。

**3. 在两轴间旋转**

"在两轴间旋转"按钮用于将所选特征以一定角度绕着指定点从参考轴旋转到目标轴。单击该按钮，需要利用弹出的"点"对话框定义枢轴点，分别利用弹出的"矢量"对话框指定参考轴和目标轴来完成操作。

**4. 坐标系到坐标系**

"坐标系到坐标系"按钮用于将所选特征从参考坐标中的相对位置旋转到目标坐标系中的同一位置。单击该按钮，利用弹出的"坐标系"对话框分别指定参考坐标系和目标坐标系。

### 6.1.5　抑制特征与取消抑制特征

"抑制特征"是指从模型上临时移除一个特征，但与删除特征明显不同，抑制特征只是将所选特征暂时隐去不显示，与该特征存在关联性的其他特征也会被一同隐去，但相关特征数据仍然存在，用户可以取消抑制特征以恢复正常状态。抑制特征在复杂造型中比较重要，抑制某些特征可以为局部设计带来便利。

要抑制特征，则在上边框条中单击"菜单"按钮 菜单(M)▾，并选择"编辑"→"特征"→"抑制"命令，弹出如图 6-13 所示的"抑制特征"对话框，在特征列表框中选择要抑制的特征，则在"选定的特征"列表框中显示要抑制的该选定特征。如果选中"列出相关对象"复选框，则在"选定的特征"列表框中还将显示出要抑制的选定特征的相关特征，单击"确定"按钮或"应用"按钮，完成特征抑制操作，可将选定特征及其相关特征抑制起来。

要取消抑制特征，则在上边框条中单击"菜单"按钮 菜单(M)▾，并选择"编辑"→"特征"→"取消抑制"命令，弹出"取消抑制特征"对话框，对话框的上列表框列出了所有已抑制的特征，从中选择要取消抑制的特征，则所选特征将显示在"选定的特征"列表框中，如图 6-14 所示，单击"确定"按钮或"应用"按钮，从而取消抑制选定的特征。

图 6-13 "抑制特征"对话框

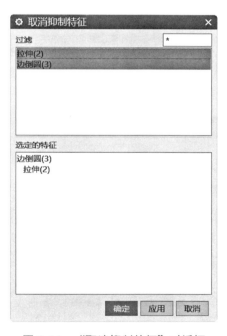

图 6-14 "取消抑制特征"对话框

## 6.1.6 可回滚编辑

可回滚编辑是指回滚到特征之前的模型状态以编辑该特征，这一种较为常用的特征编辑方式。在上边框条中单击"菜单"按钮 菜单(M)▾，并选择"编辑"→"特征"→"可回滚编辑"命令，弹出如图 6-15 所示的"可回滚编辑"对话框，从特征列表框中选择要编辑的特征，单击

"确定"按钮或"应用"按钮，系统弹出所选特征的创建对话框，从中进行参数设置及相应操作即可。例如，之前在"可回滚编辑"对话框的特征列表框中选择"倒斜角"特征，单击"确定"按钮后弹出如图 6-16 所示的"倒斜角"对话框，回滚到该倒斜角特征之前的模型状态，并利用"倒斜角"对话框编辑该特征。

图 6-15　"可回滚编辑"对话框

图 6-16　"倒斜角"对话框

## 6.1.7　特征重播

特征重播（回放）是指按特征逐一审核模型是如何创建的。在上边框条中单击"菜单"按钮 **菜单(M) ▾**，并选择"编辑"→"特征"→"重播"命令，弹出如图 6-17 所示的"特征重播"对话框。在该对话框中可以进行重播控制，调整时间戳记数（对应相关特征建立的步骤），以及设置步骤之间的秒数等。典型示例如图 6-18 所示，示例审核到第 3 个特征创建，该模型一共创建了 6 个特征（不包括基准坐标系）。

图 6-17　"特征重播"对话框（1）

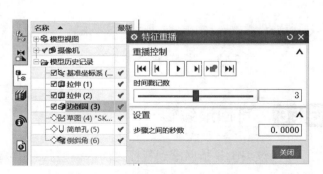

图 6-18　"特征重播"对话框（2）

## 6.1.8 移除参数

移除参数是指从实体或片体移除所有参数，形成一个非关联的体。在上边框条中单击"菜单"按钮 菜单(M) ▾，并选择"编辑"→"特征"→"移除参数"命令，弹出如图 6-19 所示的"移除参数"对话框，接着选择要移除参数的体、曲线或点，单击"确定"按钮或"应用"按钮，系统弹出如图 6-20 所示的"移除参数"对话框，提示此操作将从选定的所有对象上移除参数，并询问是否要继续，单击"是"按钮，确认从选定的所有对象上移除参数；单击"否"按钮，则取消移除参数操作。

图 6-19 "移除参数"对话框（1）

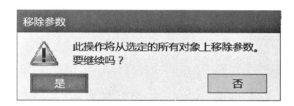

图 6-20 "移除参数"对话框（2）

## 6.1.9 编辑实体密度

可以为一个或多个现有实体编辑其密度或密度单位。在上边框条中单击"菜单"按钮 菜单(M) ▾，并选择"编辑"→"特征"→"实体密度"命令，弹出如图 6-21 所示的"指派实体密度"对话框，选择没有材料属性的实体，在"密度"选项组的"单位"下拉列表框中选择一个密度单位，在"实体密度"文本框中输入一个新值，单击"确定"按钮或"应用"按钮。

图 6-21 "指派实体密度"对话框

# 6.2　同步建模

使用同步建模技术修改模型是很实用和颇具效率的，因为同步建模无须考虑模型的原点、关联性或特征历史记录，要修改的模型可以是从其他 CAD 系统导入的模型，也可以是不包含任何特征的非关联模型，还可以是包含特征的原生 NX 模型。

本节介绍一些同步建模功能，包括偏移面、偏置区域、删除面、拉出面、调整圆角大小和替换面等。

## 6.2.1　移动面

同步建模中的移动面是移动一组面并调整要适应的相邻面。

在功能区"主页"选项卡的"同步建模"组中单击"移动面"按钮，弹出如图 6-22 所示的"移动面"对话框，接着选择要移动的面，可使用面查找器来进一步设定要移动的结果面集；在"变换"选项组的"运动"下拉列表框中选择一个变换选项，并根据该变换选项进行相应的参照和选项参数设置；在"设置"选项组中指定移动行为和溢出行为等，移动行为有"移动和改动""剪切和粘贴"等；单击"确定"或"应用"按钮，即可完成移动面操作。

知识点拨：

"移动行为"下拉列表框中提供了"移动和改动"选项和"剪切和粘贴"选项，它们的功能含义如下。

- 移动和改动：移动一组面并改动相邻面。
- 剪切和粘贴：复制并移动一组面，然后将它们从原始位置删除。

下面是一个操作范例。

1 按 Ctrl+O 快捷键，打开"CH6\tbjm.prt"文件，文件中的原始实体模型如图 6-23 所示。

2 在功能区"主页"选项卡的"同步建模"

图 6-22　"移动面"对话框

组中单击"移动面"按钮 ，弹出"移动面"对话框。

3 在上边框条的"面规则"下拉列表框中选择"凸台面或
腔面"，在图形窗口中单击如图 6-24 所示的实体面以选中整个凸
台面。

4 在"变换"选项组的"运动"下拉列表框中选择"角度"
选项，从"指定矢量"下拉列表框中选择"XC 轴"选项 **XC**，单
击"点构造器"按钮，弹出"点"对话框，在"坐标"选项
组中设置 X=0、Y=0、Z=80，如图 6-25 所示，单击"确定"按钮，
返回到"移动面"对话框。

图 6-23　原始实体模型

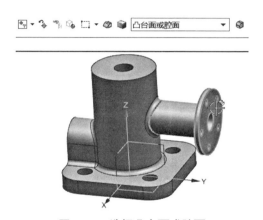

图 6-24　选择凸台面或腔面

图 6-25　指定轴点位置

5 在"变换"选项组的"角度"下拉列表框中输入"30"，在"设置"选项组的"移动行为"
下拉列表框中选择"移动和改动"选项，在"溢出行为"下拉列表框中选择"自动"选项，从
"阶梯面"下拉列表框中选择"无"选项，如图 6-26 所示。

6 单击"应用"按钮，移动面 1 的修改结果如图 6-27 所示。

图 6-26　设置变换角度及其他

图 6-27　移动面 1 修改结果

**7** 确保在"面"选项组中单击选中"面"按钮 ，在选择条的"面规则"下拉列表框中选择"单个面"选项，接着在图形窗口中选择如图 6-28 所示的单个面。

**8** 在"变换"选项组的"运动"下拉列表框中选择"距离"选项，从"指定矢量"下拉列表框中选择"面 / 平面法向"选项 ，再在同样的位置单击步骤 7 所选的单个面，在"距离"下拉列表框中输入移动距离值为 5，如图 6-29 所示。

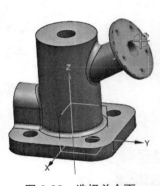

图 6-28　选择单个面

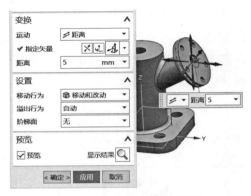

图 6-29　"距离"移动面操作

**9** 单击"确定"按钮，完成移动面 2 操作。

## 6.2.2　偏置区域

使用"偏置区域"命令可以使一组面偏离当前位置，调节相邻圆角面以适应。下面以范例形式介绍如何通过"偏置区域"命令来修改模型。

**1** 在功能区"主页"选项卡的"同步建模"组中单击"偏置区域"按钮 ，弹出如图 6-30 所示的"偏置区域"对话框。

**2** 在选择条的"面规则"下拉列表框中选择"单个面"选项，在模型中单击如图 6-31 所示的实体面作为要偏置的面。

图 6-30　"偏置区域"对话框

图 6-31　选择要偏置的面

**3** 在"偏置"选项组的"距离"下拉列表框中输入"2"，在"设置"选项组的"溢出行为"下拉列表框中选择"自动"选项，如图 6-32 所示。

**4** 此时，预览效果如图 6-33 所示，单击"确定"按钮。

图 6-32 设置偏置距离和溢出行为

图 6-33 预览效果

## 6.2.3 删除面

同步建模中的删除面是指从实体中删除一个或一组面，并调整要适应的其他面。要删除面，则在功能区"主页"选项卡的"同步建模"组中单击"删除面"按钮，弹出如图 6-34 所示的"删除面"对话框，删除面的类型有 4 种，即"面""圆角""孔""圆角大小"。"面"类型用于删除选定的任何面集合，可设置截断面（由截断选项定义）等；"圆角"类型用于删除恒定半径倒圆、凹口倒圆、陡峭倒圆和半径不恒定的倒圆面；"孔"类型用于删除指定大小的孔面，选择"孔"类型时，选择要删除的孔所在的面，此时可设置按尺寸选择孔；"圆角大小"类型用于删除指定大小

图 6-34 "删除面"对话框

的恒定半径倒圆，选择"圆角大小"类型时，选择要删除的圆角面，可通过设置圆角大小限定圆角的选择范围。下面介绍一个删除面的典型操作范例。

**1** 在功能区"主页"选项卡的"同步建模"组中单击"删除面"按钮🥄，弹出"删除面"对话框。

**2** 在"类型"选项组的下拉列表框中选择"面"选项，在"设置"选项组中选中"修复"复选框，如图 6-35 所示。

**3** 在选择条的"面规则"下拉列表框中选择"单个面"选项，选择如图 6-36 所示的两个面。

图 6-35　"删除面"对话框

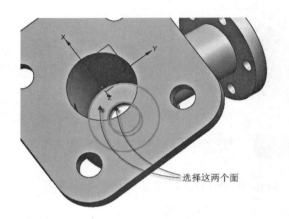

图 6-36　选择两个面

**4** 单击"确定"按钮，删除选定面的结果如图 6-37 所示。

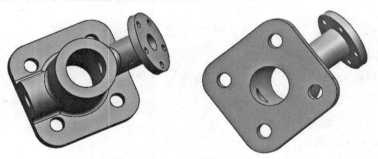

图 6-37　删除选定面的结果

## 6.2.4　拉出面

同步建模中"拉出面"是指从模型中抽取面以添加材料，或将面抽取到模型中以减去材料。

在功能区"主页"选项卡的"同步建模"组中单击"更多"→"拉出面"按钮🧊，弹出如图 6-38 所示的"拉出面"对话框，选择要拉出的面，并在"变换"选项组的"运动"下拉列表框中指定一种运动方式，再根据其设置相应的拉出参数，然后单击"确定"按钮即可完成拉出面操作。

图 6-38 "拉出面"对话框

拉出面的运动方式有以下 4 种。

● 距离：按沿某一矢量的距离来定义运动。需要指定矢量和距离值。

● 点之间的距离：按原点与沿某一轴的测量点之间的距离来定义运动。需要分别指定原点、测量点和矢量，以及设置距离值。

● 径向距离：按测量点与某一轴之间的距离来定义运动，该距离是垂直于轴而测量的。需要分别指定矢量、轴点和测量点，并设置距离值。

● 点到点：按一点到另一点的变换来定义运动。需要分别指定出发点和终止点。

操作范例如下。

🈁 在功能区"主页"选项卡的"同步建模"组中单击"更多"→"拉出面"按钮🈁，弹出"拉出面"对话框。

🈁 "面"选项组中的"面"按钮🈁处于被选中的状态，从选择条的"面规则"下拉列表框中选择"区域边界面"选项，在模型中单击选择如图 6-39 所示的面。

🈁 在"变换"选项组的"运动"下拉列表框中选择"距离"选项，设置"距离"为 5。

🈁 此时拉出面预览效果如图 6-40 所示，单击"确定"按钮。

图 6-39 选择要拉出的面

图 6-40 拉出面的预览效果

### 6.2.5 调整圆角大小

同步建模技术中的"调整圆角大小"命令用于更改圆角面的大小，而不考虑它的特征历史记录。在功能区"主页"选项卡的"同步建模"组中单击"更多"→"调整圆角大小"按钮🔩，弹出如图 6-41 所示的"调整圆角大小"对话框，选择要调整大小的圆角（配合"面规则"选项来选择圆角面），再设置新的半径值，单击"确定"或"应用"按钮即可。

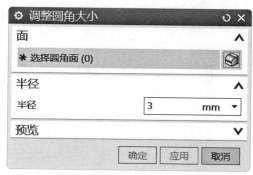

图 6-41 "调整圆角大小"对话框

操作范例如下。

**1** 在功能区"主页"选项卡的"同步建模"组中单击"更多"→"调整圆角大小"按钮🔩，弹出"调整圆角大小"对话框。

**2** 面规则为"相连圆角面"，选择如图 6-42 所示的圆角面，此时系统会显示所选圆角面的当前半径值。

**3** 在"半径"选项组的"半径"下拉列表框中设置新的圆角半径，例如 3。

**4** 单击"应用"按钮。

**5** 再选择另一个圆角面，将该圆角面的半径也更改为 3，如图 6-43 所示，单击"确定"按钮。

图 6-42 选择要编辑的圆角面

图 6-43 修改另一个圆角半径

## 6.2.6 替换面

替换面是指将一组面替换为另一组面。其操作方法较为简单，即在功能区"主页"选项卡的"同步建模"组中单击"替换面"按钮，弹出如图6-44所示的"替换面"对话框，接着分别选择要替换的面（原始面）和替换面，对于替换面，可以根据设计要求设置其偏置距离和法向方向，并在"设置"选项组中设置溢出行为和自由边投影选项，然后单击"确定"按钮或"应用"按钮即可。

溢出行为已经多次被提及，在这里介绍溢出行为的4个选项（以针对替换面为例）。

图6-44 "替换面"对话框

● 自动：延伸修改的面或固定面，具体取决于哪种面对体积或面积的更改较小。
● 延伸更改面：延伸正在修改的面以形成与模型的全相交。
● 延伸固定面：延伸与正在修改的面相交的固定面。
● 延伸端盖面：延伸已修改的面并在其越过某边时加端盖。

## 6.2.7 关联

同步建模的关联工具主要包括"线性尺寸"按钮、"角度尺寸"按钮、"径向尺寸"按钮、"设为共面"按钮、"设为共轴"按钮、"设为相切"按钮、"设为对称"按钮、"设为平行"按钮、"设为垂直"按钮、"设为偏置"按钮、"组合面"按钮和"编辑横截面"按钮，它们的功能含义如表6-1所示。

表6-1 同步建模的关联工具一览表

| 序号 | 命令名称 | 按钮 | 功能含义 |
|---|---|---|---|
| 1 | 线性尺寸 | | 移动一组面，方法是添加线性尺寸并更改其值 |
| 2 | 角度尺寸 | | 移动一组面，方法是添加角度尺寸并更改其值 |
| 3 | 径向尺寸 | | 移动一组面，方法是添加径向尺寸并更改其值 |
| 4 | 设为共面 | | 修改一个平的面，以与另一个面共面 |
| 5 | 设为共轴 | | 修改一个圆柱或锥面，以与另一个圆柱或锥面共轴 |
| 6 | 设为相切 | | 修改一个面，以与另一个面相切 |
| 7 | 设为对称 | | 修改一个面，以与另一个面对称 |

| 序号 | 命令名称 | 按钮 | 功能含义 |
|------|----------|------|----------|
| 8 | 设为平行 | | 修改一个平的面，以与另一个面平行 |
| 9 | 设为垂直 | | 修改一个平的面，以与另一个面垂直 |
| 10 | 设为偏置 | | 修改某个面，使之从另一个面偏置 |
| 11 | 组合面 | | 将多个面收集为一个组 |
| 12 | 编辑横截面 | | 与一个面集和一个平面相交，然后通过修改截面曲线来修改模型 |

下面以使用同步建模的"线性尺寸"按钮为例，介绍如何修改模型。

**1** 按 Ctrl+O 快捷键，打开"CH6\tbjm.prt"文件，文件中的原始实体模型如图 6-45 所示。

**2** 在功能区"主页"选项卡的"同步建模"组中单击"更多"→"线性尺寸"按钮，弹出如图 6-46 所示的"线性尺寸"对话框。

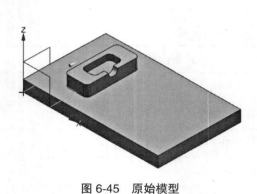

图 6-45　原始模型

图 6-46　"线性尺寸"对话框

**3** "原点"选项组中的"原点对象"按钮处于被选中的状态，此时选择尺寸标注的原点或基准平面。在本例中，选择如图 6-47 所示的一条边线。

4 在"测量"选项组中单击"测量对象"按钮，此时系统提示选择尺寸标注的测量点，单击如图 6-48 所示的边线。

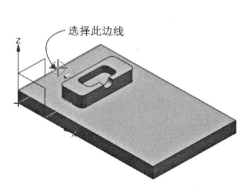

图 6-47 选择原始对象

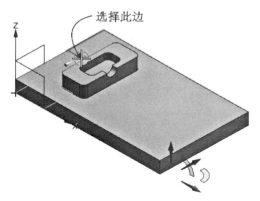

图 6-48 指定测量对象

5 在"线性尺寸"对话框中展开"方位"选项组，进行如图 6-49 所示的设置。

6 确保"位置"选项组中的"指定位置"按钮处于被选中的状态，在图形窗口中指定一点以放置尺寸，如图 6-50 所示。

图 6-49 在"方位"选项组中进行设置

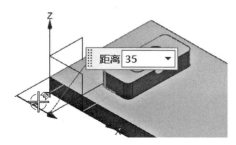

图 6-50 指定尺寸放置位置

7 在"要移动的面"选项组中确保此时"面"按钮处于被选中的状态，在位于上边框的选择条的"面规则"下拉列表框中选择"凸台面或腔面"选项，接着在模型中单击如图 6-51 所示的一个面或此凸台面上的其他任意一个面，从而选中这个凸台面作为要移动的面。在实际操作中，也经常使用"要移动的面"选项组中的"面查找器"子选项组来查找要移动的面。

8 在"距离"选项组的"距离"下拉列表框中修改此距离值，默认为 35，本例中距离值为 100，如图 6-52 所示。

图 6-51　指定要移动的面

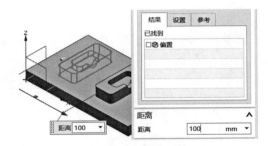

图 6-52　修改距离值

**9** 在"设置"选项组的"溢出行为"下拉列表框中选择所需的选项，如图 6-53 所示，例如默认选择"自动"选项。

**10** 单击"确定"按钮，完成此同步建模修改后的模型效果如图 6-54 所示。

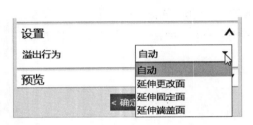

图 6-53　指定溢出行为为"自动"

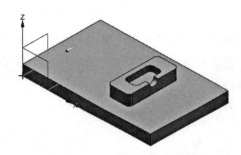

图 6-54　修改后的模型效果

# 6.3　思考与上机练习

（1）特征重排序是否会影响模型的最终效果？可举例说明。

（2）在什么情况下需要抑制特征？如何取消抑制特征？

（3）什么是可回滚编辑？

（4）如何移除参数？

（5）在什么情况下需要使用同步建模技术？

（6）上机练习：请自行设计一个典型的机械零件，然后移除其参数，再练习使用相关的同步建模命令修改该机械零件。

# 第7章 曲面设计

**本章导读**

NX 12.0 具有强大的曲面设计功能，利用这些功能可以轻而易举地设计出很多赏心悦目的具有优美曲面的产品造型。本章主要介绍创建曲面、曲面操作和曲面编辑等方面的实用知识。

## 7.1 曲面设计知识点概述

曲面设计能力是评估产品设计师的一个重要指标，因此本章介绍的曲面设计知识需要初学者认真细致地学习，并要求通过大量上机操练加以提升。

在 NX 中，很多实体命令也可以用于创建曲面片体，这需要在命令（如"拉伸""旋转""扫掠"等命令）执行过程中将体类型设置为"片体"而非"实体"，典型示例如图 7-1 所示，该图为创建拉伸曲面片体的图例。在前面 4.2 节中介绍过此类命令，本节不再赘述。

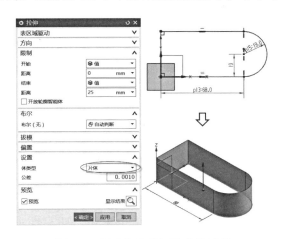

图 7-1　创建拉伸曲面片体的示例

在 NX 12.0 建模模块功能区的"曲面"选项卡中，提供了用于曲面设计的一系列工具命令，如图 7-2 所示，主要分为 3 组，分别为"曲面"组、"曲面操作"组和"编辑曲面"组。

图 7-2　建模模块功能区的"曲面"选项卡

- "曲面"组：该组提供的工具命令包括"NX 创意塑型""艺术曲面""通过曲线网格""通过曲线组""扫掠""规律延伸""面倒圆""美学面倒圆""样式倒圆""桥接""倒圆拐角""边倒圆""样式拐角""拟合曲面""过渡""有界平面""填充曲面""条带构建器""修补开口""直纹""N 边曲面""延伸曲面""轮廓线弯边""面对""用户定义""偏置""拉伸""旋转""样式扫掠""截面曲面""变化扫掠""沿引导线扫掠""管""扫掠体"等。
- "曲面操作"组：该组工具命令有"抽取几何体""偏置曲面""修剪片体""修剪体""修剪和延伸""延伸片体""剪断曲面""缝合""修补""加厚""取消缝合""凸起""组合""拆分体""取消修剪""分割面""删除边""抽壳""缩放体""变距偏置面"等。
- "编辑曲面"组：该组工具命令包括"X 型""I 型""匹配边""边对称""扩大""整体变形""整修面""编辑 U/V 向""展平和成形""全局变形""剪断为补片""局部取消修剪和延伸""光顺极点""法向反向"等。

下面分别介绍其中一些常用的工具命令。

# 7.2　创建曲面

能用于创建曲面的工具命令很多，像之前介绍过的"拉伸""旋转""扫掠""变化扫掠""沿引导线扫掠""管"等都能用于创建曲面，还有本节介绍的"四点曲面""填充曲面""拟合曲面""直纹面""通过曲线组""通过曲线网格""剖切曲面""艺术曲面""N 边曲面""规律延伸""NX 创意塑型"等。

## 7.2.1　四点曲面

"四点曲面"是指通过指定 4 个拐角来创建的曲面。

创建四点曲面的方法如下。

**1** 在功能区"曲面"选项卡的"曲面"组中单击"四点曲面"按钮 ▱，弹出如图 7-3 所示的"四点曲面"对话框。

2 分别指定点 1、点 2、点 3 和点 4。既可以利用对应"点"下拉列表框中提供的点工具( 如 "自动判断的点" 、"光标位置" 、"现有点" 、"端点" 、"控制点" 、"交点" 、"圆 弧中心 / 椭圆中心 / 球心" 、"象限点" 、"曲线 / 边上的点" 、"面上的点" 、"样条极 点" 或"样条定义点" ) 来指定相应点,也可以单击相应的"点构造器"按钮 ,利用弹 出的"点"对话框来指定所需的点,如图 7-4 所示。

图 7-3 "四点曲面"对话框

图 7-4 "点"对话框

3 指定好所需的 4 个点后,单击"应用"或"确定"按钮,创建所需的四点曲面。典型示 例如图 7-5 所示,图中给出了 4 个点的坐标。

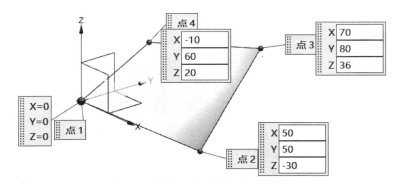

图 7-5 创建四点曲面的典型示例

## 7.2.2 填充曲面

用户可以根据一组边界曲线和边创建曲面,其方法是在功能区"曲面"选项卡的"曲面" 组中单击"填充曲面"按钮 ,弹出如图 7-6 所示的"填充曲面"对话框,接着选择所需的曲 线链作为边界,所选曲线将显示在"边界"选项组的"曲线"列表中,在"形状控制"选项组 的"方法"下拉列表框中选择"无""充满""拟合至曲线"或"拟合至小平面体"选项,并进 行相应的设置和操作,在"设置"选项组中指定默认边连续性选项、G0 公差等,最后单击"应用"或"确定"按钮。

下面是一个创建填充曲面的典型范例。

**1** 按 Ctrl+O 快捷键，弹出"打开"对话框，选择"CH7\tcqm.prt"文件，单击 OK 按钮，此文件中已有曲线如图 7-7 所示。

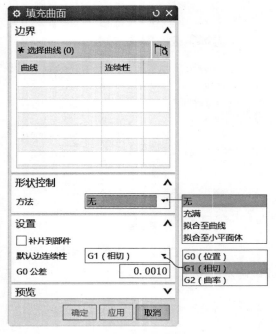

图 7-6 "填充曲面"对话框

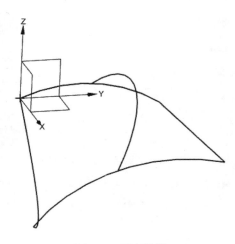

图 7-7 已有曲线

**2** 在功能区"曲面"选项卡的"曲面"组中单击"填充曲面"按钮 ◆，弹出"填充曲面"对话框。

**3** 在图形窗口中分别选择如图 7-8 所示的 4 条曲线，并在"形状控制"选项组的"方法"下拉列表框中先选择"无"选项以观察此时填充曲面的预览效果。

**4** 在"形状控制"选项组的"方法"下拉列表框中选择"拟合至曲线"选项，接着在图形窗口中选择如图 7-9 所示的一条曲线，以将曲面拟合至此条曲线。

**5** 在"设置"选项组中接受默认的选项和参数设置，单击"确定"按钮，结果如图 7-10 所示。

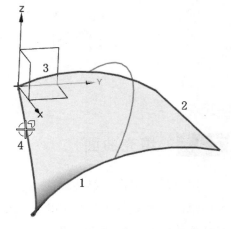

图 7-8 "四点曲面"对话框

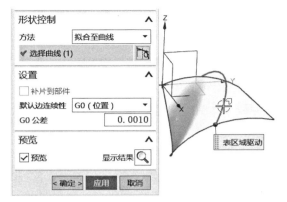

图 7-9　拟合至曲线

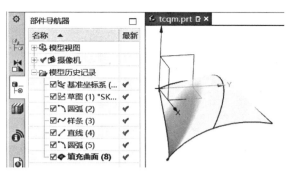

图 7-10　完成创建一个填充曲面

## 7.2.3　拟合曲面

在功能区"曲面"选项卡的"曲面"组中单击"更多"→"拟合曲面"按钮 ，弹出"拟合曲面"对话框，如图 7-11 所示，接着指定拟合曲面的类型和拟合目标，进行相应的参数设置，可以通过将自由曲面、平面、球、圆柱或圆锥拟合到指定的数据点或小平面体来创建它们。

图 7-11　"拟合曲面"对话框

拟合曲面的类型有"拟合自由曲面""拟合平面""拟合球""拟合圆柱""拟合圆锥"。选择不同的类型选项，需要设置的拟合参数是不同的。

## 7.2.4　直纹面

直纹面是指通过两个截面线串创建的一类网格曲面，每个截面线串由一个或多个连续的曲

线或边缘组成。要创建直纹面,可以在功能区"曲面"选项卡的"曲面"组中单击"更多"→
"直纹"按钮◢,弹出如图7-12所示的"直纹"对话框,接着分别指定截面线串1和截面线串
2,并利用"对齐"选项组来设定控制截面线串之间的对齐方法,在"设置"选项组中设置体
类型为"片体"或"实体",并设置相应的位置公差。截面线串1既可以是曲线链也可以是一个
点,而截面线串2必须是曲线,在选择截面线串1和截面线串2时,要注意指定它们各自的起点
方向。

**知识点拨:**

"对齐"选项组的"对齐"下拉列表框中提供了"参数""弧长""根据点""距离""角度""脊
线"和"可扩展"这几个对齐方法选项,它们的功能含义如下。

● 参数:按等参数间隔沿截面对齐等参数曲线。

● 弧长:按等弧长间隔沿截面对齐等参数曲线。

● 根据点:按截面间的指定点对齐等参数曲线,可以添加、删除和移动点来优化曲面形状。

● 距离:按指定方向的等距离沿每个截面对齐等参数曲线。

● 角度:按相等角度绕指定的轴线对齐等参数曲线。

● 脊线:按选定截面与垂直于选定脊线的平面的交线来对齐等参数曲线。

● 可扩展:沿可扩展曲面的划线对齐等参数曲线。选择此对齐方法时,可根据需要分别
  设置"起始加注口曲面类型"和"终止加注口曲面类型",它们的可选项包括"无加
  注口""广义圆锥""广义圆柱"和"外推和修剪"。

创建直纹面的典型示例如图7-13所示,该示例的操作步骤如下。

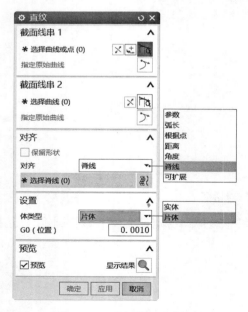

图 7-12 "直纹"对话框

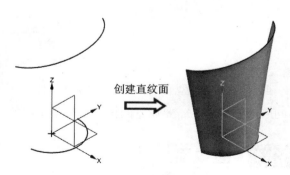

创建直纹面

图 7-13 创建直纹面的典型示例

**1** 按 Ctrl+O 快捷键，弹出"打开"对话框，打开"CH7\ 直纹 .prt"文件，单击 OK 按钮，此文件中已经提供好所需的原始曲线。

**2** 在功能区"曲面"选项卡的"曲面"组中单击"更多"→"直纹"按钮 🔽，打开"直纹"对话框。

**3** "截面线串 1"选项组中的"截面 1"按钮 🔳此时处于被选中的状态，在图形窗口中选择如图 7-14 所示的曲线作为截面线串 1。系统根据曲线选择位置提供了曲线默认的起点方向，如果要更改曲线的起点方向，可以单击"反向"按钮 🗙。

**4** 在"截面线串 2"选项组中单击"截面 2"按钮 🔳，在图形窗口中选择如图 7-15 所示的曲线作为截面线串 2，注意其起点方向务必要与截面线串 1 的起点方向相一致，否则无法生成所需要的直纹结果。

**操作技巧**：在选择截面线串 1 后，用户也可以通过单击鼠标中键快速切换至下一个操作状态（这里指截面线串 2 的选择状态）。

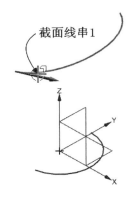

图 7-14 选择截面线串 1

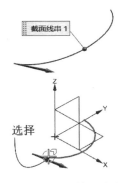

图 7-15 选择截面线串 2

**5** 在"对齐"选项组中取消选中"保留形状"复选框，从"对齐"下拉列表框中选择"参数"选项，在"设置"选项组的"体类型"下拉列表框中选择"片体"选项，设置 G0（位置）公差为 0.001。

**6** 在"直纹"对话框中单击"确定"按钮。

## 7.2.5 通过曲线组

在功能区"曲面"选项卡的"曲面"组中单击"通过曲线组"按钮 🔽，弹出如图 7-16 所示的"通过曲线组"对话框，利用该对话框可以通过多个截面创建体（例如创建曲面片体），此时直纹形状改变以穿过各截面。下面介绍"通过曲线组"对话框各选项组的功能。

### 1."截面"选项组

"截面"选项组用于指定所需的若干个截面。当"截面"选项组的"曲线"按钮 🔳处于选中

**UG NX 12.0** 中文版完全自学手册

状态时，NX 提示选择要剖切的曲线或点，此时在图形窗口中选择一条截面线串或点来定义截面 1，名称"截面 1"将显示在"截面"选项组的"列表"子选项组中。如果截面 1 由截面线串构成，那么图形窗口中该截面线串的近端会出现一个箭头表示曲线的起点方向，若要改变曲线的起点箭头方向，可以单击"反向"按钮。指定好截面 1 后，单击鼠标中键或者单击"添加新集"按钮，即可选择所选曲线或点来定义截面 2（如果是截面线串，则需要确保截面线串的起点箭头方向是满足当前设计要求的），以此类推，可以继续定义其他截面，所定义的截面按顺序显示在"截面"选项组的"列表"子选项组中，如图 7-17 所示。在"截面"选项组的"列表"子选项组中选择其中一个截面后，可以单击"移除"按钮将其从列表中移除，还可单击"上移"按钮或"下移"按钮改变截面选择的先后顺序。

图 7-16　"通过曲线组"对话框

图 7-17　"截面"选项组

2."连续性"选项组

"连续性"选项组主要用于定义创建的曲面与用户指定的体边界（第一个截面和最后一个截面）之间的过渡方式，即曲面的连续性方式，如图 7-18 所示。曲面的连续性方式主要有位置（G0）连续过渡、相切（G1）连续过渡和曲率（G2）连续过渡，而流向方式有"未指定""等参数"和"垂直"。"未指定"流向方式指曲面的等参数方向不受任何特定方向的约束，"等参数"流向方式约定曲面的等参数方向遵循输入曲面的等参数方向，"垂直"流向方式设定曲面的等参数方向垂直

222222

2222222222222

- 198 -

于输入曲线或边。

第一个截面和最后一个截面处的连续性方式可以是一样的（全部应用），也可以是不一样的。

3. "对齐"选项组

"对齐"选项组提供了"保留形状"复选框和一个"对齐"下拉列表框，如图7-19所示。这里介绍"对齐"下拉列表框各选项的功能含义。

图7-18 "连续性"选项组

图7-19 "对齐"选项组

- 参数：按等参数间隔沿截面对齐等参数曲线。

- 弧长：按等弧长间隔沿截面对齐等参数曲线。

- 根据点：按截面间的指定点对齐等参数曲线，可以添加、删除和移动点来优化曲面形状。

- 距离：按指定方向的等距离沿每个截面对齐等参数曲线。

- 角度：按相等角度绕指定的轴线对齐等参数曲线。

- 脊线：按选定截面与垂直于选定脊线的平面的交线来对齐等参数曲线。

- 根据段：按相等间隔沿截面的每个曲线段对齐等参数曲线。

4. "输出曲面选项"选项组

"输出曲面选项"选项组用于设置补片类型、构造选项及一些辅助选项，如图7-20所示。当从"补片类型"下拉列表框中选择"单侧"或"匹配线串"选项时，"V向封闭"复选框和"垂直于终止截面"复选框不可用。在"构造"下拉列表框中选择"法向""样条点"或"简单"选项，以定义曲面的构造方法。

图7-20 "输出曲面选项"选项组

- 法向：按照常规方法构造曲面，这种方法构造的曲面补片较多。

- 样条点：按照样条点来构造曲面，这种方法产生的补片较少。

- 简单：采用简单构造曲面的方法生成曲面，这种方法产生的补片也相对较少。

### 5."设置"选项组

在"设置"选项组中设置体类型为"片体"或"实体",还可以对截面和放样的重新构建方式进行设置等,如图 7-21 所示。

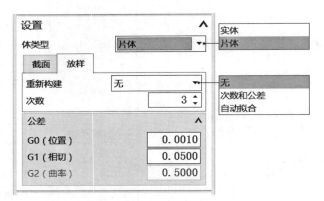

图 7-21 "设置"选项组

通过曲线组创建曲面的典型示例如图 7-22 所示,此示例选择了 4 组曲线来创建曲面。练习文件为"CH7\ 通过曲线组 .prt",读者可以打开此文件,练习使用"通过曲线组"按钮 🌊 创建曲面。

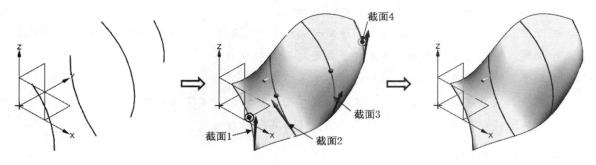

图 7-22 通过曲线组创建曲面

## 7.2.6 通过曲线网格

在功能区"曲面"选项卡的"曲面"组中单击"通过曲线网格"按钮 🌐,弹出如图 7-23 所示的"通过曲线网格"对话框,利用该对话框指定一个方向上的截面网格曲线(称为主曲线)和另一个方向上的交叉曲线(作为引导线)来创建体(实体或片体),此时直纹形状匹配曲线网格。通过曲线网格创建曲面片体的典型示例如图 7-24 所示,在该例中,曲线 1 和曲线 2 分别作为两条主曲线,曲线 3、曲线 4、曲线 5 和曲线 6 则分别作为 4 条交叉曲线,读者需要注意各条曲线的起点箭头方向。

图 7-23 "通过曲线网格"对话框

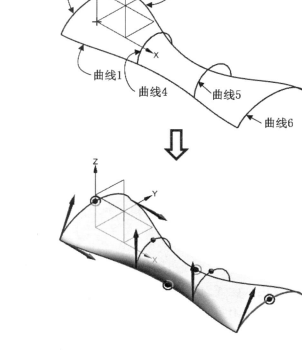

图 7-24 通过曲线网格创建曲面片体的示例

下面介绍"通过曲线网格"对话框各选项组的功能含义。

1."主曲线"选项组

"主曲线"选项组用于选择主曲线。在该选项组中单击"曲线"按钮 ，接着可以在图形窗口中选择一条曲线作为主曲线，此时该曲线在图形窗口中高亮显示，并且在曲线的一端显示一个指示曲线方向的箭头。如果用户对默认的曲线方向不满意，可以单击"反向"按钮 切换。选择一条主曲线后，单击鼠标中键或者单击"添加新集"按钮 ，可以继续添加另一条主曲线。所选定的主曲线显示在"主曲线"选项组的"列表"子选项组中，可以对指定的主曲线进行移除、顺序调整操作。实际操作时为了便于选到合适的曲线段作为主曲线，通常要根据设计情况在"选择条"工具栏中指定合适的曲线选择规则。

对于主曲线，用户可以通过单击位于"曲线"按钮 左侧（前面）的"点构造器"按钮 ，在图形窗口中指定一个点作为第一条主曲线或最后一条主曲线。

### 2."交叉曲线"选项组

"交叉曲线"选项组用于选择交叉曲线。完成主曲线的选择操作后，在"交叉曲线"选项组中单击"曲线"按钮，接着在图形窗口中选择一条曲线作为交叉曲线1，单击鼠标中键或单击"添加新集"按钮，继续添加另外的交叉曲线，注意各交叉曲线的起点方向要符合实际设计要求。有关交叉曲线的移除、顺序调整和主曲线的相关操作是一样的。

### 3."连续性"选项组

在"连续性"选项组中分别指定第一主线串、最后主线串、第一交叉线串、最后交叉线串的连续过渡选项如"G0（位置）""G1（相切）"或"G2（曲率）"。如果在"连续性"选项组中选中"全部应用"复选框，则设置"第一主线串""最后主线串""第一交叉线串"和"最后交叉线串"4个下拉列表框中的连续过渡选项都相同。当连续过渡选项为"G1（相切）"或"G2（曲率）"时，还需要通过结合"面"按钮 来选择要约束的所需面，如图7-25所示。

● G0（位置）：使用位置连续。

● G1（相切）：约束新的片体相切到一个面或一组面。

● G2（曲率）：约束新的片体与一个面或一组面相切并曲率连续。建立此约束时，它们在新片体的切线方向上匹配相切和法向曲率。

### 4."输出曲面选项"选项组

"输出曲面选项"选项组提供"着重"和"构造"下拉列表框，如图7-26所示。其中，"着重"下拉列表框用来设置创建的曲面更靠近哪一组截面线串，可供选择的选项有"两者皆是""主线串"和"交叉线串"。"两者皆是"选项用于设置创建的曲面既靠近主曲线也靠近交叉曲线，这样创建的曲面一般会在主曲线和交叉曲线之间通过；"主线串"选项用于设置创建的曲面靠近主曲线，即尽可能通过主曲线；"交叉线串"选项用于设置创建的曲面靠近交叉曲线，即创建的曲面尽可能通过交叉曲线。而"构造"下拉列表框提供"法向""样条点"和"简单"3种构造选项供用户选择，这3个构造选项的功能含义在7.2.5节已有介绍，此处不再赘述。

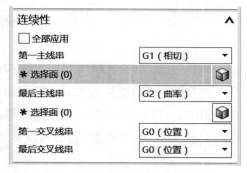

图7-25 "连续性"选项组

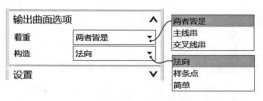

图7-26 "输出曲面选项"选项组

**5.“设置”选项组**

在“设置”选项组中设置体类型为实体或是片体，以及为主线串和交叉线串设置重新构建选项和相应的公差，如交点公差、G0（位置）公差、G1（相切）公差或 G2（曲率）公差等。

**6.“预览”选项组**

在该选项组中选中“预览”复选框时，可以在图形窗口中预览到将要创建的曲面效果；单击“显示结果”按钮，则可以观察操作结果，再单击出现的“撤销结果”按钮，则可以撤销操作结果并返回到参数设置状态。

下面介绍一个使用“通过曲线网格”命令创建曲面的范例，如图 7-24 所示。

**1** 按 Ctrl+O 快捷键弹出“打开”对话框，打开“CH7\ 通过曲线网格 .prt”文件，文件中已有的曲线如图 7-27 所示。

**2** 在功能区“曲面”选项卡的“曲面”组中单击“通过曲线网格”按钮，弹出“通过曲线网格”对话框。

**3** 此时，“主曲线”选项组中的“曲线”按钮处于被选中的状态，在“选择条”工具栏的“曲线规则”下拉列表框中选择“单条曲线”选项，在图形窗口中选择如图 7-28 所示的曲线 1，单击鼠标中键，接着选择曲线 2，从而指定两条主曲线。

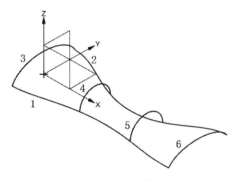

图 7-27　已有曲线

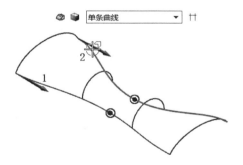

图 7-28　分别选择两条相切曲线作为主曲线

**4** 在“交叉曲线”选项组中单击“曲线”按钮，并确保曲线规则为“单条曲线”，在图形窗口中选择曲线 3 作为交叉曲线 1，单击鼠标中键；接着选择曲线 4 作为交叉曲线 2 并单击鼠标中键；再选择曲线 5 作为交叉曲线 3 并单击鼠标中键；然后选择曲线 6 作为交叉曲线 4 并单击鼠标中键，注意各交叉曲线的起点方向要一致，如图 7-29 所示。

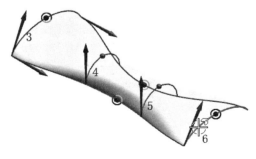

图 7-29　指定交叉曲线

⑤ 在"设置"选项组的"体类型"下拉列表框中选择"片体"选项，接着在"公差"子选项组中设置"交点"公差值为 0.001，G0（位置）公差值为 0.001，G1（相切）公差值为 0.05。

⑥ 在"连续性"选项组中将第一主线串、最后主线串、第一交叉线串和最后交叉线串的连续性选项均设置为"G0（位置）"。接着展开"输出曲面选项"选项组，从"着重"下拉列表框中选择"两者皆是"选项，在"构造"下拉列表框中选择"法向"选项。

⑦ 单击"确定"按钮，创建的网格曲面如图 7-30 所示。

图 7-30　创建的网格曲面

## 7.2.7　截面曲面

截面曲面，也常被称为"剖切曲面"，它的设计思想是用二次曲线构造技法定义的截面创建具有一定规律和特征的曲面。截面曲面涉及起始引导线、肩曲线、终止引导线、斜率、Rho 值、顶线和脊线等术语和基本概念。其中，Rho 是控制二次曲线的一个重要参数，它控制了截面线的弯曲程度，即 Rho 值越大，截面线的弯曲程度就越大；顶线是截面线在肩点处的切线。

在功能区"曲面"选项卡的"曲面"组中单击"更多"→"截面曲面"按钮，打开如图 7-31 所示的"截面曲面"对话框，接着从"类型"选项组的下拉列表框中选择所需的选项，如"二次""圆形""三次"或"线性"，再根据所选类型进行相应的参数设置和对象选择，从而创建一个满足设计要求的剖切曲面。

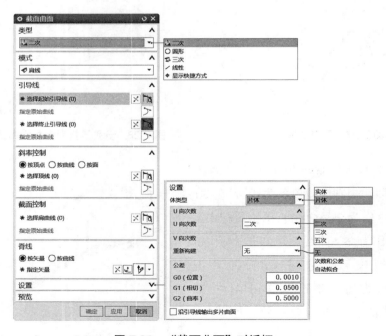

图 7-31　"截面曲面"对话框

各类截面曲面的定义和功能如表 7-1 所示。

表 7-1　各类型截面曲面的定义和功能

| 类型 | 模式 | 定义和功能 |
|---|---|---|
| 二次 | 肩线 | 使用起始引导线、肩曲线、终止引导线及起始和终止处的两个斜率来创建二次截面曲面 |
| | Rho | 使用起始引导线、终止引导线、Rho 值及起始和终止处的两个斜率来创建二次截面曲面 |
| | 高亮显示 | 使用起始引导线、终止引导线、相切于两条高亮显示曲线之间的一条线及起始和终止处的两个斜率来创建二次截面曲面 |
| | 四点 – 斜率 | 使用起始引导线、终止引导线、两条内部曲线及起始引导线上的斜率来创建二次截面曲面 |
| | 五点 | 使用起始引导线、终止引导线及三条内部曲线来创建二次截面曲面 |
| 圆形 | 三点 | 使用起始引导线、内部曲线及终止引导线来创建圆形截面曲面 |
| | 两点 – 半径 | 使用起始引导线、终止引导线及半径来创建圆形截面曲面 |
| | 两点 – 斜率 | 使用起始引导线、终止引导线及起始引导线上的斜率来创建圆形截面曲面 |
| | 半径 – 角度 – 圆弧 | 使用起始引导线、半径、角度及起始引导线上的斜率来创建圆形截面曲面 |
| | 相切点 – 相切 | 使用起始引导线、相切终止面及起始引导线上的斜率来创建圆形截面曲面 |
| | 中心半径 | 使用中心引导线和半径创建全圆截面曲面 |
| | 中心 – 点 | 使用中心引导线和终止引导线创建全圆截面曲面 |
| | 中心 – 相切 | 使用中心引导线和相切终止面创建全圆截面曲面 |
| | 相切 – 半径 | 使用起始引导线、相切端面及半径来创建圆形剖切曲面 |
| | 相切 – 相切 – 半径 | 使用相切起始面、相切终止面及半径来创建圆形截面曲面 |
| 三次 | 两个斜率 | 使用起始 / 终止引导线和起始 / 终止斜率来创建三次截面曲面 |
| | 圆角桥接 | 创建变次数的桥接截面曲面 |
| 线性 | 点 – 角度 | 使用起始引导线、终止面和终止斜率来创建线性截面曲面 |
| | 相切 – 相切 | 使用相切起始面和相切终止面创建线性截面曲面 |

### 7.2.8 艺术曲面

使用"艺术曲面"工具命令，可以用任意数量的截面和引导线串来创建艺术曲面。

在功能区"曲面"选项卡的"曲面"组中单击"艺术曲面"按钮⚙，打开如图 7-32 所示的"艺术曲面"对话框。通过该对话框可分别指定截面（主要）曲线、引导（交叉）曲线、连续性选项、输出曲面选项、体类型选项、相应公差等，然后单击"应用"或"确定"按钮。

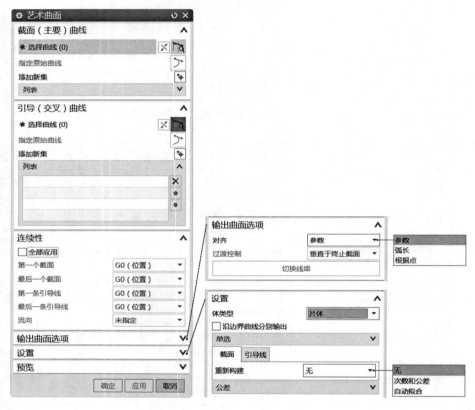

**图 7-32　"艺术曲面"对话框**

下面介绍一个创建艺术曲面典型范例。

**❶** 在"快速访问"工具栏中单击"打开"按钮🗁，弹出"打开"对话框，选择"CH7\ 艺术曲面 .prt"文件，单击 OK 按钮，文件中提供了如图 7-33 所示的曲线。

**❷** 在功能区"曲面"选项卡的"曲面"组中单击"艺术曲面"按钮⚙，弹出"艺术曲面"对话框。

**❸** "截面（主要）曲线"选项组中的"选择曲线"按钮🗔处于被选中的状态，在"选择条"工具栏中选择"单条曲线"，接着在图形窗口中选择曲线 1 并单击鼠标中键，

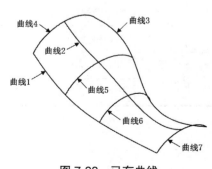

**图 7-33　已有曲线**

选择曲线 2 并单击鼠标中键，选择曲线 3 并单击鼠标中键，注意这 3 组截面（主要）曲线的起点方向要一致，如图 7-34 所示。

　　4 在"引导（交叉）曲线"选项组中单击"选择曲线"按钮，在图形窗口中选择曲线 4 并单击鼠标中键，选择曲线 5 并单击鼠标中键，接着选择曲线 6，单击"添加新集"按钮，再选择曲线 7，如图 7-35 所示。

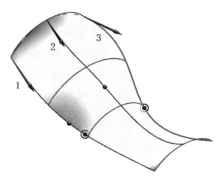

图 7-34　选择截面（主要）曲线

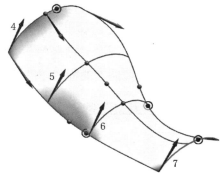

图 7-35　选择引导（交叉）曲线

　　5 在"连续性"选项组中选中"全部应用"复选框，确保将第一截面、最后一个截面、第一条引导线和最后一条引导线的连续性选项均设置为"G0（位置）"。在"输出曲面选项"选项组的"对齐"下拉列表框中选择"参数"选项，在"设置"选项组的"体类型"下拉列表框中选择"片体"选项。

　　6 在"艺术曲面"对话框中单击"确定"按钮，创建的艺术曲面如图 7-36 所示。

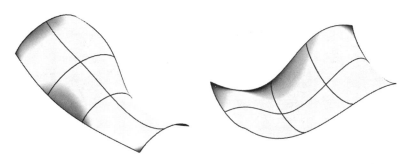

图 7-36　创建的艺术曲面

## 7.2.9　N 边曲面

　　使用"N 边曲面"命令，可以创建由一组端点相连的曲线封闭的曲面，并可以指定曲面与外部面的连续性。通常使用此命令来光顺地修补曲面之间的缝隙，而无须修剪、取消修剪或改变外部曲面的边。

创建 N 边曲面，要在功能区"曲面"选项卡的"曲面"组中单击"更多"→"N 边曲面"按钮 🗝 ，系统弹出"N 边曲面"对话框，接着从该对话框的"类型"下拉列表框中指定可创建的 N 边曲面的类型，可供选择的类型有"已修剪"和"三角形"。

选择"已修剪"类型时，需要使用"外环""约束面""UV 方向""形状控制"和"设置"选项组进行相关操作，从而创建单个曲面，该曲面可覆盖所选曲线或边的闭环内的整个区域。如图 7-37 所示的示例，该示例在"设置"选项组中选中"修剪到边界"复选框，从而将曲面修剪到指定的边界曲线或边。如果取消选中"修剪到边界"复选框，则创建的未修剪到边界的 N 边曲面效果如图 7-38 所示。"已修剪"类型的 UV 方向主要分"区域""脊线"和"矢量"3 种，而其形状控制主要指控制新曲面的连续性与平滑度。

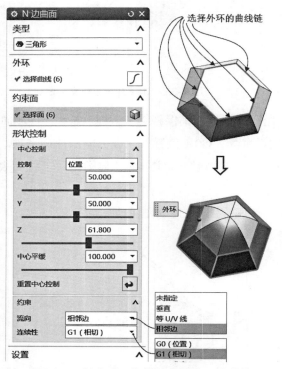

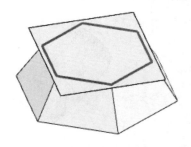

图 7-37　创建"已修剪"类型的 N 边曲面　　　　图 7-38　未修剪到边界的 N 边曲面

选择"三角形"类型时，将在所选曲线或边的闭环内创建由单独的、三角形补片构成的曲面，每个补片都包含每条边和公共中心点之间的三角形区域，如图 7-39 所示（注意该示例中选择的曲线链和约束面）。对于"三角形"类型而言，"形状控制"选项组用于更改新曲面的形状，例如选择控制选项，并指定相应的参数。使用"形状控制"选项组中的"约束"子选项组的"流向"下拉列表框可指定用于创建结果 N 边曲面的曲线的流向，可供选择的流向选项包括如下几种。

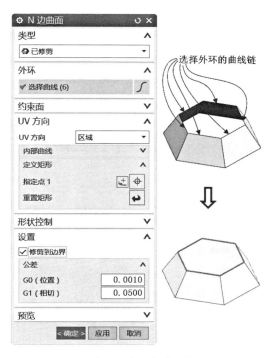

图 7-39 创建"三角形"类型的 N 边曲面

● 等 U/V 线：使结果曲面的 V 向等参数线开始于外侧边，且沿外表面的 U/V 方向。

● 未指定：使结构片体的 UV 参数和中心点等距。

● 垂直：使结果曲面的 V 向等参数线开始于外侧边并与该边垂直。只有当环中的所有曲线或边至少相切连续时才可用。

● 相邻边：使结果曲面的 V 向等参数线沿约束面的侧边。

为了更好地掌握创建 N 边曲面的方法和步骤，可以打开"CH7\N 边曲面 .prt"文件上机练习。

## 7.2.10 规律延伸

使用"规律延伸"工具命令，可以动态地或基于距离和角度规律，从基本片体创建一个规律控制的延伸曲面片体。

### 1. 规律延伸的两种类型

在功能区"曲面"选项卡的"曲面"组中单击"规律延伸"按钮 ，弹出"规律延伸"对话框，接着在"类型"选项组的下拉列表框中选择"面"或"矢量"类型。"面"类型适用于从指定曲线延伸的情形，延伸方向、长度和角度是相对于某个面的；"矢量"类型也适用于从指定曲线延伸的情形，只不过其延伸方向、长度和角度是相对于某个矢量的。

　　"面"类型实际上是使用一个或多个面来定义延伸曲面的参照坐标系，所述的参照坐标系是在基本轮廓的中点形成的，其第一根轴垂直于平面，该平面与面垂直并与基本曲线串轮廓的中点相切，第二根轴在基本轮廓的中点与面垂直。图 7-40 所示为一个使用"面"类型并通过动态地修改起始基点处距离所建立的规律控制的延伸，其长度规律为"三次"，角度规律为"恒定"。

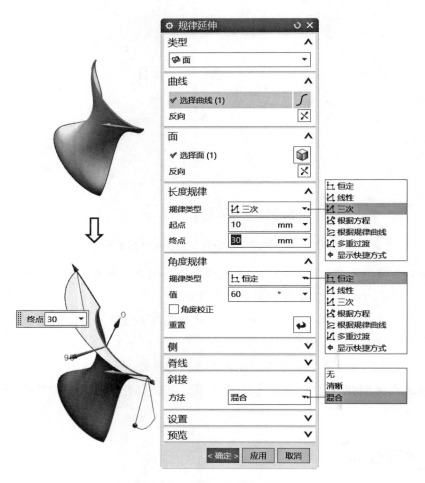

图 7-40　　"面"类型规律延伸

 **知识点拨：**

　　既可以在"规律延伸"对话框中设置长度规律的规律类型和角度规律的规律类型，也可以在图形窗口中右击长度或角度手柄通过弹出的快捷菜单进行设置，如图 7-41 所示。在图形窗口中使用鼠标拖动相应手柄可以动态地改变延伸曲面的角度或长度。

　　"矢量"类型使用沿基本曲线串的每个点处的单个坐标系来定义延伸曲面，需要分别指定基本轮廓（曲线）、参考矢量、长度规律和角度规律等，如图 7-42 所示。

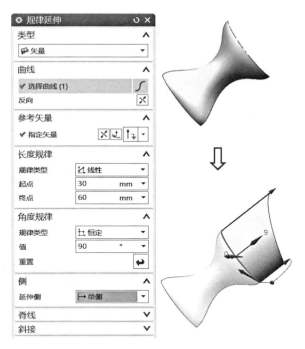

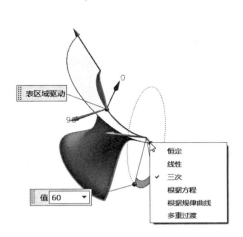

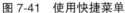

图 7-41 使用快捷菜单

图 7-42 "矢量"类型规律延伸

2. 创建规律延伸特征的基本步骤

创建规律延伸特征的基本步骤如下。

**1** 在功能区"曲面"选项卡的"曲面"组中单击"规律延伸"按钮，弹出"规律延伸"对话框。

**2** 在"类型"选项组的下拉列表框中选择"面"选项或"矢量"选项。

**3** 在"曲线"选项组中单击"选择曲线"按钮，在图形窗口中选择基本曲线或边缘线串。

**4** 如果在步骤 **2** 中选择了"面"类型选项，则利用"面"选项组来选择参考面，用作测量角度的基准面；如果在步骤 **2** 中选择了"矢量"类型选项，则利用"参考矢量"选项组来指定参考矢量。

**5** 使用"长度规律"选项组设置长度规律，使用"角度规律"选项组设置角度规律。长度规律和角度规律的常用规律类型说明如下。

● 恒定：使用值列表为延伸曲面的长度或角度指定恒定值。

● 线性：使用起点与终点选项（为长度或角度建立起始和终止值）来指定线性变化的曲线。

● 三次：使用起点与终点选项来指定以指数方式变化的曲线，即为长度或角度建立起始和终止值，它们被分别应用到基本轮廓的起始点及终止点，起始到终止按三次规律过渡。

● 根据方程：使用表达式及参数表达式变量来定义长度规律或角度规律。所有变量都必须被表达式对话框定义过。

● 根据规律曲线：选择一串光顺连结曲线来定义规律函数。

● 多重过渡：用于通过所选基本轮廓上的多个节点或点来定义规律。

**6** 根据设计要求，可以利用"脊线"选项组设定脊线定义方法，如"无""曲线"或"矢量"。当脊线定义方法设为"曲线"时，选择一条曲线以用作脊线，脊线可以更改 NX 确定局部 CSYS 方位的方式。此步骤为可选步骤。

**7** 指定在基本曲线串的哪一侧上生成规律延伸。在"侧"选项组的"延伸侧"下拉列表框中选择"单侧""对称"或"非对称"选项。"单侧"选项用于设置在默认侧产生延伸曲面，即不创建相反侧延伸；"对称"选项用于使用相同的长度参数在基本轮廓的两侧延伸曲面；"非对称"选项用于在基本轮廓线串的每个点处使用不同的长度以在基本轮廓的两侧延伸曲面（在选择"非对称"选项时，"侧"选项组中的"长度规律"子选项组可用，如图 7-43 所示）。

**8** 在"斜接"选项组中指定斜接方法为"混合""无"或"清晰"，"混合"斜接方法代表添加面以在尖锐拐角处以混合的方式桥接缝隙（图例为 ），"无"斜接方法表示在曲线段之间的尖锐拐角处留出缝隙（图例为 ），"清晰"斜接方法则表示以清晰的方式延伸面以在尖锐拐角处桥接缝隙（图例为 ）。在"设置"选项组中决定"尽可能合并面"复选框、"锁定终止长度/角度手柄"和"高级曲线拟合"复选框的状态等。如果要将规律延伸特征作为单个片体进行创建，那么应该确保选中"尽可能合并面"复选框。

**9** 在"规律延伸"对话框中单击"应用"按钮或"确定"按钮。

### 3. 创建规律延伸的典型范例

创建规律延伸的典型范例如下。

**1** 在"快速访问"工具栏中单击"打开"按钮，弹出"打开"对话框，选择"CH7\ 曲面延伸 A.prt"文件，单击 OK 按钮将其打开，文件中的原始曲面如图 7-44 所示。

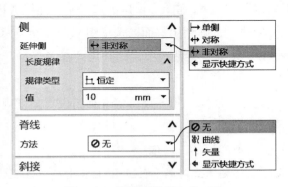

图 7-43 设置延伸侧：非对称

图 7-44 原始曲面

**2** 在功能区"曲面"选项卡的"曲面"组中单击"规律延伸"按钮，弹出"规律延伸"对话框。

**3** 在"类型"选项组的下拉列表框中选择"面"选项。

此时，"曲线"选项组中的"选择曲线"按钮 处于被选中的状态，在图形窗口中选择基本曲线轮廓，如图 7-45 所示。

在"面"选项组中单击"选择面"按钮 ，在图形窗口中单击如图 7-46 所示的面作为参考面。

图 7-45　选择基本轮廓

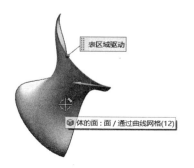

图 7-46　选择参考面

在"长度规律"选项组的"规律类型"下拉列表框中选择"线性"选项，并设置起点值为 10，终点值为 36；在"角度规律"选项组的"规律类型"下拉列表框中选择"线性"选项，设置起点角度为 10°，终点角度为 60°，要根据预览情况决定是否在"曲线"选项组中单击"反向"按钮 ，此时如图 7-47 所示。

在"侧"选项组的"延伸侧"下拉列表框中选择"单侧"选项。

在"设置"选项组中确保选中"将曲线投影到面上"复选框和"尽可能合并面"复选框，取消选中"高级曲线拟合"复选框，"G0（位置）"公差和"G1（相切）"公差采用默认值。

在"规律延伸"对话框中单击"确定"按钮，完成规律延伸操作，效果如图 7-48 所示。

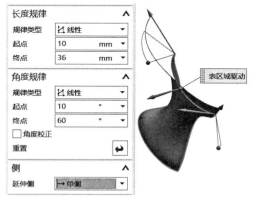

图 7-47　设置长度规律和角度规律

图 7-48　完成规律延伸操作

## 7.2.11 创意塑型

NX 12 中提供了一个实用的工具按钮 "NX 创意塑型" ⬛, 用于启动 NX 创意塑型任务环境。在建模模块功能区 "曲面" 选项卡的 "曲面" 组中单击 "NX 创意塑型" 按钮 ⬛, 则启动 NX 创意塑型任务环境, 此时功能区提供属于该任务环境的 "主页" 选项卡, 如图 7-49 所示, 该选项卡包含 "NX 创意塑型" 组、"创建" 组、"修改" 组 "多段线" 组、"构造工具" 组和 "首选项" 组。

图 7-49　NX 创意塑型 "主页" 选项卡

下面简要地介绍这些组中的命令功能, 如表 7-2 所示。

表 7-2　NX 创意塑型命令列表

| 序号 | 组（面板） | 按钮 | 命令 | 功能含义 |
|---|---|---|---|---|
| 1 | NX 创意塑型 | 🔧 | 开始对称建模 | 切换到对称模式 |
| 2 | | 🔧 | 停止对称建模 | 终止对称模式 |
| 3 | | 🔧 | 定义工作区域 | 将控制挂架的部件定义为工作区域, 将其他所有部件定义为不可编辑 |
| 4 | | 🏁 | 完成 | 退出 "NX 创意塑型" 任务环境并传播任何更改 |
| 5 | 创建 | 🔧 | 体素形状 | 创建指定基本形状的曲面细分几何体 |
| 6 | | 🔧 | 旋转框架 | 围绕轴旋转选定框架边或多段线, 并新建框架面 |
| 7 | | 🔧 | 拉伸框架 | 拉伸选定的控制框架面或边, 或者拉伸多段线, 方法是平移它们并新建面来填充它们之间的空间 |
| 8 | | 🔧 | 放样框架 | 在选定的面边和多段线集之间创建控制框架面的放样 |
| 9 | | 🔧 | 扫掠框架 | 通过使用选定面边和多段线集作为截面线和引导线, 创建控制框架面的扫掠结构 |
| 10 | | 🔧 | 管道框架 | 通过使用多段线作为路径, 创建控制框架面的管道结构 |
| 11 | | 🔧 | 桥接面 | 在两个选定面集间创建桥或隧道 |
| 12 | | 🔧 | 填充 | 使用控制框架的两个、三个或四个开放边来将新的面添加到控制框架 |
| 13 | | 🔧 | 复制框架 | 创建选定框架对象的副本并移动它们 |
| 14 | | 🔧 | 镜像框架 | 创建选定框架对象的镜像副本 |
| 15 | | 🔧 | 偏置框架 | 创建选定框架的偏置 |

续表

| 序号 | 组（面板） | 按钮 | 命令 | 功能含义 |
|---|---|---|---|---|
| 16 | 修改 | | 变换框架 | 旋转、平移或缩放选定的控制框架单元 |
| 17 | | | 投影框架 | 将选定的控制框架单元投影到一个平面的或线性的目标 |
| 18 | | | 删除 | 删除对象 |
| 19 | | | 拆分面 | 均匀或通过线来拆分控制框架面 |
| 20 | | | 细分面 | 偏置内部控制框架选定面的外部边界来细分面 |
| 21 | | | 合并面 | 将选定的控制框架面合并到另一个面 |
| 22 | | | 缝合框架 | 连接控制框架的开放边 |
| 23 | | | 连接框架 | 在细分特征和外部片体之间创建连续连接 |
| 24 | | | 移除约束 | 移除外部引用的关联约束 |
| 25 | | | 设置权值 | 针对控制框架的选定面、边或顶点设置权值 |
| 26 | | | 设置连续性 | 针对控制框架的选定面、边或顶点设置连续性 |
| 27 | 多段线 | | 框架多段线 | 将多段线添加至可拉伸至框架面的控制框架 |
| 28 | | | 抽取框架多段线 | 从选定的曲线或面边抽取框架多段线 |
| 29 | 构造工具 | | 艺术样条 | 通过拖动定义点或极点并在定义点指派斜率或曲率约束，动态创建和编辑样条 |
| 30 | | | 点 | 创建点 |
| 31 | | | 直线 | 创建直线特征 |
| 32 | | | 圆弧/圆 | 创建圆弧和圆特征 |
| 33 | | | 基准平面 | 创建基准平面，用于构造其他特征 |
| 34 | | | 基准轴 | 创建基准轴，用于构造其他特征 |
| 35 | | | 基准坐标系 | 创建一个基准坐标系，用于构造其他特征 |
| 36 | | | 基准平面栅格 | 基于选定的基准平面创建有界栅格 |
| 37 | 首选项 | | 框架和实体 | 不仅显示控制框架还显示结果细分体 |
| 38 | | | 仅框架 | 仅显示控制框架并隐藏结果细分体 |
| 39 | | | 仅实体 | 仅显示结果细分体并隐藏控制框架 |
| 40 | | | 透视框架 | 显示透视框架 |
| 41 | | | 允许选择背后对象 | 允许选择隐藏在其他元素后的控制框架元素 |
| 42 | | | 显示权值 | 设置是否显示边权值 |
| 43 | | | 编辑对象显示 | 修改对象的图层、颜色、线型、宽度、栅格数量、透明度、着色和分析显示状态 |
| 44 | | | 显示栅格 | 在工作平面上显示栅格（XC-YC） |
| 45 | | | NX 创意塑型首选项 | 设置首选项以控制"NX 创意塑型"任务环境的行为及其控制框架的显示 |

NX 创意塑型是一个专门的任务环境，提供了上述各组实用工具。用户可以在该环境中通过操控和细分初始体素形状（如长方体、圆柱或球）的控制框架创建 B 曲面形状（实体或片体），最终可完成创建一些形状自然形状的产品，如图 7-50 所示。此外还可以使用 NX 创意塑型来创建各种工具，以便修改使用更标准的建模方法创建的实体或片体。

**图 7-50　可通过 NX 创意塑型创建的产品**

NX 创意塑型的优势主要体现在以下 3 个方面。

● 可创建难以通过传统方法进行建模的形状，从而拓展 NX 的塑形和造面功能。将传统特征和曲面命令与 NX 创意塑型结合使用，可以对形状进行优化并添加细节。

● 可以更快地创建和编辑复杂形状，从而提升早期概念设计的效率。

● NX 创意塑型命令交互简单，无须使用复杂的工具来开发简单的基本形状。

在使用 NX 创意塑型建模时，要注意使控制框架尽可能简单，尽可能多地使用四边形多边形控制框架。要实现过渡的形状和特征线，最好使用拆分或细分的控制框架，应该慎用对控制框架的权重和连续性进行设置的功能。设置控制框架的权重和连续性时，比较好的做法是选择边，以避免在选中多个连续面时无意中将权重和连续性应用到内部面边。避免使用零长度拉伸控制框架元素。

本书只对 NX 创意塑型环境进行简单介绍，有兴趣的读者可以参阅 NX 12.0 帮助文件对 NX 创意塑型环境的各工具命令进行深入学习。

# 7.3　曲面操作

本节介绍的曲面操作工具命令包括"延伸曲面""延伸片体""偏置曲面""修剪和延伸""修剪片体""缝合"和"加厚"。

## 7.3.1　延伸曲面

延伸曲面是指从基本片体创建延伸片体。

要创建延伸曲面，则在功能区"曲面"选项卡的"曲面"组中单击"更多"→"延伸曲面"按钮，弹出"延伸曲面"对话框，接着在"类型"选项组的下拉列表框中选择"边"类型选项或"拐角"类型选项，如图 7-51 所示。

图 7-51 "延伸曲面"对话框

1. "边"类型

当选择"边"类型选项时，需要在曲面中指定要延伸的边（通过选择靠近所需边的待延伸曲面来定义），并在"延伸曲面"对话框的"延伸"选项组中设置方法选项（如"相切"或"圆弧"）、距离选项及其相应的参数值，如图 7-52 所示。

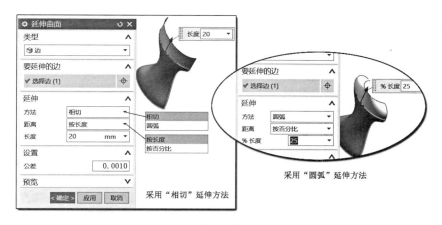

图 7-52 以"边"类型来延伸曲面

2. "拐角"类型

当选择"拐角"类型选项时，需要在靠近其所需拐角的位置处单击待延伸曲面，接着在"延伸曲面"对话框的"延伸"选项组中设置"%U 长度"和"%V 长度"值等，如图 7-53 所示，然后单击"应用"按钮或"确定"按钮，即可完成延伸曲面操作。

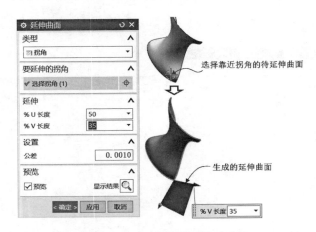

图 7-53 以"拐角"类型来延伸曲面

## 7.3.2 延伸片体

使用"延伸片体"工具命令，可以按距离或与另一个体的交点延伸片体。延伸片体的限制方式有"偏置"和"直至选定"两种，前者通过偏置可以在距离片体边的指定距离处修剪或延伸片体，后者则是通过使用"直至选定"来根据其他几何元素修剪片体，如图 7-54 所示。

（a）使用"偏置"进行延伸　　（b）使用"直至选定"来延伸片体

图 7-54　延伸片体的两种限制方式

在功能区"曲面"选项卡的"曲面操作"组中单击"延伸片体"按钮，弹出如图 7-55 所示的"延伸片体"对话框。下面介绍该对话框主要元素的功能含义。

**1."边"选项组**

利用该选项组来选择片体边。

**2."限制"选项组**

利用该选项组设置延伸片体的限制方式和相应的限制参数。从"限制"下拉列表框中选择"偏置"或"直至选定"选项：当选择"偏置"限制方式时，

图 7-55　"延伸片体"对话框

需要在"偏置"下拉列表框中指定一个值，以按指定值偏置一条或一组边；当选择"直至选定"限制方式时，选择面、基准平面或体以延伸片体。

3. "设置"选项组

"设置"选项组提供"曲面延伸形状"下拉列表框、"边延伸形状"下拉列表框、"体输出"下拉列表框和"复制原体"复选框等。

- "曲面延伸形状"下拉列表框：从中选择"自然曲率""自然相切"或"镜像"选项。其中，"自然曲率"选项使用在边界处曲率连续的小面积延伸 B 曲面，然后在该面积以外相切；"自然相切"选项从边界延伸相切的 B 曲面；"镜像"选项通过镜像曲面的曲率连续形状延伸 B 曲面。

- "边延伸形状"下拉列表框：用于指定边延伸形状，可供选择的选项有"自动" ⚡ 、"相切" ◣ 和"正交" ◣ 。其中，"自动" ⚡ 用于根据系统默认延伸相邻边界；"相切" ◣ 用于依据边界形状，沿边界相切方向延伸相邻的边界；"正交" ◣ 用于延伸与所延伸边界正交的相邻边界。

- "体输出"下拉列表框：从中选择"延伸原片体""延伸为新面"或"延伸为新片体"。其中，"延伸原片体"是指延伸后仍然为同一个片体；"延伸为新面"是指创建一个新面附加到原面上，而不是与原面合并；"延伸为新片体"是指创建一个新片体，与原片体分开。

- "复制原体"复选框：用于设置是否复制体并修改副本。当从"体输出"下拉列表框中选择"延伸为新片体"选项时，该复选框不可用。

读者可以使用"CH7\ 延伸片体 .prt"文件进行"延伸片体"命令的操作练习。

## 7.3.3　偏置曲面

使用"偏置曲面"工具命令，可以创建一个或多个现有面的偏置（即通过偏置一组面创建体），创建结果是与选择的面具有偏置关系的一个或多个新体。

要偏置曲面，可以按照以下的基本操作步骤进行。

**1** 在功能区"曲面"选项卡的"曲面操作"组中单击"偏置曲面"按钮 🐁 ，弹出如图 7-56 所示的"偏置曲面"对话框。

**2** 选择要偏置的面。

**3** 确认偏置的方向，以及输入该偏置方向上的偏置距离值。

**4** 如果希望指定其他面集，则可以在"要偏置的面"选项组中单击"添加新集"按钮 📷，再选择其他的面集，并确认相应的偏置方向与偏置距离。此步骤为可选步骤。

**5** 在"特征"选项组的"输出"下拉列表框中选择"为所有面创建一个特征"选项或"为每个面创建一个特征"选项。

6 在"设置"选项组的"相切边"下拉列表框中选择"在相切边添加支撑面"选项或"不添加支撑面"选项，以及在"部分结果"选项组中设置相应的选项。

7 单击"应用"按钮或"确定"按钮，从而完成偏置曲面操作。

创建偏置曲面的示例如图 7-57 所示。

图 7-56 "偏置曲面"对话框

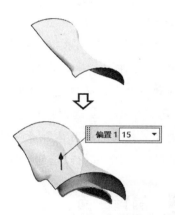

图 7-57 创建偏置曲面的示例

## 7.3.4 修剪和延伸

使用"修剪和延伸"命令（对应的按钮为 ），可以修剪或延伸一组边或面以与另一组边或面相交。

在功能区"曲面"选项卡的"曲面操作"组中单击"修剪和延伸"按钮 ，弹出如图 7-58 所示的"修剪和延伸"对话框，接着指定修剪和延伸类型。修剪和延伸类型分为两种，一种是"制作拐角"，另一种是"直至选定"。下面结合示例分别进行介绍。

图 7-58 "修剪和延伸"对话框

1. 制作拐角

当从"修剪和延伸类型"选项组的下拉列表框中选择"制作拐角"选项时,接着选择要修剪或延伸的面或边,再在"工具"选项组中单击"工具"按钮⊕,并选择限制面或边,然后在"需要的结果"选项组的"箭头侧"下拉列表框中选择"保持"或"删除"选项(用于决定哪一侧被保留或被删除),以及在"设置"选项组中分别设置"曲面延伸形状"和"体输出"选项,指定是否复制原体、是否组合目标和工具等。

请看下面一个典型范例。

**1** 按 Ctrl+O 快捷键以弹出"打开"对话框,通过"打开"对话框选择"CH7\ 修剪和延伸 .prt"文件,单击 OK 按钮将其打开。文件中的两个原始曲面如图 7-59 所示。

**2** 在功能区"曲面"选项卡的"曲面操作"组中单击"修剪和延伸"按钮📖,弹出"修剪和延伸"对话框。

**3** 从"修剪和延伸类型"选项组的下拉列表框中选择"制作拐角"选项。

**4** 确保"目标"选项组中的"目标"按钮⊕处于被选中的状态,在图形窗口中选择要修剪或延伸的面,在本例中单击选择如图 7-60 所示的曲面(注意目标曲面的单击选择位置)。

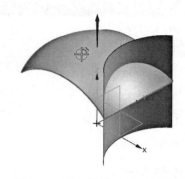

图 7-59　两个原始曲面　　　　　图 7-60　选择要修剪或延伸的面

5 在"工具"选项组中单击"工具"按钮⊕，系统提示选择限制面或边，在本例中单击选择如图 7-61 所示的曲面。

6 在"需要的结果"选项组的"箭头侧"下拉列表框中选择"保持"选项。

7 在"设置"选项组的"曲面延伸形状"下拉列表框中选择"自然相切"选项，在"体输出"下拉列表框中选择"延伸为新面"选项，取消选中"复制原体"复选框，选中"组合目标和工具"复选框，在"预览"选项组中选中"预览"复选框，如图 7-62 所示。

图 7-61　选择限制面　　　　　图 7-62　设置相关选项及预览效果

8 单击"确定"按钮，结果如图 7-63 所示。

在本例中，如果在"修剪和延伸"对话框的"需要的结果"选项组中，从"箭头侧"下拉列表框中选择"删除"选项，那么箭头侧的目标曲面将被删除，如图 7-64 所示。

### 2. 直至选定

当从"修剪和延伸类型"选项组的下拉列表框中选择"直至选定"选项时，接着选择要修剪或延伸的面或边，再在"工具"选项组中单击"工具"按钮⊕，选择面、边或平面以限制修剪或延伸，然后在"需要的结果"选项组中设置箭头侧是"保持"还是"删除"，以及在"设置"选项组中分别设置"曲面延伸形状"和"体输出"的相关内容等，最后单击"确定"按钮或"应用"按钮。使用"直至选定"类型的典型示例如图 7-65 所示。

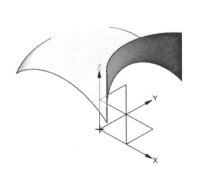

图 7-63  结果曲面

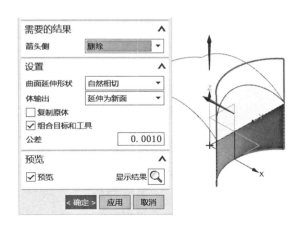

图 7-64  删除了箭头侧的目标曲面的结果

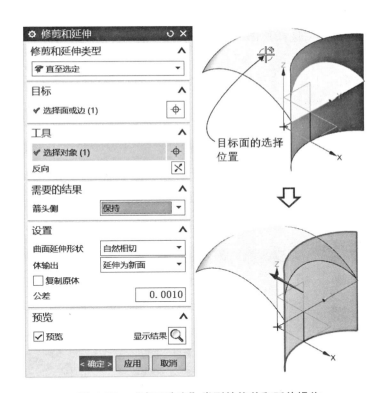

图 7-65  "直至选定"类型的修剪和延伸操作

## 7.3.5  修剪片体

使用"修剪片体"命令，可以用曲线、面或基准平面修去目标片体的一部分。曲线不必位于片体表面上，"修剪片体"命令可以通过投影曲线（边界）到目标片体上来修剪片体，典型示例如图 7-66 所示。读者可以按照下面介绍的修剪片体基本操作步骤，使用"CH7\ 修剪片体 .prt"练习如何修剪片体。

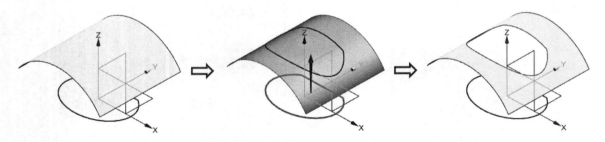

图 7-66　修剪片体的典型示例

修剪片体的基本操作步骤如下。

**1** 在功能区"曲面"选项卡的"曲面操作"组中单击"修剪片体"按钮，弹出如图 7-67 所示的"修剪片体"对话框。

**2** "目标"选项组中的"选择片体"按钮处于被选中的状态，在图形窗口中选择要修剪的目标片体。

**3** 在"边界"选项组中单击"选择对象"按钮，在图形窗口中选择所需的边界对象。边界对象可以是面、边、曲线和基准平面。如果选择面或基准平面作为边界对象，那么它们必须与要修剪的目标曲面相交。如果在"边界对象"选项组中选中"允许目标体边作为工具对象"复选框，则将目标片体的边过滤出来作为修剪对象。

**4** 在"投影方向"选项组的"投影方向"下拉列表框中选择一个选项定义投影方向，可供选择的投影方向有"垂直于面""垂直于曲线平面"和"沿矢量"。例如，在如图 7-68 所示的操作示例中，选择"垂直于曲线平面"选项定义投影方向。

图 7-67　"修剪片体"对话框

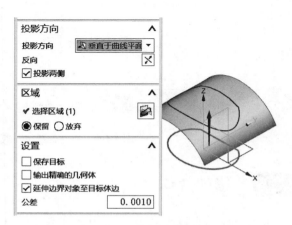

图 7-68　定义投影方向

⑤ 在"区域"选项组中指定要保留或放弃的区域。

⑥ 在"设置"选项组中决定"保存目标"复选框、"输出精确的几何体"复选框和"延伸边界对象至目标体边"复选框的状态，并在"公差"文本框中指定公差值。

⑦ 在"修剪片体"对话框中单击"确定"按钮或"应用"按钮，完成修剪片体操作。

## 7.3.6 缝合

使用"缝合"按钮📖，可以通过公共边缝合在一起来组合片体，也可以通过缝合公共面来组合实体。这里以缝合片体为例进行介绍。

① 按 Ctrl+O 快捷键以弹出"打开"对话框，通过"打开"对话框选择"CH7\ 缝合片体 .prt"文件，单击 OK 按钮将其打开。文件中的两个原始曲面片体如图 7-69 所示。

② 在功能区"曲面"选项卡的"曲面操作"组中单击"缝合"按钮📖，弹出如图 7-70 所示的"缝合"对话框。

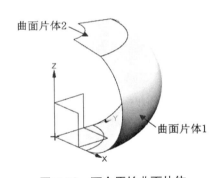

图 7-69 两个原始曲面片体

图 7-70 "缝合"对话框

③ 从"类型"下拉列表框中选择"片体"选项。

④ 选择曲面片体 1 作为目标片体。

⑤ 选择一个或多个曲面片体作为工具片体。本例选择曲面片体 2 作为工具片体。

⑥ 在"设置"选项组中设置是否输出多个片体。本例取消选中"输出多个片体"复选框，并接受默认的公差。

⑦ 单击"确定"按钮，从而通过公共边将两个曲面片体缝合为一个曲面片体。

通过缝合公共面来组合实体的操作也类似，即单击"缝合"按钮📖，打开"缝合"对话框，从"类型"下拉列表框中选择"实体"选项，接着选择目标实体面，及选择工具实体面，并在"设置"选项组中指定缝合公差，单击"确定"按钮或"应用"按钮即可。

## 7.3.7 加厚

使用"加厚"工具命令，可以通过为一组面增加厚度来创建实体。下面介绍其操作步骤，读者可使用"CH7\加厚练习.prt"文件进行练习。

**1** 在功能区"曲面"选项卡的"曲面操作"组中单击"加厚"按钮 🗐，打开如图 7-71 所示的"加厚"对话框。

**2** 选择要加厚的面，如图 7-72 所示。

图 7-71 "加厚"对话框

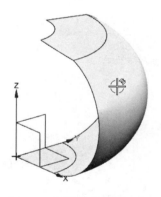

图 7-72 选择要加厚的面

**3** 在"厚度"选项组中分别设置"偏置 1"和"偏置 2"的参数，以及设置偏置方向。在本例中设置"偏置 1"为 3mm，"偏置 2"为 0mm，接受默认的偏置方向，如图 7-73 所示。

**4** 如果需要，可以在"区域行为"选项组中设置要冲裁的区域，以及指定不同厚度区域。在本例中，展开"不同厚度的区域"子选项组，单击"区域"按钮 🗐，单击如图 7-74 所示的曲面区域，设置该区域的"偏置 1"为 1.8mm，"偏置 2"为 0.5mm。

**5** 在"设置"选项组中选中"改善裂口拓扑以启用加厚"复选框，接受默认公差为 0.0010，如图 7-75 所示。

**6** 单击"确定"按钮，加厚结果如图 7-76 所示。

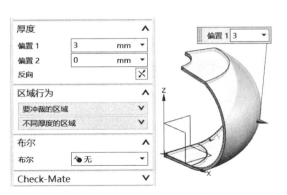

图 7-73　分别设置偏置 1 和偏置 2 参数

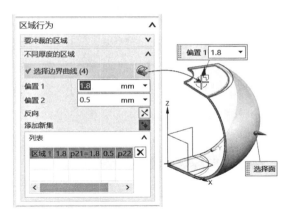

图 7-74　指定不同厚度区域

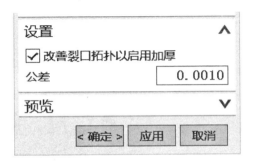

图 7-75　设置改善裂口拓扑

图 7-76　加厚结果

# 7.4　编辑曲面

本节介绍编辑曲面的知识点包括"X 型""I 型""扩大""编辑 U/V 向""边对称""整修面""法向反向""边匹配"和"光顺极点"。

## 7.4.1　X 型

在"建模"应用模块中，可以使用"X 型"工具命令通过动态操控极点位置来编辑曲面或样条曲线，即使用"X 型"工具命令可以编辑样条或曲面的极点和点。

在"建模"应用模块下，从功能区的"曲面"选项卡的"编辑曲面"组中单击"X 型"按钮，系统弹出如图 7-77 所示的"X 型"对话框。借助该对话框，可以选择任意面类型（B 曲面或非 B 曲面），可以使用标准的 NX 选择方法（如在矩形内部选择）选择一个或多个极点，可以通过选择连接极点手柄的多义线来选择极点行，并可以在"参数化"选项组中增加或减少极点和补片的数量。在"方法"选项组中设置高级方法（"高级方法关闭""插入结点""锁定区域"或"按比例"等）；在"边界约束"选项组中设置"U最小值""U最大值""V最小值""V最大值"的选项，以及设置是否锁定极点；在"设置"选项组中设置提取方法为"原始""最小有界"或"适合边界"，"特征保存方法"为"相对"或"静态"，如果觉得操作不满意，可以单击"恢复父面"按钮↵以恢复父面。

应用X型编辑操作曲面的典型示例如图7-78所示，在该示例中操控极点的方式为"行"。

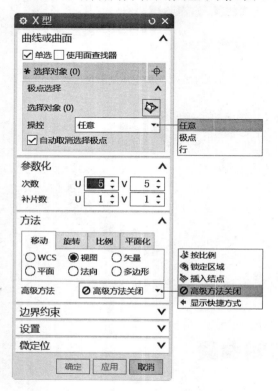

图 7-77  "X 型"对话框

图 7-78  X 型操作示例

## 7.4.2  I 型

在"建模"应用模块中，使用"I型"命令（"I型"按钮）可以通过编辑等参数曲线来动态地修改面。以"建模"应用模块为例，在功能区"曲面"选项卡的"编辑曲面"组中单击"I型"按钮，弹出如图7-79所示的"I型"对话框，接着选择要编辑的面，定义等参数曲线的方向、位置和数量，进行等参数曲线形状控制和曲面形状控制，设定边界约束等，即可动态地修改面，示例如图7-80所示。

图 7-79 "I 型"对话框

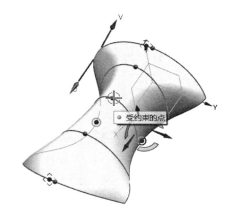

图 7-80 "I 型"编辑曲面

## 7.4.3 扩大

使用"扩大"命令（对应按钮为"扩大"按钮），可以通过创建与原始面关联的新特征，更改未修剪片体或面的大小。通常，使用"扩大"命令去获得比原片体大的片体，当然也可以使用这一命令去减少片体的大小。

在功能区"曲面"选项卡的"编辑曲面"组中单击"扩大"按钮，打开如图 7-81 所示的"扩大"对话框。在图形窗口中选择要扩大的曲面，并在"调整大小参数"选项组中分别指定片体 U 向起点百分比、U 向终点百分比、V 向起点百分比和 V 向终点百分比，在"设置"选项组中指定扩大模式为"自然"或"线性"（"自然"模式是指顺着曲面的自然曲率延伸片体的边，使用"自然"模式可以增大或减小片体的尺寸；而"线性"模式则是在一个方向上线性延伸片体的边），此时可以在图形窗口中预览曲面扩大效果，如图 7-82 所示。

图 7-81 "扩大"对话框

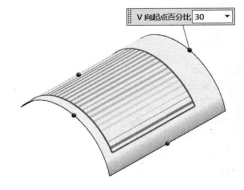

图 7-82 预览曲面扩大效果

如果要对片体副本执行扩大操作，那么需要在"设置"选项组中选中"编辑副本"复选框。如果对调整大小参数不满意，那么可以在"调整大小参数"选项组中单击"重置调整大小参数"按钮 ↵ ，从而在创建模式下将参数值和滑块位置重置为默认值。

调整好大小参数和扩大模式后，在"扩大"对话框中单击"应用"按钮或"确定"按钮，从而完成扩大曲面编辑操作。

## 7.4.4 编辑 U/V 向

可以修改 B 曲面几何体的 U/V 向，其方法是在功能区"曲面"选项卡的"编辑曲面"组中单击"编辑 U/V 向"按钮 ，弹出如图 7-83 所示的"编辑 U/V 向"对话框，接着选择要编辑其方向的有效面，在"方向"选项组中设置是否反向 U 向，是否反向 V 向，以及是否交换 U 和 V 方向，最后单击"确定"按钮或"应用"按钮即可。

图 7-83 "编辑 U/V 向"对话框

## 7.4.5 边对称

"边对称"按钮用于修改曲面，使之与其关于某个平面的镜像实现几何连续。这里介绍一个应用"边对称"功能修改曲面的典型范例。

**1** 按 Ctrl+O 快捷键以弹出"打开"对话框，通过"打开"对话框选择"CH7\边对称.prt"文件，单击 OK 按钮将其打开，原始曲面如图 7-84 所示。

**2** 在功能区"曲面"选项卡的"编辑曲面"组中单击"边对称"按钮，弹出如图 7-85 所示的"边对称"对话框。

图 7-84 原始曲面

图 7-85 "边对称"对话框

**3** 选择靠近某边的待编辑面（等同于直接选择所需曲面边），如图 7-86 所示。

**4** 在"选择"选项组的"对称平面"子选项组中单击"XC–YC"按钮，接着在"偏置"下拉列表框中设置偏置值为 50mm；在"参数化"选项组中查看默认的次数与补片数（可根据实际要求更改它们）；在"方法"选项组的"移动"选项卡中选中"法向"单选按钮，从"边约束"子选项组的"对边"下拉列表框中选择"G1（相切）"选项；在"连续性"选项组中选中"G0（位置）"复选框和"G1（相切）"复选框，如图 7-87 所示。

**5** 在"边对称"对话框中单击"确定"按钮，结果如图 7-88 所示。

操作说明：如果在本例操作过程中，从"方法"选项组的"移动"选项卡中选择的是"投影"单选按钮，那么最终结果如图 7-89 所示。

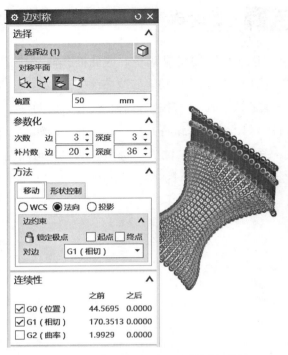

图 7-86　选择靠近某边的待编面（即指定边）　　　图 7-87　在"边对称"对话框中设置

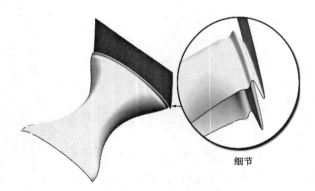

图 7-88　边对称结果　　　　　　　图 7-89　采用"投影"方法时的结果

## 7.4.6　整修面

"整修面"功能用于修改面的外观，同时可保留原先几何体的紧公差。

在功能区"曲面"选项卡的"编辑曲面"组中单击"整修面"按钮 ，弹出如图 7-90 所示的"整修面"对话框，整修面的类型有两种，即"拟合到目标"和"整修面"。

当选择整修面的类型为"拟合到目标"时，需要选择要整修的面，以及选择要拟合的目标，并指定拟合方向，设置整修控制选项及其参数，设定光顺因子和修改百分比。

图 7-90　"整修面"对话框

当选择类型为"整修面"时，选择要整修的面，接着在"整修控制"选项组中分别指定整修方法、整修方向、整修参数等，如图 7-91 所示。配套练习范例为"CH7\ 整修面 .prt"文件。

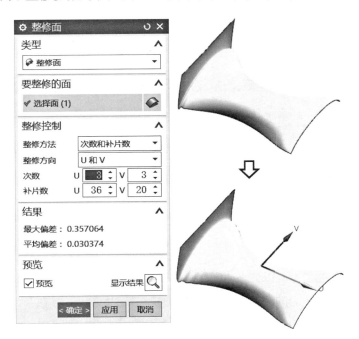

图 7-91　整修面的示例

### 7.4.7 法向反向

"法向反向"按钮🐷用于反转片体的曲面法向,即用于对一个或多个片体添加"负法线"特征。

在选定片体中添加"负法线"特征的操作步骤较为简单,即在功能区"曲面"选项卡的"编辑曲面"组中单击"更多"→"法向反向"按钮🐷,系统弹出如图 7-92 所示的"法向反向"对话框。接着选择要反向的片体(可以选择一个或多个片体),此时"法向反向"对话框中的"显示法向"按钮、"确定"按钮和"应用"按钮都被激活,并且在图形窗口所选片体中显示一个锥形箭头以指出每个选定片体中第一个面的当前法向,如图 7-93 所示。单击"显示法向"按钮,可以重新显示片体的法向,以免它们在图形屏幕上被其他操作移除或损坏。最后单击"应用"按钮或"确定"按钮,为每一个选中的片体创建"负法线"特征。

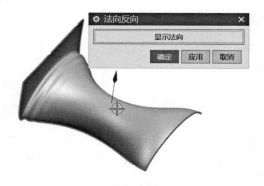

图 7-92 "法向反向"对话框　　　　图 7-93 选择了要反向的片体后

如果选中的片体中已经包含了"负法线"特征,那么在"法向反向"对话框中单击"应用"按钮或"确定"按钮,系统将弹出一个对话框,如图 7-94 所示。

图 7-94 法向反向的提示信息

### 7.4.8 边匹配

使用"边匹配"按钮🐷,可以修改曲面,使其与参考对象的共有边界几何连续。

在功能区"曲面"选项卡的"编辑曲面"组中单击"边匹配"按钮🐷,弹出如图 7-95 所示的"匹配边"对话框。接着通过选择靠近某边的待编辑面来确定要编辑的曲面边,再选择参考对象,并分别在"参数化"选项组、"方法"选项组、"连续性"选项组和"设置"选项组中进行相关参数设置，然后单击"确定"按钮或"应用"按钮。典型示例如图 7-96 所示，在该示例中，在指定要编辑的曲面边和参考对象后，在"参数化"选项组中选中"精确匹配"单选按钮，在"方法"选项组的"移动"选项卡中选中"投影"单选按钮，从"对边约束"下拉列表框中选择 G1 选项，在"连续性"选项组中选中 G0 复选框和 G1 复选框。

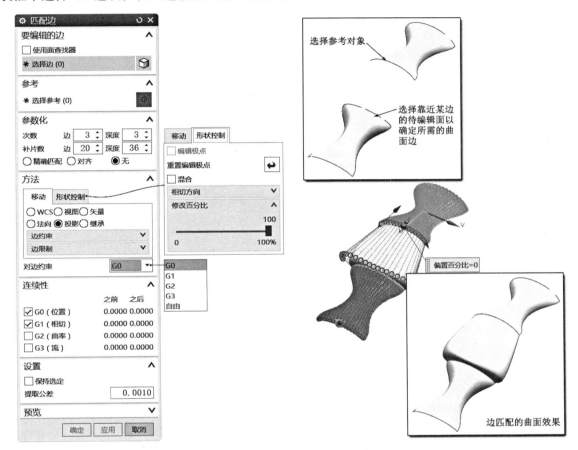

图 7-95　"匹配边"对话框　　　　　　　图 7-96　边匹配的典型示例

## 7.4.9　光顺极点

使用"光顺极点"按钮🐾，可以通过计算选定极点相对于周围曲面的合适分布来修改极点分布。曲面光顺极点的典型示例如图 7-97 所示。

在功能区"曲面"选项卡的"编辑曲面"组中单击"更多"→"光顺极点"按钮🐾，弹出如图 7-98所示的"光顺极点"对话框，接着选择一个要使极点光顺的面，并利用"光顺极点"对话框分别指定极点、极点移动方向、边界约束、光顺因子和修改百分比等，另外，在"结果"选项组中可检查最大偏差的值。获得满意的光顺曲面预览效果后，单击"应用"按钮或"确定"按钮。

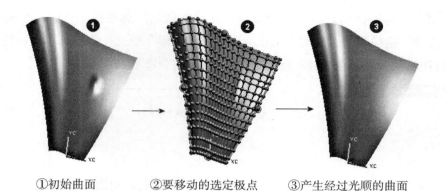

①初始曲面 　　②要移动的选定极点 　　③产生经过光顺的曲面

图 7-97　曲面光顺极点的典型示例

图 7-98　"光顺极点"对话框

# 7.5　思考与上机练习

（1）如何创建四点曲面？

（2）什么是填充曲面？如何创建它们？

（3）"通过曲线组""通过曲线网格"和"艺术曲面"这 3 个工具命令有什么异同之处？

（4）可修剪曲面对象的工具命令有哪些？

（5）使用"缝合"命令可以进行哪些操作？可以举例说明。

（6）编辑曲面相关的工具命令有哪些？

（7）上机操作：请自行设计两到三个曲面片体，然后将这些片体缝合成一个单一的片体，并通过"加厚"的方式形成实体。

（8）课后研习：深入研习"创意塑型"环境。

# 第8章 装配设计

**本 章 导 读**

　　装配设计主要用于表达机器或部件的工作原理及零件、部件间的装配关系。通常在设计好零件之后，可以将它们按照一定的约束关系装配起来以组成一个零部件或完整的产品模型，当然也可以采用其他装配设计思路反过来设计零部件。NX 12.0 为用户提供了专门的"装配"应用模块用于模拟真实的装配操作并创建装配模型等。使用"装配"应用模块，不仅能将零部件快速组合成产品，而且在装配过程中可以参考其他部件进行部件关联设计，并可以对装配模型进行间隙分析、干涉分析和相关仿真模拟等。

　　本章将深入浅出地介绍 NX 12.0 装配设计的实用知识，具体的内容包括装配设计概念、组件基础、组件位置、组件高级应用、爆炸视图、重用库标准件应用和低速滑轮装置装配设计。

## 8.1　装配设计概念

　　当将各个机械零件设计好了之后，通常还需要通过装配约束、机构联接关系等将零件组装起来以构成一个机械零部件或一个完整的机械产品/设备，这便是典型的装配设计。当然，在进行装配设计时，也可以进行零件设计。

　　本节主要介绍 NX 装配常用术语、创建装配部件文件、装配导航器和装配设计方法解析这些关于装配的基础知识。

### 8.1.1　NX 装配常用术语

　　NX 装配设计中包含了一些与"建模"应用模块中不同的术语和基本概念，例如"NX

装配""子装配""组件对象""组件部件""引用集""隐藏视图中的组件""显示视图中的组件"和"工作部件"等。本节将对这些常见的装配常用术语进行介绍。读者刚开始接触这些术语时，可能不太容易理解它们，但这不要紧，读者可以继续系统地学习其他装配设计知识，到时便会潜移默化地理解和掌握这些装配术语。

**1. NX 装配**

NX 装配是一个包含组件对象（组件对象是指向独立部件或子装配的指针，具体见"组件对象"的术语描述）的部件文件。换个角度来说，一个 NX 装配部件是由零件部件和子装配组合而成的。

**2. 子装配**

子装配是在更高级别装配中用作组件的装配，即子装配也是一个装配（它可以拥有自己的组件），只是其比顶级装配的级别要低。子装配是一个相对的概念，任何一个装配部件都可以在更高级别的装配中用作子装配。一个 NX 装配中可以包含有若干个子装配。

**3. 组件对象**

组件对象是指向包含组件几何体的文件的非几何指针。在部件文件中定义组件后，该部件文件将拥有新的组件对象。此组件对象允许在装配中显示组件，而无须复制任何几何体。一个组件对象会存储组件的相关信息，如图层、颜色、相对于装配的组件的位置数据、文件系统中组件部件的路径和要显示的引用集。

图8-1展示了典型的NX装配结构关系，其中A表示顶层装配，B表示顶层装配引用的子装配，C 表示装配引用的零件或独立部件，D 表示装配文件中的组件对象。

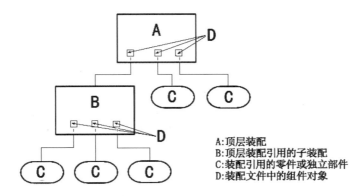

图 8-1　典型的 NX 装配结构关系

**4. 组件部件**

组件部件是被装配中的组件对象所引用的部件文件。组件部件中存储的几何体在装配中是可见的，但未被复制，它们只是被虚拟引用。

### 5. 引用集

引用集是在装配组件中定义的数据子集，是组件部件或子装配中对象的命名集合，并且引用集可用来简化较高级别装配中组件部件的表示。在对装配进行编辑时，用户可以通过显示组件或子装配的引用集来减少显示的混乱和降低内存使用量。

引用集可以包含的数据有名称、几何对象、基准、坐标系、组件对象和属性（属性用于一个部件清单的非几何信息）等。可以将引用集分为两类，一类是由 NX 管理的自动引用集，另一类则是用户定义的引用集。

引用集可以在零部件中提取定义的部分几何对象，通过定义的引用集可以将相应的零部件装配到装配体中。注意，一个零部件可以有多个引用集，其中"整个部件"引用集（表示整个部件）和"空"引用集（不包含对象）是每个部件的两个默认引用集。

### 6. 自底向上装配

自底向上装配是先创建部件几何模型，再以一定方式组合在一起形成子装配，往上一层形成装配。

### 7. 自顶向下装配

自顶向下装配是指在装配级中创建与其他部件相关的部件模型，从装配部件的顶级向下产生子装配和部件（即零件）。

### 8. 隐藏视图中的组件和显示视图中的组件

要隐藏视图中的选定组件，则在上边框条中单击"菜单"按钮 菜单(M)▾ ，并选择"装配"→"关联控制"→"隐藏视图中的组件"命令，弹出如图 8-2（a）所示的"隐藏视图中的组件"对话框，接着选择要隐藏的组件，单击"应用"按钮或"确定"按钮，即可在视图中隐藏所选组件。

（a）"隐藏视图中的组件"对话框　　　　（b）"显示视图中的组件"对话框

**图 8-2　"隐藏视图中的组件"对话框与"显示视图中的组件"对话框**

要显示视图中的选定隐藏组件，则在上边框条中单击"菜单"按钮 菜单(M)▾ ，并选择"装配"→"关联控制"→"显示视图中的组件"命令，弹出如图 8-2（b）所示的"显示视图中的组件"对话框，接着在对话框的隐藏组件列表中选择要取消隐藏的组件，单击"应用"按钮或"确定"按钮，即可在视图中显示所选定的隐藏组件。

另外，"装配"→"关联控制"级联菜单中的"仅显示"命令用于仅显示选定的组件，隐藏所有其他组件；而"在新窗口中隔离"命令用于仅在新窗口中显示选定的组件，隐藏所有其他组件。

9. 工作部件

工作部件是指正在其中创建和编辑几何体或几何模型的组件。在装配体中，工作部件和显示部件可以不是同一个部件。当显示部件是装配时，可以将工作部件更改为其任意组件，但已卸载的部件和使用显示部件中的不同单元所创建的部件除外。

要改变工作部件（定义哪个部件是工作部件），或者在上边框条中单击"菜单"按钮 菜单(M)▾ 并选择"装配"→"关联控制"→"设置工作部件"命令，系统弹出如图 8-3 所示的"设置工作部件"对话框。从"选择已加载的部件"列表框或图形窗口中选择所需部件，然后单击"确定"按钮即可。工作部件在图形窗口中的显示模式与其他部件的显示模式是不同的。另外，在图形窗口中双击非工作部件的组件也可以将其快速地更改为工作部件。

图 8-3 "设置工作部件"对话框

### 8.1.2 创建装配部件文件

NX 12.0 为用户提供一个专门的"装配"应用模块。用户可以新建一个使用"装配"模板的装配部件文件以进入"装配"应用模块，其方法步骤和创建其他部件文件的方法步骤基本一样，即启动 NX 12.0 后，在"快速访问"工具栏中单击"新建"按钮 ，或者按 Ctrl+N 快捷键，系统弹出一个"新建"对话框，接着切换至"模型"选项卡，并在该选项卡的"模板"选项组中选择名称为"装配"的模板，其默认单位为毫米；在"新文件名"选项组中设定新文件的名称，以及指定要保存到的文件夹，然后单击"确定"按钮，此时会弹出"添加组件"对话框以开始进行装配设计。

### 8.1.3 装配导航器

在位于图形窗口左侧的资源板中单击资源条上的"装配导航器" ，便打开装配导航器，如图 8-4 所示。在装配导航器中，可以使用层次结构树显示装配结构、组件属性以及成员组件间的约束等。

装配导航器中的"装配导航器"主面板用于标识特定组件，并显示层次结构树；"组件节点"用于显示与单独的组件相关的信息；"预览面"板用于显示所选组件的已保存部件预览；"相关性"面板用于显示所选装配或零件节点的父 – 子相关（相依）性。

知识点拨：

装配的每个组件在装配导航器中都显示为装配树中的一个节点。每个节点都由一个复选框、图符、部件名称及附加的栏组成。如果部件是一个装配或子装配时，那么还将显示有展开 / 折叠符号。

使用装配导航器主要可以执行以下这些操作：查看显示部件的装配结构，将命令应用于特定组件，通过将节点拖到不同的父项对结构进行编辑，标识组件和选择组件。在装配导航器窗口上使用右键快捷操作是很实用的，主要分两种情况，一种是在相应的组件上右击（如图 8-5（a）所示），另一种则是在空白区域上右击（如图 8-5（b）所示）。这两种情况弹出的快捷菜单提供的命令是不同的，应该要多加注意。

用户可以设置装配导航器的属性，其方法是在装配导航器窗口的合适空白区域上单击鼠标右键，从弹出的快捷菜单中选择"属性"命令，打开如图 8-6 所示的"装配导航器属性"对话框，从中对"常规""列"和"过滤器设置"等属性内容进行设置。其中，"列"选项卡列出了装配导航器中的显示项目，选中相应的复选框则表示该复选框对应的项目列将在装配导航器中显示，并可以调整各列在装配导航器中的显示顺序。

图 8-4　装配导航器

（a）组件上的右键快捷菜单

（b）空白区域处的右键快捷菜单

**图 8-5　装配导航器的两种右键快捷菜单**

（a）"常规"选项卡　　　　（b）"列"选项卡　　　　（c）"过滤器设置"选项卡

**图 8-6　"装配导航器属性"对话框**

## 8.1.4　装配设计方法解析

NX 12.0 的两种典型装配设计方法是自底向上装配建模和自顶向下装配建模。

### 1. 自底向上装配建模

自底向上装配设计方法是较为常用的一种传统的装配方法，其典型建模思路是先逐一设计好装配中所需的部件几何模型，再根据设计要求组合成子装配，由底向上逐级进行装配，最后形成整个装配体（装配部件）。

使用自底向上装配建模方法时，单击"添加组件"按钮 $\overset{+}{\clubsuit}$，可以通过选择已加载的部件或从磁盘选择部件，将组件添加到装配。

### 2. 自顶向下装配建模

自顶向下装配建模是一种要求相对高些的装配建模方法，它指在装配级中创建与其他部件相关的部件模型，即在装配过程中参照其他部件对当前工作部件进行设计，是在装配部件的顶级向下产生子装配和部件（即零件）的一种典型装配建模方法。

采用自顶向下装配建模时，可以在装配级别创建几何体，并且可以将几何体移动或复制到一个或多个组件中。在使用自顶向下装配建模时，需要理解上下文中设计的概念。上下文中设计是一种过程，在此过程中，可引用另一部件中的几何体来在新组件中定义几何体，对组件部件的改变可以立即在装配中显示，体现了边设计边装配的特点。注意当在装配上下文中工作时，NX 的许多功能允许选择来自于非工作部件的几何体。

在自顶向下装配建模中，除了可以在装配中建立几何体（草图、实体、片体等）以及建立一个新组件并添加几何体到其中之外，还可以在装配中建立一个"空"组件对象，使"空"组件成为工作部件，然后在此组件部件中建立所需几何体。

当然，在一些实际设计场合中，会将自顶向下装配建模和自底向上装配建模结合在一起，形成了混合装配模式。

# 8.2　组件基础

组件基础包括新建组件、添加组件和创建父对象。

## 8.2.1　新建组件

在"装配"应用模块中，使用"新建组件"按钮 $\overset{}{\clubsuit}$ 可以通过选择几何体并将其保存为组件，在装配中新建组件。使用自顶向下装配建模方法时，可以将现有几何体复制或移到新组件中，也可以直接创建一个空组件并随后向其添加几何体。

要在当前装配工作部件中新建组件，那么可以按照以下的方法步骤来执行。

❶ 在功能区"装配"选项卡的"组件"组中单击"新建组件"按钮 $\overset{}{\clubsuit}$，弹出如图 8-7 所示的"新组件文件"对话框。

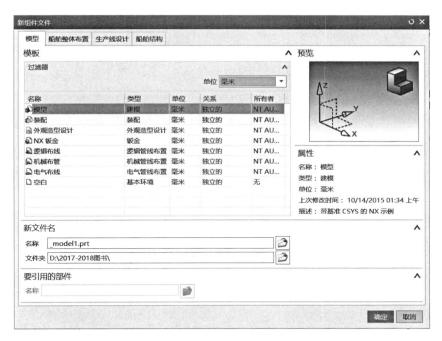

图 8-7 "新组件文件"对话框

**②** 在"新组件文件"对话框的"模型"选项卡的"模板"列表框中选择一个模板。如果需要，可以更改默认名称和文件夹位置。指定模板、新组件名称和文件夹位置后，单击"确定"按钮。

**③** 系统弹出如图 8-8 所示的"新建组件"对话框。此时，"对象"选项组中的"选择对象"按钮 ⊕ 处于被选中的状态。用户可以在图形窗口中选择对象以创建为包含所选几何体对象的新组件，也可以不选择对象以创建空组件。注意当在"对象"选项组中选中"添加定义对象"复选框时，则可以在新组件部件文件中包含所有参考对象，所述的参考对象可以定义所选对象的位置或方向。当取消选中"添加定义对象"复选框时，则可以排除参考对象。

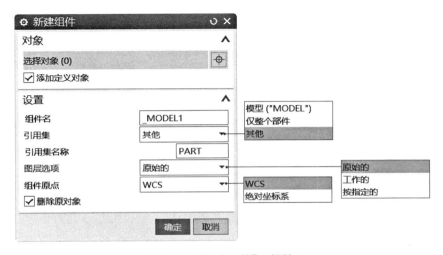

图 8-8 "新建组件"对话框

**4** 在"设置"选项组的"组件名"文本框中设置新组件的名称,从"引用集"下拉列表框中为正在复制或移动的任何几何体指定引用集,从"图层选项"下拉列表框中选择显示组件几何体的图层,从"组件原点"下拉列表框中选择"WCS"或"绝对坐标系"选项,选中或取消"删除原对象"复选框以指定是否要删除装配中选定的任何几何体。

**5** 在"新建组件"对话框中单击"确定"按钮,从而完成新建组件。用户可以在装配导航器中检查以确保将新组件添加到装配结构中的正确位置。

## 8.2.2 添加组件

使用"添加组件"按钮 ,可以通过选择已加载的部件或从磁盘选择部件,将所选部件组件添加到装配中,其具体的方法步骤如下。

**1** 在功能区"装配"选项卡的"组件"组中单击"添加组件"按钮 ,打开如图 8-9 所示的"添加组件"对话框。

**2** 在"要放置的部件"选项组中,使"选择部件"按钮 处于活动状态,接着从"已加载的部件"列表框中选择要添加的部件。如果"已加载的部件"列表框中没有要添加的部件,那么可以单击"要放置的部件"选项组中的"打开"按钮 ,弹出"部件名"对话框,通过"部件名"对话框来选择打开所需的部件文件。此外,也可以在图形窗口中或装配导航器中选择部件。

图 8-9 "添加组件"对话框

知识点拨:

在"要放置的部件"选项组中,可以设定"已加载的部件"列表框的视图样式,可选的视图样式有"中""平铺""小""特别小"和"列表",例如当将视图样式设置为"平铺"时,"已加载的部件"列表框以平铺的方式显示部件视图,如图 8-10 所示。

**3** 在"要放置的部件"选项组中选中或取消选中"保持选定"复选框,以及在"数量"数值框中输入要添加的实例引用数,该实例引用数默认值为 1。

**4** 在"位置"选项组中指定组件锚点方式,例如从"组件锚点"下拉列表框中选择"绝对坐标系"选项,从"装配位置"下拉列表框中选择"对齐""绝对坐标系 – 工作部件""绝对坐标系 – 显示部件"或"工作坐标系"选项,如图 8-11 所示,并根据设计需要对循环定向进行设置。循环

图 8-10 视图样式为"平铺"时

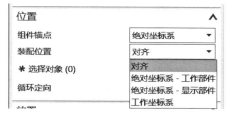

图 8-11 "位置"选项组

定向包括 4 个按钮，⬚用于将组件定向至 WCS，⬚用于反转选定组件锚点的 Z 向，⬚用于围绕 Z 轴将组件从 X 轴旋转 90° 到 Y 轴，⬚用于重置已对齐的位置和方向。而"装配位置"下拉列表框中各选项的功能含义如下。

- 对齐：通过选择位置来定义坐标系。
- 绝对坐标系 – 工作部件：将组件放置于当前工作部件的绝对原点。
- 绝对坐标系 – 显示部件：将组件放置于显示装配的绝对原点。
- 工作坐标系：将组件放置于工作坐标系。

⬚ 在"放置"选项组中选中"移动"单选按钮或"约束"单选按钮。前者用于通过指定方位来移动添加的组件；后者用于通过建立装配约束来放置添加的组件。

⬚ 展开"设置"选项组，在"组件名"文本框中指定组件名，利用"引用集"下拉列表框设置已添加组件的引用集，从"图层选项"下拉列表框设置要添加组件和几何体的图层，如图 8-12 所示。当从"图层选项"下拉列表框中选择"按指定的"选项时，出现"图层"文本框，在"图层"文本框中设置组件和几何体的图层号。另外，在"设置"选项组中可以展开"互动选项"子选项组，分别指定"分散组件""保持约束""预览"和"启动预览窗口"复选框的状态，其中当选中"启用预览窗口"复选框时，系统弹出一个额外的"组件预览"窗口来预览显示要添加的组件，如图 8-13 所示。而"预览"复选框用于设置是否在主装配窗口中显示要添加进来的组件。如果之前设置了约束放置方式，那么在"设置"选项组中还将提供"启用的约束"子选项组，用于用户设置要启用哪些约束。

⬚ 在"添加组件"对话框中单击"应用"按钮或"确定"按钮，进行添加组件的命令操作。

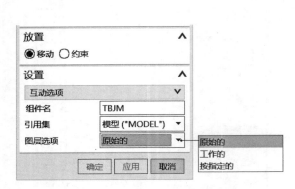

图 8-12    "设置"选项组等          图 8-13    启用预览窗口

### 8.2.3    新建父对象

"新建父对象"是指新建当前显示部件的父部件。在功能区"装配"选项卡的"组件"组中单击"新建父对象"按钮，弹出"新建父对象"对话框，在"模型"选项卡的·"模板"列表框中选择所需模板，例如选择名称为"装配"的模板，接着在"新文件名"选项组中分别指定名称和文件夹路径（即保存路径），如图 8-14 所示，然后单击"确定"按钮。

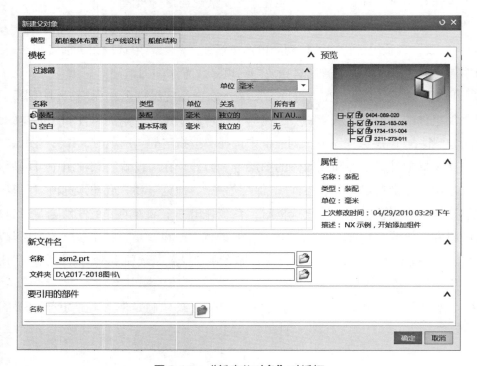

图 8-14    "新建父对象"对话框

# 8.3 组件位置

组件位置的主要知识点包括装配约束、移动组件、显示和隐藏约束、记住约束和显示自由度等。

## 8.3.1 装配约束

"装配约束"是指通过指定约束关系，相对装配中的其他组件重定位组件。

在"装配"应用模块中，在功能区"装配"选项卡的"组件位置"组中单击"装配约束"按钮，系统弹出如图8-15所示的"装配约束"对话框。下面介绍"装配约束"对话框主要选项组的功能含义。

图 8-15 "装配约束"对话框

1."约束类型"选项组

"约束类型"选项组用于指定装配约束的类型，类型包括"接触对齐"、"同心"、"距离"、"固定"、"平行"、"垂直"、"对齐/锁定"、"适合窗口"、"胶合"、"居中"和"角度"。在"约束类型"选项组的约束类型列表中显示哪些约束类型图标由"设置"选项组设定的"启用的约束"来决定。

2. "要约束的几何体"选项组

"要约束的几何体"选项组用于定义要约束的几何体，包括选择要约束的对象，以及设定相关的选项等。不同的装配约束类型，"要约束的几何体"选项组提供的选项也不同。例如，当在"约束类型"选项组的约束类型列表框中选择"接触对齐"，则在"要约束的几何体"选项组"方位"下拉列表框中选择一个方位选项（"方位"下拉列表框仅在"约束类型"为"接触对齐"时才出现），并根据所选方位选项选择所需的对象，如果存在多个可能的解，那么可以在各解之间进行循环选择。当在"约束类型"选项组的约束类型列表框中选择"同心"时，则只需通过"要约束的几何体"选项组来选择两个圆对象。

当一个约束有两个解算方案时，"要约束的几何体"选项组提供的"撤销上一个约束"按钮可用；当使用"距离"约束且存在两个以上的解时，"要约束的几何体"选项组提供"循环上一个约束"按钮以用于在"距离"约束的可能的解之间循环。

3. "设置"选项组

在"设置"选项组中设置如下选项。

- "布置"下拉列表框：该下拉列表框用于指定约束如何影响其他布置中的组件定位，有两个选项供选择，即"使用组件属性"和"应用到已使用的"，前者用于指定"组件属性"对话框的"参数"选项卡上的"布置"设置确定位置（"布置"设置可以是"单独地定位"，也可以是"位置全部相同"），后者则用于指定将约束应用于当前已使用的布置。

- "动态定位"复选框：选中该复选框，则指定 NX 解算约束并在创建约束时移动组件。倘若取消选中"动态定位"复选框，则在"装配约束"对话框中单击"应用"按钮或"确定"按钮之前，NX 不解算约束或移动对象。

- "关联"复选框：定义装配约束时，"关联"复选框的状态决定了该约束是否关联。选中"关联"复选框时，则在关闭"装配约束"对话框时，将约束添加到装配，另外在保存组件时将保存约束。如果取消选中"关联"复选框，其后所创建的约束是瞬态的，在单击"确定"按钮以退出对话框或单击"应用"按钮时，它们将被删除。可定义多个关联和非关联装配约束。

- "移动曲线和管线布置对象"复选框：如果选中该复选框，则在约束中使用管线布置对象和相关曲线时移动它们。

- "动态更新管线布置实体"复选框：该复选框用于动态更新管线布置实体。

- "启动的约束"子选项组：用于设置启用哪些约束类型。

在 NX 12.0 中，可用的装配约束类型选项如表 8-1 所示。

表 8-1　装配约束类型一览表

| 序号 | 装配约束类型 | 图标 | 描述 | 备注 |
|---|---|---|---|---|
| 1 | 接触对齐 | | 约束两个组件，使它们彼此接触或对齐；注意接触对齐约束的方位选项包括"首选接触""接触""对齐"和"自动判断中心/轴" | "首选接触"用于当接触和对齐解都可能时显示接触约束；"接触"用于约束对象使其曲面法向在反方向上；"对齐"用于约束对象使其曲面法向在相同的方向上；"自动判断中心/轴"指定在选择圆柱面或圆锥面时，NX 将使用面的中心或轴而不是面本身作为约束 |
| 2 | 同心 | | 约束两个组件的圆形边或椭圆形边，以使中心重合，并使边的平面共面 | |
| 3 | 距离 | | 指定两个对象之间的最小 3D 距离 | |
| 4 | 固定 | | 将对象固定在其当前位置上 | 在需要隐含的静止对象时，固定约束会很有用；如果没有固定的节点，整个装配可以自由移动 |
| 5 | 平行 | | 将两个对象的方向矢量定义为相互平行 | |
| 6 | 垂直 | | 将两个对象的方向矢量定义为相互垂直 | |
| 7 | 对齐/锁定 | | 对齐不同对象中的两个轴，同时防止绕公共轴旋转 | 要求所选对象要一致，如圆柱面对圆柱面，圆边线对圆边线、直边线对直边线等 |
| 8 | 适合窗口（等尺寸配对） | | 约束具有等半径的两个对象，例如圆边或椭圆边，或者圆柱面或球面 | 此约束对确定孔中销或螺栓的位置很有用；如果以后半径变为不等，则该约束无效 |
| 9 | 胶合 | | 将组件"焊接"在一起，使它们作为刚体移动 | 胶合约束只能应用于组件，或组件和装配级的几何体；其他对象不可选 |
| 10 | 居中（中心） | | 使一对对象之间的一个或两个对象居中，或使一对对象沿另一个对象居中 | "中心"约束的子类型分"1 对 2""2 对 1"和"2 对 2"3 种，"1 对 2"在后两个所选对象之间使第一个所选对象居中，"2 对 1"使两个所选对象沿第三个所选对象居中，"2 对 2"使两个所选对象在两个其他所选对象之间居中 |
| 11 | 角度 | | 定义两个对象间的角度尺寸 | 角度约束的子类型分"3D 角"和"方向角度"两种类型，前者用于在未定义旋转轴的情况下设置两个对象之间的角度约束，后者使用选定的旋转轴设置两个对象之间的角度约束 |

在装配应用模块中建立装配约束的一般方法和步骤如下。

**1** 在"装配"应用模块中，在功能区"装配"选项卡的"组件位置"组中单击"装配约束"按钮，系统弹出"装配约束"对话框。此时建议"设置"选项组的"启用的约束"子选项组中的全部复选框均被选中，表示启用全部约束类型。

**2** 在"约束类型"选项组的约束类型列表框中选择所需的一个装配约束图标。

**3** 检查"设置"选项组中的默认选项。可以根据要求对这些选项进行更改。

利用"要约束的几何体"进行相关选项设置，以及选择所需的对象来约束。对于某些约束而言，如果有两种解的可能，则可以通过单击"撤销上一个约束"按钮⊠在可能的求解中切换。存在多个解时，还可以通过单击"循环上一个约束"按钮⊡以在可能的解之间循环。注意可能还要根据装配约束的不同而设置相应的参数。

在"装配约束"对话框中单击"应用"按钮或"确定"按钮。

## 8.3.2 移动组件

"移动组件"按钮用于移动装配中的组件，但要注意所选组件的自由度对移动的限制影响。移动组件的操作内容主要包括选择组件并使用拖曳手柄去实现动态移动，建立约束以移动组件到所要求的位置，以及移动不同装配级上的组件。

在功能区"装配"选项卡的"组件位置"组中单击"移动组件"按钮，系统弹出如图 8-16 所示的"移动组件"对话框，接着选择要移动的组件，设置变换运动、复制模式以及附加设置选项等，从而在约束允许的方位上移动装配中的选定组件。

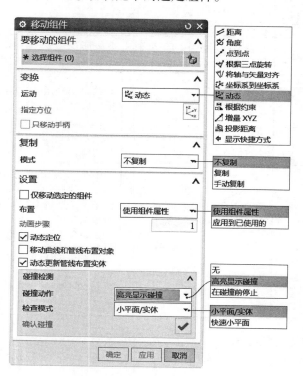

图 8-16 "移动组件"对话框

在"变换"选项组的"运动"下拉列表框中提供了移动组件的多种选项，包括"动态""距离""角度""点到点""根据三点旋转""将轴与矢量对齐""坐标系到坐标系""根据约束""增量 XYZ"和"投影距离"，它们的功能含义如下。

- 动态：选择该选项后，需要指定方位，可以在图形窗口中拖曳手柄来移动或旋转组件，也可以在屏显输入框中输入相应的值来移动组件。注意使用 Alt 键可关闭捕捉功能。
- 距离：在指定矢量方向上，从某一定义点开始以设定的距离值移动组件。
- 角度：绕轴点和矢量方向以指定的角度移动组件。
- 点到点：从指定的一点到另一点移动组件。
- 根据三点旋转：定义枢轴点、起始点和终止点等，在其中移动组件。
- 将轴与矢量对齐：需要指定起始矢量、终止矢量和枢轴点，以绕枢轴点在两个定义的矢量间移动组件。
- 坐标系到坐标系：从一个坐标系到另一个坐标系移动组件。
- 根据约束：添加装配约束来移动组件。
- 增量 XYZ：基于显示部件的绝对或 WCS 位置加入 XC、YC、ZC 相对距离来移动组件。
- 投影距离：指定投影矢量，选择起点或起始对象，再选择终点或终止对象，按投影距离来移动组件。

### 8.3.3 显示和隐藏约束

在 NX 12.0 中，可以根据实际设计情况，显示和隐藏约束及使用其关系的组件。在功能区"装配"选项卡的"组件位置"组中单击"显示和隐藏约束"按钮↓⁄，弹出如图 8-17 所示的"显示和隐藏约束"对话框。接着选择感兴趣的组件或约束，并在"设置"选项组中选中"约束之间"单选按钮或"连接到组件"单选按钮来定义可见约束，以及设置是否更改组件可见性和是否过滤装配导航器，然后单击"确定"按钮或"应用"按钮。例如，在装配中只选择一个约束符号，在"设置"选项组中选中"约束之间"单选按钮，选中"更改组件可见性"复选框，然后单击"应用"按钮，则在图形窗口中只显示使用此约束的组件。

图 8-17 "显示和隐藏约束"对话框

### 8.3.4 记住约束

"记住约束"是指记住部件中的装配约束，以供在其他组件中重用。在功能区"装配"选项卡的"组件位置"组中单击"记住约束"按钮，系统弹出如图 8-18 所示的"记住的约束"对话框，接着选择要记住约束的组件，以及在所选组件上选择要记住的约束，然后单击"确定"按钮或"应用"按钮。之后保存组件时，所选择的约束也将随着组件一起保存。

在其他装配中再次将此组件添加进去时，系统将弹出如图 8-19 所示的"重新定义约束"对话框，此时用户可以通过已记住的约束来辅助定位组件，即在装配中选择其他组件的配合对象来完成重新定义装配约束。实践证明，在一些复杂的机械设备中，装配一些相同规格的零部件时，可以事先为该零部件执行"记住约束"操作，这样在装配相同零部件时便可以使用已记住的约束来进行装配约束，工作效率会得到显著提升。

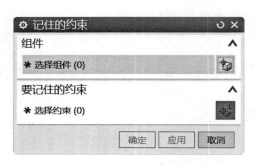

图 8-18　"记住的约束"对话框　　　图 8-19　"重新定义约束"对话框

## 8.3.5　显示自由度

要显示组件的自由度，那么在功能区"装配"选项卡的"组件位置"组中单击"显示自由度"按钮，系统弹出如图 8-20 所示的"组件选择"对话框，接着选择要操作的组件，则在图形窗口中显示该组件的自由度，如图 8-21 所示。

图 8-20　"组件选择"对话框

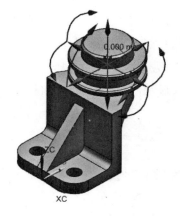

图 8-21　显示所选组件的自由度（示例）

# 8.4 组件高级应用

组件高级应用主要包括阵列组件、镜像装配、替换组件、抑制组件与取消抑制组件。

## 8.4.1 阵列组件

"阵列组件"是指将一个组件复制到指定的阵列中。

在功能区"装配"选项卡的"组件"组中单击"阵列组件"按钮 ，弹出如图 8-22 所示的"阵列组件"对话框。下面对该对话框 3 个选项组的功能含义分别介绍。

图 8-22 "阵列组件"对话框

- "要形成阵列的组件"选项组：在该选项组中单击"组件"按钮 ，接着选择要形成阵列的组件。
- "阵列定义"选项组：在该选项组中指定阵列布局类型，并根据所选阵列布局类型进行相应的参数和选项设置。"布局"下拉列表框提供的阵列布局类型与"设置"选项组的"关联"复选框有关，当选中"关联"复选框时，"布局"下拉列表框提供的阵列布局类型有"线性""圆形"和"参考"；当取消选中"关联"复选框时，提供的阵列布局类型有"线性""圆形""多边形""平面螺旋""沿""常规""参考"和"螺旋线"。阵列组件的阵列定义和阵列特征的阵列定义是基本相同的，在此不做赘述。
- "设置"选项组：在该选项组中设置是否开启动态定位。对于某些布局类型的阵列，还可以设置阵列组件是否具有关联性。

下面介绍阵列组件的两个范例。

1. 采用"圆形"布局阵列组件

采用"圆形"布局阵列组件的范例如下。

**1** 按 Ctrl+O 快捷键，弹出"打开"对话框，选择"CH8\zlzj_yx.prt"文件，单击 OK 按钮，原始装配体模型如图 8-23 所示。

**2** 在功能区"装配"选项卡的"组件"组中单击"阵列组件"按钮，弹出"阵列组件"对话框。

**3** 在图形窗口中选择螺钉（zlzj_yx_b.prt）作为要形成阵列的组件。

**4** 在"阵列定义"选项组的"布局"下拉列表框中选择"圆形"选项，在"旋转轴"子选项组的"指定矢量"下拉列表框中选择"ZC 轴"选项，在"指定点"下拉列表框中选择"圆弧中心/椭圆中心/球心"选项并确保处于指定点状态，在图形窗口中单击基础盘状模型中底面端面圆边线以取其中心点作为轴点；在"斜角方向"子选项组的"间距"下拉列表框中选择"数量和跨距"选项，设置"数量"为 6，跨角为 360°；在"辐射"子选项组中取消选中"创建同心成员"复选框，如图 8-24 所示。

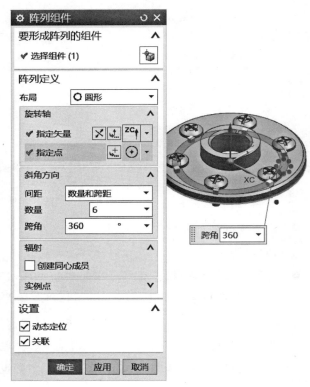

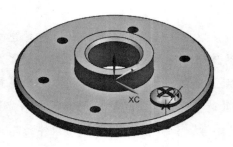

图 8-23　原始装配体模型　　　　图 8-24　圆形阵列定义

**5** 在"设置"选项组中选中"动态定位"复选框和"关联"复选框。

**6** 单击"确定"按钮，阵列组件的结果如图 8-25 所示。

📖 知识点拨：

由于在基础盘状模型中的 6 个孔是由圆形阵列来完成的，而螺钉（zlzj_yx_b.prt）需要安装在这 6 个孔处，因此本例也可以采用"参考"布局来阵列组件获得同样的装配效果，如图 8-26 所示。

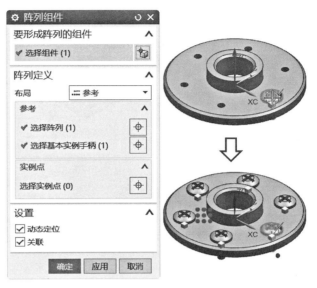

图 8-25  阵列组件结果（圆形阵列）        图 8-26  阵列组件结果（参考阵列）

2. 采用"线性"布局阵列组件

采用"线性"布局阵列组件的范例如下。

🔳1 按 Ctrl+O 快捷键，弹出"打开"对话框，选择"CH8\zlzj_xx_asm.prt"文件，单击 OK 按钮，原始装配体模型如图 8-27 所示。

🔳2 在功能区"装配"选项卡的"组件"组中单击"阵列组件"按钮📷⁺，弹出"阵列组件"对话框。

🔳3 在图形窗口中选择小长方体作为要形成阵列的组件。

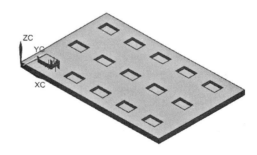

图 8-27  原始装配体模型

🔳4 在"阵列定义"选项组的"布局"下拉列表框中选择"线性"选项，并进行如图 8-28 所示的方向 1 和方向 2 参数设置。

🔳5 在"设置"选项组中均取消选中"动态定位"复选框和"关联"复选框。

🔳6 单击"确定"按钮，阵列组件的结果如图 8-29 所示。

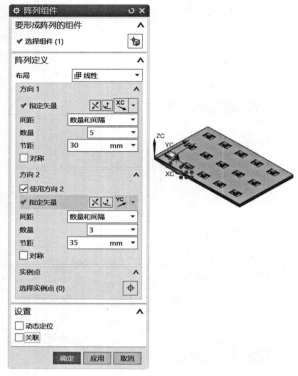

图 8-28　线性阵列定义

图 8-29　阵列组件结果（线性阵列）

## 8.4.2　镜像装配

在"装配"应用模块中，单击"镜像装配"按钮，可以创建整个装配或选定组件的镜像版本，即以镜像方式完成相应的装配。镜像装配示例如图 8-30 所示，在该示例中，先在装配体中通过装配约束的方式装配好一个非标准的螺钉，接着使用"镜像装配"的方法在装配体中镜像装配另一个规格相同的螺钉。具体操作过程如下。

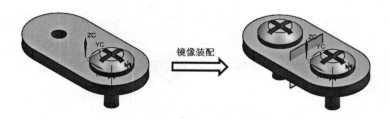

镜像装配

图 8-30　镜像装配示例

**1** 打开"CH8\jxzp.prt"文件。

**2** 在功能区"装配"选项卡的"组件"组中单击"镜像装配"按钮，系统弹出如图 8-31 所示的"镜像装配向导"对话框欢迎页面。

图 8-31　"镜像装配向导"对话框欢迎页面

❸ 单击"下一步"按钮，打开"镜像装配向导"对话框的"选择组件"页面。

❹ 选择要镜像的组件。本例选择已经装配到装配体中的第一个螺钉，此时"镜像装配向导"对话框的"选择组件"页面如图 8-32 所示。注意选择的组件必须是工作装配体的子项。

图 8-32　选择要镜像的组件

❺ 在"镜像装配向导"对话框的"选择组件"页面中单击"下一步"按钮，打开"镜像装配向导"对话框的"选择平面"页面。

❻ 系统提示选择镜像平面。由于没有所需的平面作为镜像平面，则在"镜像装配向导"对话框的"选择平面"页面中单击"创建基准平面"按钮 ，如图 8-33 所示，系统弹出"基准平面"对话框。

图 8-33　单击"创建基准平面"按钮

在"基准平面"对话框的"类型"下拉列表框中选择"YC–ZC 平面"选项，在"偏置和参考"选项组中选中"绝对"单选按钮，在"距离"下拉列表框中输入距离为 0，如图 8-34 所示。单击"确定"按钮，从而创建所需的一个基准平面作为镜像平面。

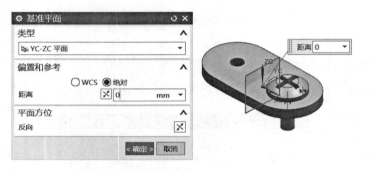

图 8-34　创建基准平面作为镜像平面

在"镜像装配向导"对话框的"选择平面"页面中单击"下一步"按钮，打开"命名策略"页面，如图 8-35（a）所示，默认的命名规则为"将此作为前缀添加到原名中"，目录规则

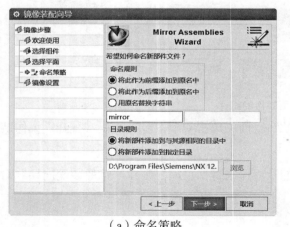

（a）命名策略

（b）镜像设置

图 8-35　"镜像装配向导"对话框的两个页面

为"将新部件添加到与其源相同的目录中"。接着单击"下一步"按钮,打开"镜像设置"页面,在右侧面板中列出选定的组件,如图8-35(b)所示。在右侧面板的组件列表中选择一个组件以作为要改其初始操作的组件(如重新指定镜像类型),本例单击"关联镜像"按钮🔩,然后单击"下一步"按钮。

📖 知识点拨:

在"镜像装配向导"对话框的镜像设置页面中,可以为每个组件选择不同的镜像类型,其方法是在右侧面板的组件列表中选择一个组件,接着单击如下4个按钮之一。

● "关联镜像"按钮🔩:单击该按钮,将创建所选组件的关联镜像版本,并创建新部件。

● "非关联镜像"按钮🔩:单击该按钮,将创建所选组件的非关联镜像版本,并创建新部件。

● "排除"按钮☒:单击该按钮排除所选组件。

● "重用和重定位"按钮🔩:默认的镜像类型为"重用和重定位",在该按钮可用时,单击该按钮,将创建所选组件的新实例。

🅢 系统弹出如图8-36所示的"镜像组件"对话框,提示此操作将新建部件并将它们作为组件添加到工作部件,从中单击"确定"按钮。可以在该对话框中选中"不再显示此消息"复选框,以设置以后不再弹出用于显示此消息的对话框。此时,镜像组件预览在图形窗口中,同时"镜像装配向导"对话框进入"镜像检查"页面,如图8-37所示。在完成操作之前,可以执行如下操作来进行更正(属于可选操作)。

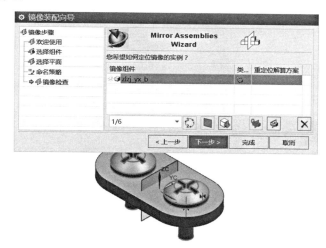

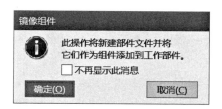

图8-36 "镜像组件"对话框　　　图8-37 "镜像装配向导"对话框的"镜像检查"页面

● 通过单击相应的按钮更改组件的镜像类型("重用和重定位""关联镜像"或"非关联镜像")。

● 选择组件,单击"排除"按钮☒。

● 单击"循环重定位解算方案"按钮🔩,在所选组件的每个可能的重定位解算方案间循环,或者可以从列表框中选择解算方案。

⑨ 在"镜像装配向导"对话框的"镜像检查"页面中单击"下一步"按钮，打开"命名新部件文件"页面，如图 8-38 所示。

图 8-38 "镜像装配向导"对话框的"命名新部件文件"页面

⑩ 单击"完成"按钮，完成本例操作，得到的镜像装配结果如图 8-39 所示。

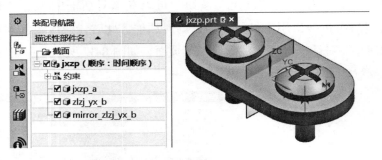

图 8-39 镜像装配结果

## 8.4.3 替换组件

替换组件是指用一个组件替换另一个组件，即移除现有选定的一个组件，并用另一类型为"*.prt"文件的一个组件将其替换。

要执行替换组件操作，可以先选择要替换的组件，接着在功能区"装配"选项卡中单击"更多"→"替换组件"按钮，弹出如图 8-40 所示的"替换组件"对话框。如果事先未选择要替换的组件，那么需要在"要替换的组件"选项组中单击"选择组件"按钮，再在图形窗口中选择一个组件作为要替换的组件。在该对话框的"替换件"选项组中单击"选择部件"按钮，在图形窗口中选择替换组件（如果有的话），或者在"已加载的部件"列表框和"未加载的部件"列表框中选择一个部件作为替换件，或者在"替换件"选项组中单击"浏览"按钮，并利用弹出的"部件名"对话框从磁盘上选择所需的部件作为替换件。

在"设置"选项组中对以下内容进行设置。

- ●"保持关系"复选框:选中该复选框时,则在替换组件时保持装配关系。
- ●"替换装配中的所有事例"复选框:选中该复选框时,则当前装配体中所有重复使用的装配组件都将被替换。
- ●"组件属性"子选项组:在该子选项组中设置组件属性,包括名称选项、引用集和图层选项等。

### 8.4.4 抑制组件与取消抑制组件

本节介绍抑制组件与取消抑制组件。

1. 抑制组件

"抑制组件"是指从当前显示中移除选定的组件及其子组件,这与删除组件是完全不同的概念。在抑制组件时,UG NX系统会忽略选定组件及其子组件的多个装配功能,这与隐藏组件又明显不同,因为隐藏的组件仍然使用了这些装配功能。如果要使装配将某些组件视为不存在,但尚未准备从数据库中删除这些组件,那么使用"抑制组件"命令将非常有用。

抑制组件的操作方法很简单,在功能区"装配"选项卡中单击"更多"→"抑制组件"按钮 。弹出如图8-41所示的"类选择"对话框,选择所需的组件,然后单击"类选择"对话框中的"确定"按钮,即可抑制所选的组件。

图8-40 "替换组件"对话框

被抑制的组件具有以下这些行为或特点:被抑制的组件的子项也会一同受到抑制;当某一组件包含抑制表达式时,可以将该表达式与其他表达式相关联,以便在组件的抑制状态更改时,同时创建其他更改;可使组件的抑制状态特定于装配布置或控制父部件,例如,可以指定在某一布置中抑制组件,但在其他布置中取消抑制该组件;当抑制多个组件时,被抑制的这些组件可以来自装配的不同级别和子装配;抑制某个已加载的组件并不会将其卸载;依赖于被抑制的组件的装配约束和链接几何体在取消抑制该组件之前不会更新。

2. 取消抑制组件

"取消抑制组件"是指显示先前抑制的组件,其操作方法较为简单:在功能区"装配"选项卡中单击"更多"→"取消抑制组件"按钮 ,系统弹出如图8-42所示的"选择抑制的组件"对话框,从列表中选择当前处于已抑制状态的组件(也就是选择将要取消抑制的组件),然后单击"确定"按钮即可。

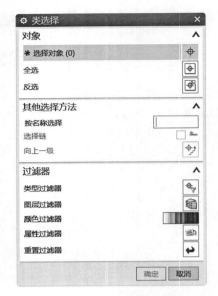

图 8-41　"类选择"对话框

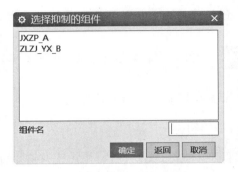

图 8-42　"选择抑制的组件"对话框

# 8.5　爆炸图

在机械工程图中，有时会要求创建机械产品或机械设备的爆炸图，爆炸图可用在生产组装、产品结构说明等环节。本节介绍的爆炸图知识点主要包括新建爆炸图、编辑爆炸图、自动爆炸组件、取消爆炸组件、删除爆炸图、切换爆炸图和在爆炸图中绘制追踪线。

## 8.5.1　新建爆炸图

在装配中，要将组件以可见方式重定位来形成新爆炸图，那么可以按照以下的方法步骤来进行。

**1** 在功能区"装配"选项卡中单击"爆炸图"→"新建爆炸"按钮，系统弹出如图 8-43 所示的"新建爆炸"对话框。

图 8-43　"新建爆炸"对话框

**2** 在"新建爆炸"对话框的"名称"文本框中显示了爆炸图的默认名称。用户可以使用默认的爆炸图名称，也可以在"名称"文本框中为爆炸图输入新名称。

**3** 在"新建爆炸"对话框中单击"确定"按钮，从而创建一个新的爆炸图。

创建了新的爆炸图之后，通常需要对该爆炸图进行编辑操作，例如，可以使用"编辑爆炸图"命令或"自动爆炸组件"命令进行编辑操作。

如果在创建新爆炸图之前，当前视图已包含有爆炸的组件，那么可以将其用作创建新爆炸图的起点。如果要创建一系列的爆炸图，则此思路方法尤为有用。

## 8.5.2　编辑爆炸图

图 8-44　"编辑爆炸"对话框

编辑爆炸图是指对爆炸图中选定的一个或多个组件进行重定位。可以按照以下的方法步骤来编辑在工作视图中显示的爆炸图。

**1** 在功能区"装配"选项卡中单击"爆炸图"→"编辑爆炸"按钮，打开如图 8-44 所示的"编辑爆炸"对话框。

**2** 在"编辑爆炸"对话框中选中"选择对象"单选按钮，在装配中选择要爆炸移动的组件。

**3** 在"编辑爆炸"对话框中选中"移动对象"单选按钮，此时在所选组件上显示有平移拖动手柄、旋转拖动手柄和原始手柄，如图 8-45 所示。按照以下一种或多种方法来移动所选的组件。

● 在矢量方向上移动：在视图中选择一个平移拖动手柄，可以选中"对齐增量"复选框并在对应的增量框中输入距离增量的值，在"距离"文本框中输入所选组件要移动的距离并按 Enter 键确认。也可以通过拖动平移手柄来移动组件。

● 围绕矢量旋转：在视图中选择一个旋转拖动手柄，可以选中"对齐增量"复选框并在对应的增量框中输入角度增量的值，在"角度"文本框中输入所选组件要旋转的角度并按 Enter 键确认。也可以通过拖动旋转手柄来旋转组件。

● 选择并拖动原始手柄，将组件移至所需的位置处。

● 如果选中"只移动手柄"单选按钮，则使用鼠标移动手柄时，组件不移动。

**4** 图 8-46 给出了一个编辑后的爆炸图效果。编辑爆炸图满意后，在"编辑爆炸"对话框中单击"确定"按钮。

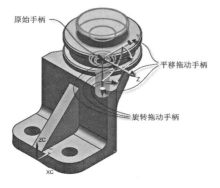

图 8-45　在所选组件上显示相关手柄

图 8-46　爆炸图参考效果

### 8.5.3 自动爆炸组件

自动爆炸组件是基于组件的装配约束重定位当前爆炸图中的组件。采用"自动爆炸组件"的爆炸图不一定是理想的爆炸图，必要时再使用"编辑爆炸图"工具命令来编辑且优化自动爆炸图。需要用户注意的是，"自动爆炸组件"工具命令对未约束的组件无效。

自动爆炸组件的方法步骤如下。

**1** 确保工作视图显示要编辑的爆炸图，在功能区"装配"选项卡中单击"爆炸图"→"自动爆炸组件"按钮，弹出如图8-47所示的"类选择"对话框。

**2** 选择要偏置的组件，然后在"类选择"对话框中单击"确定"按钮。

**3** 系统弹出如图8-48所示的"自动爆炸组件"对话框。

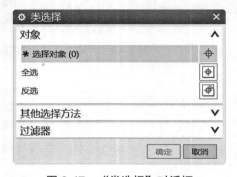

图8-47　"类选择"对话框　　　　图8-48　"自动爆炸组件"对话框

**4** 在"距离"文本框中输入距离值，然后按Enter键或单击"确定"按钮。

用户也可以先选择要自动爆炸的组件，接着在功能区"装配"选项卡中单击"爆炸图"→"自动爆炸组件"按钮，打开"自动爆炸组件"对话框，从中指定距离值，然后单击"确定"按钮。

自动爆炸组件的示例如图8-49所示（可以打开"CH8\zdbzzj.prt"文件来进行练习）。在单击"自动爆炸组件"按钮后，选择6个"螺钉"（6个"螺钉"均应用有相应的装配约束）作为要偏置的组件，并在"自动爆炸组件"对话框中设置偏置距离值。

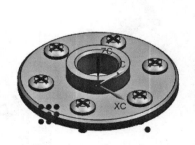

（a）自动爆炸组件之前　　　　　（b）自动爆炸组件之后

图8-49　自动爆炸组件的示例

### 8.5.4 取消爆炸组件

"取消爆炸组件"按钮 用于将一个或多个选定组件恢复至其未爆炸的原始位置。取消爆炸组件的操作较为简单,即先选择要取消爆炸状态的组件,接着在功能区"装配"选项卡中单击"爆炸图"→"取消爆炸组件"按钮 即可。也可以先单击"取消爆炸组件"按钮 ,再选择要取消爆炸状态的组件。

### 8.5.5 删除爆炸图

"删除爆炸图"命令操作是指删除未显示在任何视图中的装配爆炸图。如果存在着多个爆炸图,NX 将显示所有爆炸图的列表以供用户选择要删除的视图。如果选中的爆炸图与任何其他视图关联,则 NX 会显示一则警告,提示必须首先删除关联的视图。

在功能区"装配"选项卡中单击"爆炸图"→"删除爆炸"按钮 ,系统弹出如图 8-50 所示的"爆炸图"对话框,从该对话框的爆炸图列表中选择要删除的爆炸图名称,单击"确定"按钮。如果所选的爆炸图处于显示状态,则不能执行删除操作,系统会弹出如图 8-51 所示的"删除爆炸"对话框提示用户。

图 8-50 "爆炸图"对话框

图 8-51 "删除爆炸"对话框

### 8.5.6 切换爆炸图

在一个装配部件中可以建立多个命名的爆炸图,这些爆炸图的名称会显示在功能区"装配"选项卡的"爆炸图"组的"工作视图爆炸"下拉列表框中,如图 8-52 所示。使用"工作视图爆炸"下拉列表框可以选择爆炸图并在工作视图中显示。如果只是想显示装配状态的视图而不希望显示爆炸图,那么可以在该下拉列表框中选择"(无爆炸)"选项。

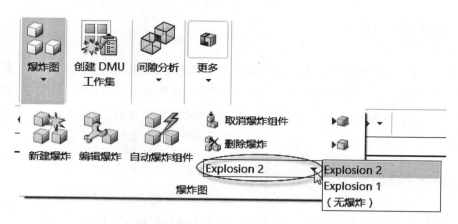

图 8-52　"爆炸图"组的"工作视图爆炸"下拉列表框

## 8.5.7　追踪线

在装配图中可以创建组件的追踪线以指示组件的装配位置等。需要注意的是，追踪线只能在创建它们时所在的爆炸图中显示。

有追踪线的爆炸图示例如图 8-53 所示。

要创建追踪线，则先确保工作视图当前显示的是爆炸图，在功能区"装配"选项卡中单击"爆炸图"→"追踪线"按钮♪，系统弹出如图 8-54 所示的"追踪线"对话框，接着分别指定起始点和终止对象等即可。"追踪线"对话框各选项组的功能含义如下。

图 8-53　有追踪线的爆炸图

图 8-54　"追踪线"对话框

● "起始"选项组：该选项组用于在组件中选择要使追踪线开始的点，并设定起始方向。

● "终止"选项组：在该选项组的"终止对象"下拉列表框中选择"点"选项或"分量"选项。

"点"选项用于大多数情况，选择"点"选项时，将在组件中选择要使追踪线结束的点。如果很难选择终点，那么可以使用"分量"选项来选择追踪线应在其中结束的组件，NX 使用组件的未爆炸位置来计算终点的位置。另外，同样要注意设置终止方向。

●"路径"选项组：在该选项组中单击"备选解"按钮⊞，可切换所选起点和终止对象之间的追踪线的备选解。

# 8.6　重用库标准件应用

在机械设备的装配设计中，很多时候需要用到标准件，而 NX 12.0 的"重用库"则为用户提供了一些常用的标准件库，包括 GB 标准件库。

在"装配"应用模块下，在资源条上单击"重用库"按钮以在资源板上打开"重用库"窗口，如图 8-55 所示。"重用库"窗口包括"名称"列表框、"搜索"栏、"成员选择"栏和"预览"框。在"名称"列表框中选择所需库名，则在"成员选择"栏中显示该库的成员。"搜索"栏主要用于搜索选择所需的库内容或成员。"预览"框用于预览所选成员的图例。

在"成员选择"栏中选择所需的成员，接着右击并从弹出的快捷菜单中选择"添加到装配"命令，则可以将该成员添加到装配中。例如，在"重用库"窗口的"名称"列表框中选择 GB Standard Parts → Bolt → Hex head 选项，接着在"成员选择"栏中选择"Bolt，GB-T5781-2000"成员，右击该成员并从弹出的右键快捷菜单中选择"添加到装配"命令，系统弹出如图 8-56 所示的"添加可重用组件"对话框，从中设置主参数和放置选项等。可重用组件的定位方式有"仅自动判断""绝对原点""选择原点""根据约束"和"移动"。通常将可重用组件的定位方式设置为"根据约束"，此时单击"确定"按钮，将弹出如图 8-57 所示的"重新定义约束"对话框，然后根据约束选择要约束的几何体来完成约束定义即可。

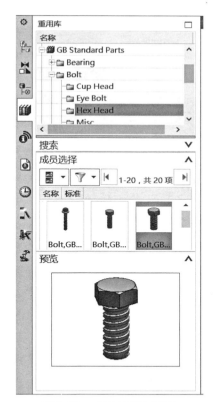

图 8-55　"重用库"窗口

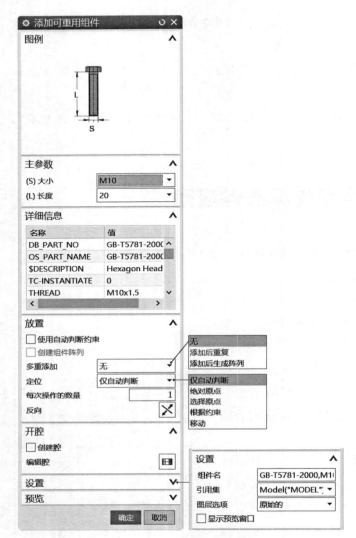

图 8-56　"添加可重用组件"对话框　　　　图 8-57　"重新定义约束"对话框

# 8.7　低速滑轮装置装配设计

本节将详细讲解低速滑轮装置的装配设计步骤。该低速滑轮装置的装配结果如图 8-58 所示。该低速滑轮装置的装配爆炸图如图 8-59 所示，其中 1 为托架零件，2 为衬套零件，3 为滑轮零件，4 为心轴零件，5 为垫圈（GB/T97.1–2002，M10），6 为螺母（GB/T6170–2000，M10）。通过本实例的学习，读者应该能充分理解和掌握装配过程中各种操作的运用方法和技巧等。

图 8-58　低速滑轮装置装配结果

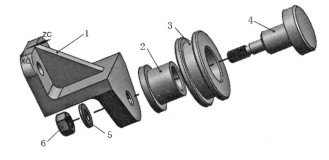

图 8-59　低速滑轮装置的爆炸图

该低速滑轮装置的装配设计步骤如下。

步骤 1　创建一个装配文件。

**1** 启动 NX 12.0 软件，在"快速访问"工具栏中单击"新建"按钮，弹出"新建"对话框。

**2** 在"新建"对话框的"模型"选项卡的"模板"选项组中选择名称为"装配"的公制模板（单位为毫米），接着在"新文件名"选项组中分别设定名称和文件夹路径，如图 8-60 所示。

图 8-60　"新建"对话框

**3** 单击"确定"按钮，进入装配环境。

步骤 2　装配托架零件。

**1** 在弹出的"添加组件"对话框的"要放置的部件"选项组中单击"打开"按钮，利用弹出的"部件名"对话框选择"CH8\dshl_tj.prt"文件,单击 OK 按钮,返回到"添加组件"对话框。

**2** 在"设置"选项组中设置相关的互动选项,本例选中"分散组件""保持约束"和"启用预览窗口"复选框,并从"引用集"下拉列表框中选择"整个部件"选项,如图 8-61 所示。

**3** 在"位置"选项组中,从"组件锚点"下拉列表框中选择"绝对坐标系"选项,从"装配位置"下拉列表框中选择"绝对坐标系 – 工作部件"选项;在"放置"选项组中选中"移动"单选按钮,如图 8-62 所示。

图 8-61 设置互动选项和引用集选项

图 8-62 设置放置定位选项和其他

**4** 单击"确定"按钮,系统弹出"创建固定约束"对话框,用于提示已将第一个组件添加至装配,并询问要创建固定约束吗,这里可以利用此对话框设置以后不再弹出此对话框显示此消息,单击"是"按钮,从而完成拖架零件作为第一个零件在装配中放置。

步骤 3 装配衬套零件。

**1** 在功能区中打开"装配"选项卡,从"组件"组中单击"添加组件"按钮,弹出"添加组件"对话框。

**2** 在"要放置的部件"选项组中单击"打开"按钮,利用弹出的"部件名"对话框选择"CH8\dshl_ct.prt"文件,单击 OK 按钮,返回到"添加组件"对话框,取消选中"保持选定"复选框,数量默认为 1。

**3** 在"位置"选项组的"组件锚点"下拉列表框中选择"绝对坐标系"选项,从"装配位置"下拉列表框中选择"绝对坐标系 – 工作部件"选项。

**4** 在"放置"选项组中选中"约束"单选按钮,在"设置"选项组的"互动选项"子选项组中确保取消选中"分散组件"复选框和"预览"复选框,而选中"保持约束"复选框和"启用预览窗口"复选框,接受默认的组件名、引用集(为"整个部件")和图层选项(为"原始的"），在"启用的约束"子选项组中选中全部的约束复选框。

⑤ 在"放置"选项组的"约束类型"子选项组中单击"接触对齐"按钮，在"要约束的几何体"子选项组的"方位"下拉列表框中选择"接触"选项，在"组件预览"窗口中选择面1，接着在主窗口中单击托架零件的一个上支撑面（面2），如图8-63所示。

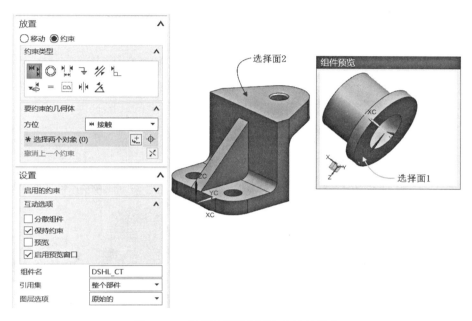

图 8-63　分别选择两个面定义接触约束

⑥ 定义第2个约束。确保类型为"接触对齐"，从"要约束的几何体"子选项组的"方位"下拉列表框中选择"自动判断中心/轴"选项，在"组件预览"窗口中选择衬套零件的中心轴线（中心线1），接着在主窗口中选择要对齐的一个孔中心线（中心线2），如图8-64所示。

⑦ 此时可以在"添加组件"对话框的"设置"选项组中选中"互动选项"下的"预览"复选框，以在主窗口中预览当前的组件装配情况，满意后单击"应用"按钮，装配定位好衬套零件的模型效果如图8-65所示。

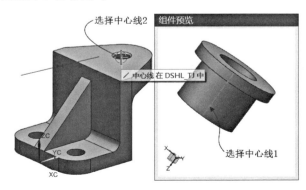

图 8-64　对齐所选的两条中心线

图 8-65　装配定位好衬套零件的效果

步骤4　装配滑轮零件。

**1** 在"添加组件"对话框的"要放置的部件"选项组中单击"打开"按钮，弹出"部件名"对话框，选择"CH8\dshl_hl.prt"文件，单击 OK 按钮。

**2** 在"放置"选项组中选中"约束"单选按钮，在"设置"选项组的"互动选项"子选项组中取消选中"预览"复选框和"分散组件"复选框，而选中"保持约束"复选框和"启用预览窗口"复选框。

**3** 在"放置"选项组的"约束类型"子选项组中单击"接触对齐"按钮，从"要约束的几何体"子选项组的"方位"下拉列表框中选择"首选接触"选项，在"组件预览"窗口中选择滑轮零件的一个端面（端面 1），接着在主窗口中单击衬套零件上的环形端面 2，如图 8-66 所示。

**4** 在"约束类型"子选项组中单击"适合窗口（等尺寸配对）"选项，先在"组件预览"窗口中选择滑轮零件的内圆柱面 1，再在主窗口中选择衬套零件的外圆柱面 2，如图 8-67 所示。

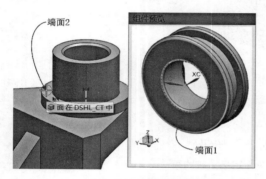

图 8-66　选择要接触约束的两个端面

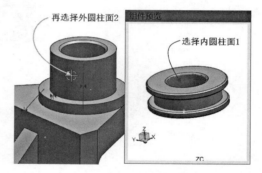

图 8-67　选择要等尺寸配对的两个圆柱面

**5** 单击"应用"按钮，装配定位好滑轮零件的模型效果如图 8-68 所示。

步骤5　装配心轴零件。

**1** "添加组件"对话框自动更新信息，在"要放置的部件"选项组中单击"打开"按钮，弹出"部件名"对话框，选择"CH8\dshl_xz.prt"文件，单击 OK 按钮。"组件预览"窗口中显示的心轴零件预览如图 8-69 所示。

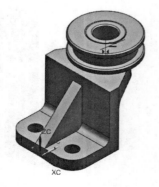

图 8-68　装配定位好滑轮零件

图 8-69　心轴零件预览

**2** 在"放置"选项组中选中"约束"单选按钮。

**3** 在"放置"选项组的"约束类型"子选项组（列表）中单击"距离"按钮，在"选择几何体"按钮处于被选中激活状态时，在"组件预览"窗口中选择心轴零件的环形端面1，接着在主窗口中选择衬套零件的环形端面2，并在"距离"子选项组中选中"距离"复选框，在"距离"文本框中输入距离值为 0 并按 Enter 键确认，如图 8-70 所示。

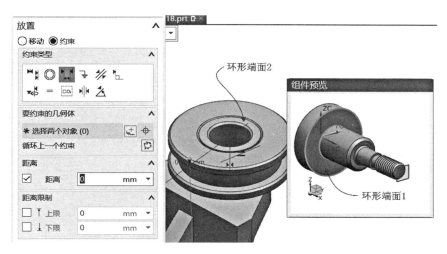

图 8-70　实施"距离"约束

**4** 在"约束类型"子选项组中单击"接触对齐"按钮，在"要约束的几何体"子选项组的"方位"下拉列表框中选择"自动判断中心 / 轴"选项，接着在心轴零件中选择一圆柱面的中心轴线，再在主窗口中选择衬套零件的中心轴线。

**5** 在"添加组件"对话框中单击"确定"按钮，此时装配模型的效果如图 8-71 所示。

步骤 6　装配标准垫圈零件。

**1** 在资源条上单击"重用库"按钮以在资源板上打开"重用库"窗口。

**2** 从"重用库"窗口的"名称"列表框中选择 GB Standard Parts → Washer → Plain，接着在"成员选择"栏的成员列表中选择"Washer,GB–T97_1–2002"成员，右击该成员，如图 8-72 所示，接着从弹出的快捷菜单中选择"添加到装配"命令，系统弹出"添加可重用组件"对话框。

图 8-71　装配模型效果（定位约束好心轴零件）

**3** 在"主参数"选项组的"（S）大小"下拉列表框中选择"M10"选项，在"放置"选项组的"多重添加"下拉列表框中选择"无"选项，在"定位"下拉列表框中选择"根据约束"选项，在"每次操作的数量"文本框中输入"1"，如图 8-73 所示。

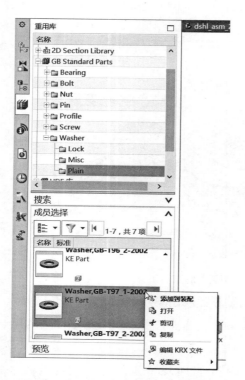

图 8-72　选择要添加到装配的垫圈成员

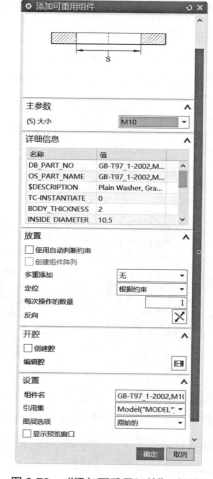

图 8-73　"添加可重用组件"对话框

　　**4** 在"添加可重用组件"对话框中单击"确定"按钮，弹出如图 8-74 所示的"重新定义约束"对话框，从"约束"列表框中可以看出，需要在主模型中分别选择对象来完成定义"对齐"约束和"距离"约束。

　　**5** 在主窗口中选择心轴零件的一条轴线以完成"对齐"约束，接着再在托架零件上选择如图 8-75 所示的一个面以与垫圈默认面形成距离约束，在"距离"选项组的"距离"文本框中设置距离值为 0，在"要约束的几何体"选项组中单击"循环约束"按钮 以获得所希望的"距离"约束效果，如图 8-76 所示。

　　**6** 单击"确定"按钮，装配定位垫圈的效果如图 8-77 所示。

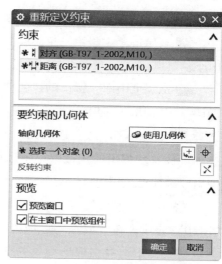

图 8-74　"重新定义约束"对话框

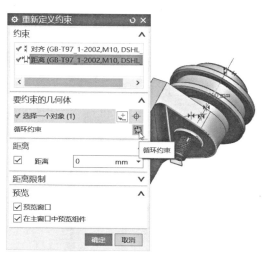

图 8-76　执行"循环约束"功能

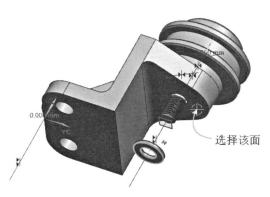

图 8-75　选择一个面作为距离约束的参照面

图 8-77　装配定位垫圈的效果

图 8-78　从 GB 标准库中选择所需的螺母

步骤 7　装配标准螺母零件。

**1** 从资源板的"重用库"窗口的"名称"列表框中选择 GB Standard Parts → Nut → Hex 选项，接着在"成员选择"栏的成员列表中选择"Nut,GB–T6170_F–2000"成员，如图 8-78 所示，接着右击该成员，并从弹出的快捷菜单中选择"添加到装配"命令，系统弹出"添加可重用组件"对话框。

**2** 在"主参数"选项组的"（S）大小"下拉列表框中选择"M10"选项，在"放置"选项组的"多重添加"下拉列表框中选择"无"选项，在"定位"下拉列表框中选择"根据约束"选项，在"每次操作的数量"文本框中输入"1"，如图 8-79 所示。

  **ℹ** 在"添加可重用组件"对话框中单击"确定"按钮，弹出如图 8-80 所示的"重新定义约束"对话框和"组件预览窗口"（"重新定义约束"对话框的"预览"选项组的"预览窗口"复选框控制着是否打开"组件预览窗口"），从"约束"列表框中可以看出，需要在主模型中分别选择对象来完成定义"距离"约束和"对齐"约束。

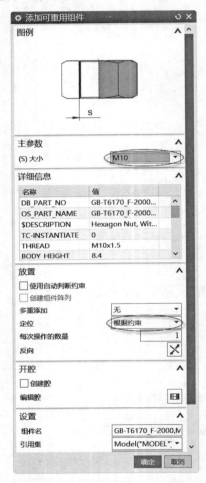

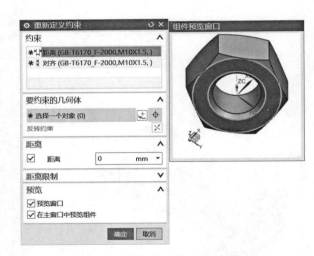

  **图 8-79**  "添加可重用组件"对话框    **图 8-80**  "重新定义约束"对话框等

  **④** 在主窗口的主模型中单击垫圈的面 1 作为距离参照面，如图 8-81 所示，默认距离值为 0；接着在主模型中选择心轴零件的一条中心轴线，如图 8-82 所示，此时预览的螺母装配效果不是所需要的。

  **⑤** 在"重新定义约束"对话框的"约束"列表框中选择"距离"约束，接着在"要约束的几何体"选项组中单击"循环约束"按钮 🔄，直到获得如图 8-83 所示的装配效果。

  **⑥** 单击"确定"按钮，完成低速滑轮装置的装配，效果如图 8-84 所示。

图 8-81　在垫圈中单击面 1

图 8-82　选择中心轴线对齐螺母

图 8-83　对"距离"约束进行循环约束切换

图 8-84　完成低速滑轮装置的装配

步骤 8　保存文件。

在"快速访问"工具栏中单击"保存"按钮🔲，或者按 Ctrl+S 快捷键，保存文件。

# 8.8　思考与上机练习

（1）如何理解 NX 装配的这些常用术语："NX 装配""子装配""组件对象""组件部件""引用集""显示部件""工作部件"。

（2）如何理解典型的装配设计方法？

（3）装配约束的类型主要包括哪些？请简述它们的功能含义。

（4）如何显示和隐藏约束？

（5）使用装配导航器可以进行哪些主要的操作？

（6）在什么情况下使用记住约束？

（7）如何阵列组件和进行镜像装配？可以举例辅助说明。

（8）上机操作：按照本章 8.7 节的步骤完成低速滑轮装置的装配，并在该装配中创建所需要的爆炸图，以及在爆炸图中绘制合适的追踪线。

# 第9章 机械零件建模综合范例

**本章导读**

　　本章介绍典型的机械零件建模综合范例，具体包括轴、套与轮盘类零件建模、叉架类零件建模、箱体类零件建模、齿轮零件建模和弹簧零件建模。在进行机械零件建模之前，应该认真分析零件的形状结构，合理地制定建模策略等。

## 9.1 轴、套与轮盘类零件建模

　　轴、套与轮盘类零件在机械设计中较为常见。其中轴、套类零件的主要结构是回转体，其加工主要工序是在车床和磨床上加工的。轴类零件显得相对细长，多为传动件；套类零件则在外观上显得相对扁平些（不绝对）。轮盘类零件常由轮辐、辐板、键槽和连接孔等结构组成，也多具有回转体形状，它们有较多的工序在车床上加工。

### 9.1.1 轴零件建模范例

　　本节介绍一个轴零件的建模过程，该轴零件的参考尺寸如图 9-1 所示，其中未注倒角均为C2.5。该轴零件主要由回转主体、退刀槽、键槽、外螺纹和倒角组成。建模策略是先采用"旋转"命令创建回转主体，接着使用"槽"命令在回转主体上创建相关的几个退刀槽或功能槽，使用"键槽"命令创建键槽设计特征（键槽设计特征的创建需要创建合适的基准平面，亦可使用"拉伸"命令来创建键槽结构，本例中这两种方法都有介绍），使用"倒斜角"命令创建倒角，最后可以采用"螺纹"命令来完成真实感强的外螺纹结构。

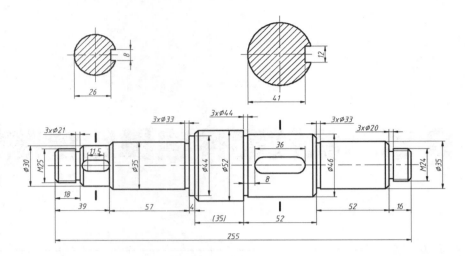

图 9-1　轴零件的参考尺寸

该轴零件的建模步骤如下。

**步骤 1　创建一个部件文件。**

▋1▋ 启动 NX 12.0 软件后，按 Ctrl+N 快捷键，系统弹出"新建"对话框。

▋2▋ 在"模型"选项卡的"模板"选项组中，从"过滤器"的"单位"下拉列表框中选择"毫米"，在"模板"列表中选择名称为"模型"的模板（"建模"类型），在"新文件名"选项组的"名称"文本框中输入"bc_z1.prt"，自行设定文件路径（保存路径）。

▋3▋ 在"新建"对话框中单击"确定"按钮。

**步骤 2　使用"旋转"命令创建回转主体。**

▋1▋ 在功能区"主页"选项卡的"特征"组中单击"旋转"按钮 ▋，弹出"旋转"对话框，如图 9-2 所示。

▋2▋ 在"表区域驱动（截面）"选项组中单击"绘制截面"按钮 ▋，弹出"创建草图"对话框。从"草图类型"选项组的"类型"下拉列表框中选择"在平面上"选项，在"草图坐标系"选项组的"平面方法"下拉列表框中选择"自动判断"选项，设置"参考"为"水平"，如图 9-3 所示，然后单击"确定"按钮，进入草图绘制环境（默认以 XY 平面为草绘平面）。

▋3▋ 绘制如图 9-4 所示的截面图形，单击"完成草图"按钮 ▋。

▋4▋ 在"轴"选项组的"指定矢量"下拉列表框中选择"XC 轴"选项 **XC**，接着单击"点构造器（点对话框）"按钮 ▋，弹出"点"对话框，设置轴点的绝对坐标为 X=0、Y=0、Z=0，如图 9-5 所示，单击"确定"按钮，返回到"旋转"对话框。

▋5▋ 在"限制"选项组中设置开始角度值为 0°，结束角度值为 360°；在"设置"选项组的"体类型"下拉列表框中选择"实体"选项。

▋6▋ 在"旋转"对话框中单击"确定"按钮，完成创建如图 9-6 所示的旋转实体，即完成构建轴的回转主体。

图 9-2 "旋转"对话框

图 9-3 "创建草图"对话框

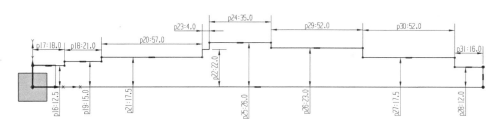

图 9-4 绘制截面图形

图 9-5 "点"对话框

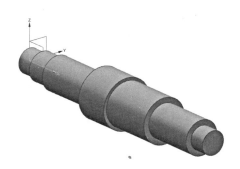

图 9-6 构建轴的回转主体

步骤3 使用"槽"命令创建退刀槽（矩形槽）。

1️⃣ 在功能区"主页"选项卡的"特征"组中单击"更多"→"槽"按钮🔧，弹出如图9-7所示的"槽"对话框。

2️⃣ 在"槽"对话框中单击"矩形"按钮，弹出如图9-8所示的"矩形槽"对话框。

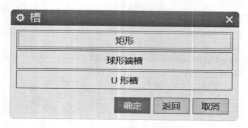

图9-7 "槽"对话框

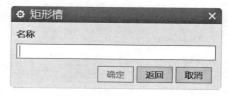

图9-8 "矩形槽"对话框（1）

3️⃣ 在如图9-9所示的圆柱形实体表面上单击以选择放置面。

4️⃣ 在弹出的新"矩形槽"对话框中设置"槽直径"为20mm，"宽度"为3mm，如图9-10所示，单击"确定"按钮。

图9-9 选择放置面

图9-10 "矩形槽"对话框（2）

5️⃣ 分别选择如图9-11所示的圆边定义目标边和刀具边。

6️⃣ 在弹出的"创建表达式"对话框中输入新的定位值为0，如图9-12所示。

图9-11 指定目标边和刀具边

图9-12 为该矩形槽输入新的定位值

7️⃣ 单击"确定"按钮，完成创建如图9-13所示的一个退刀槽，同时弹出如图9-14所示的"矩形槽"对话框，并提示选择放置面。

图 9-13 完成一个退刀槽的创建

图 9-14 "矩形槽"对话框（3）

选择放置面，输入槽参数，指定工具边和刀具边，输入新的定位值，从而创建一个新的矩形槽。如此执行操作创建其他矩形槽，结果如图 9-15 所示（轴零件一共创建有 5 个矩形槽）。

图 9-15 一共创建 5 个矩形槽

步骤 4 创建一个平面并使用"拉伸"命令设计一个键槽结构。

在功能区"主页"选项卡的"特征"组中单击"基准平面"按钮，弹出"基准平面"对话框。从"类型"选项组的下拉列表框中选择"按某一距离"选项，选择 XY 平面（XC–YC 平面），在"偏置"选项组的"距离"下拉列表框中输入"11"，在"平面的数量"文本框中输入"1"，在"设置"选项组中选中"关联"复选框，如图 9-16 所示，然后单击"确定"按钮。

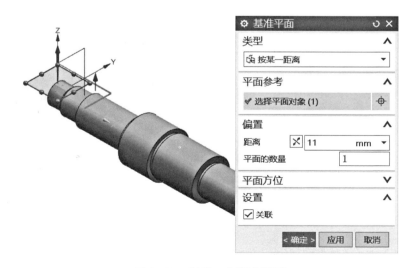

图 9-16 创建一个基准平面

**2** 在功能区"主页"选项卡的"特征"组中单击"拉伸"按钮 ，弹出如图 9-17 所示的"拉伸"对话框。在"表区域驱动（截面）"选项组中单击"绘制截面"按钮 ，弹出如图 9-18 所示的"创建草图"对话框。

图 9-17　"拉伸"对话框

图 9-18　"创建草图"对话框

**3** 在"创建草图"对话框的"草图类型"下拉列表框中选择"在平面上"选项，在"草图坐标系"选项组的"平面方法"下拉列表框中选择"自动判断"选项，从"参考"下拉列表框中选择"水平"选项，从"原点方法"下拉列表框中默认选择"指定点"选项，从"指定坐标系"下拉列表框中选择"自动判断" ，在图形窗口中选择新建立的基准平面，如图 9-19 所示。

**4** 在"创建草图"对话框中单击"确定"按钮，进入截面绘制环境。

**5** 绘制如图 9-20 所示的键槽截面形状，然后单击"完成"按钮 。

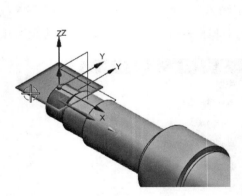

图 9-19　选择基准平面

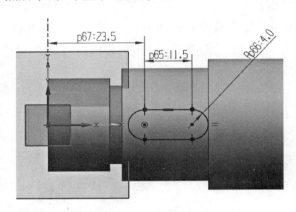

图 9-20　绘制键槽截面形状

**6** 返回到"拉伸"对话框，在"方向"选项组的"指定矢量"下拉列表框中选择"平面 / 平面法向"选项 ，在"布尔"选项组的"布尔"下拉列表框中选择"减去"选项，如图 9-21 所示。

**7** 在"限制"选项组的"开始"下拉列表框中选择"值"选项，开始值距离为 0，从"结束"下拉列表框中选择"贯通"选项，如图 9-22 所示。

图 9-21 指定方向矢量和布尔选项

图 9-22 设置拉伸的限制条件

**⑧** 在"拔模"选项组的"拔模"下拉列表框中选择"无"选项，在"偏置"选项组的"偏置"下拉列表框中选择"无"选项，如图 9-23 所示。在"设置"选项组的"体类型"下拉列表框中选择"实体"选项，默认公差为 0.0010，如图 9-24 所示。

图 9-23 设置拔模和偏置选项

图 9-24 设置体类型和公差

**⑨** 此时预览效果如图 9-25 所示。在"拉伸"对话框中单击"确定"按钮，完成第一个键槽结构的创建，效果如图 9-26 所示。

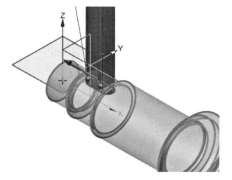

图 9-25 预览效果

图 9-26 完成一个键槽的创建

**⑩** 在图形窗口中右击先前新建的一个基准平面的显示边界，接着从弹出的快捷菜单中选择"隐藏"命令，如图 9-27 所示。

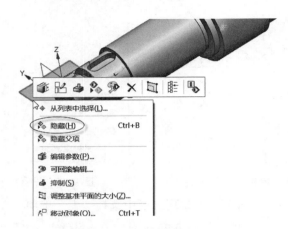

图 9-27　隐藏一个基准平面

步骤 5　使用"拉伸"命令创建另一个键槽结构。

**1** 在功能区"主页"选项卡的"特征"组中单击"拉伸"按钮，弹出"拉伸"对话框。

**2** 在"拉伸"对话框的"表区域驱动（截面）"选项组中单击"绘制截面"按钮，弹出"创建草图"对话框。从"草图类型"选项组的下拉列表框中选择"在平面上"选项，在"平面方法"下拉列表框中选择"新平面"选项，从"指定平面"下拉列表框中选择"按某一距离"选项，在图形窗口中选择基准坐标系的 XY 平面（XC–YC 平面），设置距离值为 18mm，在"草图方向"选项组的"参考"下拉列表框中选择"水平"选项，从"指定矢量"下拉列表框中选择"XC 轴"选项，如图 9-28 所示，单击"确定"按钮。

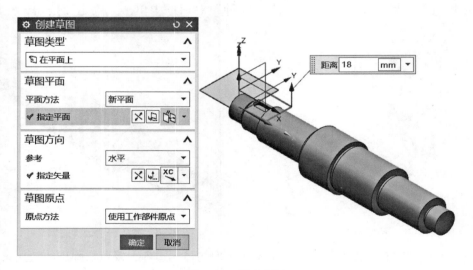

图 9-28　创建草图

**3** 绘制如图 9-29 所示的跑道型图形，单击"完成"按钮。

**4** 在"方向"选项组的"指定矢量"下拉列表框中选择"ZC 轴"选项以将 ZC 轴用作拉伸方向矢量。

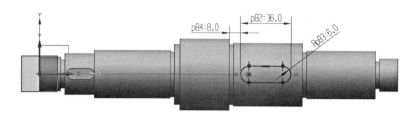

图 9-29　绘制截面图形

🄴 在"限制"选项组的"开始"下拉列表框中选择"值"选项，在其"距离"下拉列表框中设置开始距离值为0mm，从"结束"下拉列表框中选择"贯通"选项。

🄵 在"布尔"选项组的"布尔"下拉列表框中选择"减去（求差）"选项。

🄷 在"拔模"选项组的"拔模"下拉列表框中选择"无"选项，在"偏置"选项组的"偏置"下拉列表框中选择"无"选项，在"设置"选项组的"体类型"下拉列表框中选择"实体"选项。

🄸 单击"确定"按钮，完成创建的第二个键槽结构如图9-30所示。

步骤6　创建倒斜角特征。

图 9-30　创建第二个键槽结构

🄵 在功能区"主页"选项卡的"特征"组中单击"倒斜角"按钮🔲，弹出"倒斜角"对话框。

🄶 在"偏置"选项组的"横截面"下拉列表框中选择"对称"选项，在"距离"下拉列表框中输入"2.5"，在"设置"选项组的"偏置法"下拉列表框中选择"偏置面并修剪"选项，如图9-31所示。

🄷 选择要倒斜角的边，如图9-32所示，一共7条边。

图 9-31　"倒斜角"对话框

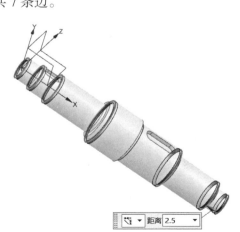

图 9-32　选择要倒斜角的边

4 单击"确定"按钮，倒斜角的效果如图 9-33 所示，图中已经隐藏了基准坐标系。

**图 9-33　倒斜角的效果**

步骤 7　创建螺纹特征 1。

1 在功能区"主页"选项卡的"特征"组中单击"基准平面"按钮 ，弹出"基准平面"对话框。从"类型"选项组的下拉列表框中选择"按某一距离"选项，选择如图 9-34 所示的轴端面，在"偏置"选项组的"距离"下拉列表框中输入"3"，在"平面的数量"文本框中输入"1"，然后单击"确定"按钮。创建该基准平面的目的是使详细螺纹特征在实体开始阶段的切入自然、逼真。

**图 9-34　创建一个基准平面**

2 在功能区"主页"选项卡的"特征"组中单击"更多"→"螺纹"按钮 ，弹出"螺纹切削"对话框，在该对话框的"螺纹类型"选项组中选中"详细"单选按钮。

3 选择如图 9-35 所示的一个圆柱面。

4 在"螺纹切削"对话框中设置详细螺纹的参数，如图 9-36 所示。

**图 9-35　选择一个圆柱面**

**图 9-36　设置螺纹参数**

在"螺纹切削"对话框中单击"选择起始"按钮，选择最近一次新建的基准平面作为起始面，接着确保螺纹轴方向由起始面指向实体材料，在如图 9-37 所示的"螺纹切削"对话框中单击"确定"按钮。

再次核查螺纹参数，无误后单击"确定"按钮，从而完成一个详细螺纹的创建，如图 9-38 所示。

图 9-37　接受默认的螺纹轴方向

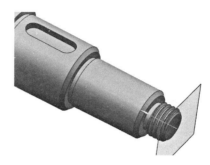

图 9-38　完成一个详细螺纹的创建

步骤 8　创建螺纹特征 2。

在功能区"主页"选项卡的"特征"组中单击"基准平面"按钮 □，弹出"基准平面"对话框。从"类型"选项组的下拉列表框中选择"按某一距离"选项，选择如图 9-39 所示的轴端面，在"偏置"选项组的"距离"下拉列表框中输入"3"，在"平面的数量"文本框中输入"1"，然后单击"确定"按钮。

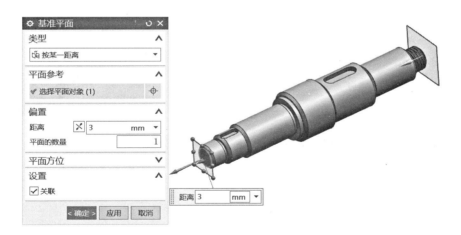

图 9-39　创建一个基准平面

在功能区"主页"选项卡的"特征"组中单击"更多"→"螺纹刀"按钮 █，弹出"螺纹切削"对话框，接着在"螺纹类型"选项组中选中"详细"单选按钮。

选择如图 9-40 所示的一个圆柱面。

在"螺纹切削"对话框中单击"选择起始"按钮，选择刚创建的新基准平面作为螺纹起始面，确定螺纹轴方向后，在如图 9-41 所示的"螺纹切削"对话框中设置相应的螺纹参数。

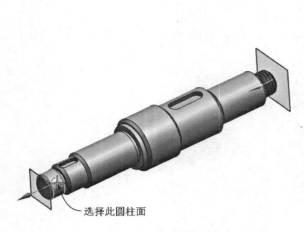

选择此圆柱面

图 9-40 选择一个圆柱面

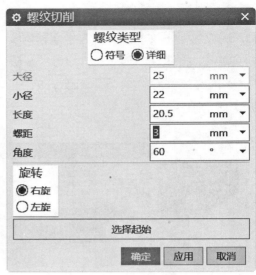

图 9-41 设置详细螺纹参数

单击"确定"按钮，完成创建的第 2 个详细螺纹特征如图 9-42 所示。

通过右键快捷菜单中的"隐藏"命令将用于辅助设计详细螺纹特征的两个基准平面隐藏起来，最后得到的模型效果如图 9-43 所示。

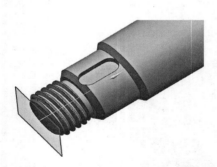

图 9-42 完成创建第 2 个详细螺纹特征

图 9-43 完成的轴零件效果

步骤 9 保存模型文件。

## 9.1.2 带孔圆盘零件建模范例

本节介绍一个带孔圆盘零件的建模范例，要完成的零件效果如图 9-44 所示。该范例的建模策略是先使用"旋转"命令创建圆盘主体模型，接着在圆盘主体模型上分别创建相关的孔特征，较多均布的孔可采用"阵列"命令的"圆形"布局功能来完成，最后创建倒斜角特征和边倒圆特征即可。有兴趣的读者，还可以在完成带孔圆盘零件之后，创建相应的工程图并创建尺寸注释等。

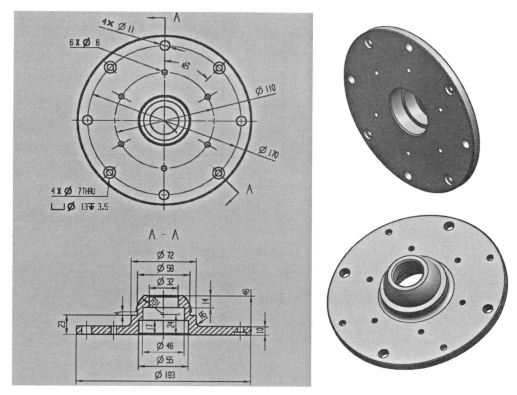

图 9-44　带孔圆盘零件

该带孔圆盘零件的建模步骤如下。

步骤 1　创建一个部件文件。

**1** 启动 NX 12.0 软件后，按 Ctrl+N 快捷键，系统弹出"新建"对话框。

**2** 在"模型"选项卡的"模板"选项组中，从"过滤器"的"单位"下拉列表框中选择"毫米"，在"模板"列表中选择名称为"模型"的模板（"建模"类型），在"新文件名"选项组的"名称"文本框中输入"bc_yp.prt"，自行设定文件夹目录路径（保存路径）。

**3** 在"新建"对话框中单击"确定"按钮。

步骤 2　使用"旋转"命令创建回转实体。

**1** 在功能区"主页"选项卡的"特征"组中单击"旋转"按钮 🍳，弹出"旋转"对话框。

**2** 在"表区域驱动（截面）"选项组中单击"绘制截面"按钮 📓，弹出"创建草图"对话框。从"草图类型"选项组的"类型"下拉列表框中选择"在平面上"选项，在"草图坐标系"选项组的"平面方法"下拉列表框中选择"自动判断"选项，默认以基准坐标系的 XC-YC 平面作为草图平面，单击"确定"按钮，进入草图绘制环境。

**3** 绘制如图 9-45 所示的截面图形，单击"完成草图"按钮 📓。

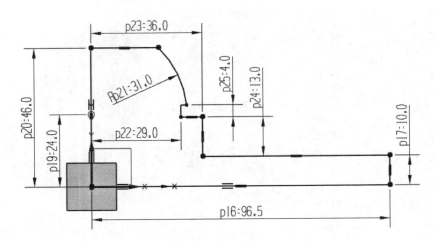

**图 9-45　绘制截面图形**

**4** 在"轴"选项组的"指定矢量"下拉列表框中选择"自动判断的矢量"选项 ，单击
"指定矢量"选项，在图形窗口中选择与 YC 轴重合的线段作为旋转轴。

**5** 在"限制"选项组中设置开始角度值为 0°，结束角度值为 360°；在"偏置"选项组的"偏
置"下拉列表框中选择"无"选项；在"设置"选项组的"体类型"下拉列表框中选择"实体"
选项。

**6** 单击"应用"按钮，完成创建如图 9-46 所示的旋转实体作为圆盘的主体模型。

**步骤 3**　以旋转的方式去除实体材料。

**1** 在"旋转"对话框的"表区域驱动（截面）"选项组中单击"绘制截面"按钮 ，弹出"创
建草图"对话框，默认的草图类型为"在平面上"，平面方法为"自动判断"，单击"确定"按钮。

**2** 绘制如图 9-47 所示的旋转截面，单击"完成草图"按钮 。

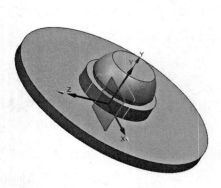

**图 9-46　创建旋转实体**

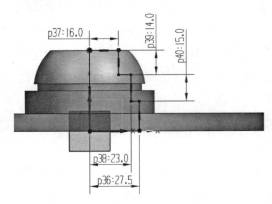

**图 9-47　绘制旋转截面**

**3** 在"轴"选项组的"指定矢量"下拉列表框中选择"YC 轴"选项 ，接着单击"点
构造器（点对话框）"按钮 ，弹出"点"对话框，从"类型"下拉列表框中选择"光标位置"
选项，从"坐标"选项组的"参考"下拉列表框中选择"绝对－工作部件"选项，设置 X=0、

Y=0、Z=0，在"偏置"选项组的"偏置选项"下拉列表框中选择"无"选项，单击"确定"按钮，返回到"旋转"对话框。

　　④ 在"限制"选项组中，默认的开始角度值为 0°，结束角度值为 360°；从"布尔"选项组的"布尔"下拉列表框中选择"减去（求差）"选项；默认的偏置方式为"无"，体类型为"实体"。

　　⑤ 在"旋转"对话框中单击"确定"按钮，此时主体模型效果如图 9-48 所示。

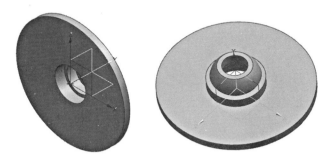

图 9-48　旋转切除材料后的主体模型效果

步骤 4　创建 4 个贯通的圆孔。

　　① 在功能区"主页"选项卡的"特征"组中单击"孔"按钮，弹出"孔"对话框。

　　② 在"类型"选项组的"类型"下拉列表框中选择"常规孔"选项。

　　③ 在主体模型中单击如图 9-49 所示的实体面，NX 系统快速进入草绘环境，利用弹出的"草图点"对话框分别绘制另外的 3 个点（单击实体面时会自动产生一个点，加上再指定的 3 个点，一共 4 个点），为了更好地定位这 4 个点，可以绘制一条圆弧并将该圆弧转换为构造线，利用几何约束功能将 4 个点约束在该圆弧上以及约束位于相应的坐标轴上，如图 9-50 所示，然后单击"完成草图"按钮。

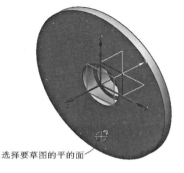

选择要草图的平的面

图 9-49　单击实体面以指定在该面绘制点

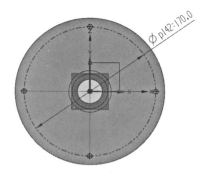

图 9-50　绘制 4 个点

　　④ 在"形状和尺寸"选项组的"成形"下拉列表框中选择"简单孔"选项，在"尺寸"子选项组中设置直径为 11mm，从"深度限制"下拉列表框中选择"贯通体"选项，如图 9-51 所示。

　　⑤ 单击"确定"按钮，完成创建 4 个通孔（贯通的圆孔），如图 9-52 所示。

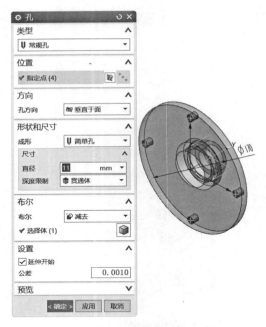

图 9-51　设置孔的形状和尺寸　　　　　图 9-52　一次操作创建 4 个通孔

步骤 5　创建一个小的简单孔特征和一个沉头孔特征。

1️⃣ 在功能区"主页"选项卡的"特征"组中单击"孔"按钮📦，弹出"孔"对话框，此时"类型"选项组的下拉列表框的默认类型为"常规孔"。

2️⃣ 在主体模型中单击如图 9-53 所示的实体面，UG NX 系统快速进入草绘环境，在弹出的"草图点"对话框中单击"关闭"按钮，然后单击"快速尺寸"按钮⚡，为新点创建定位尺寸，如图 9-54 所示，单击"完成草图"按钮▓。

图 9-53　单击实体面

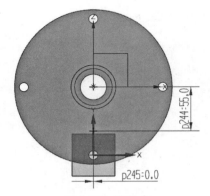

图 9-54　定位点

3️⃣ "孔方向"默认为"垂直于面"，在"形状和尺寸"选项组的"成形"下拉列表框中选择"简单孔"选项，并将该简单"常规孔"的直径设置为 6mm，"深度限制"为"贯通体"，如图 9-55 所示。

4️⃣ 单击"应用"按钮，完成创建一个直径为 6mm 的简单"常规孔"特征。

⑤ 在如图 9-56 所示的实体面单击以在该实体面上指定一个点。

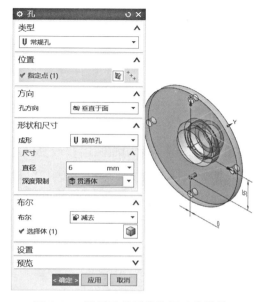

**图 9-55 设置孔的形状和尺寸参数等**

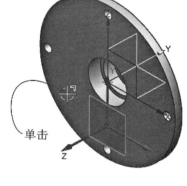

**图 9-56 单击实体面指定一点**

⑥ 绘制经过草图点的一个圆和一条倾斜的直线段，并将圆和直线段转换为构造线，接着创建相关尺寸约束草图点，如图 9-57 所示，然后单击"完成草图"按钮，返回到"孔"对话框。

⑦ 在"形状和尺寸"选项组的"成形"下拉列表框中选择"沉头"选项，设置"沉头直径"为 13mm，"沉头深度"为 3.5mm，"直径"为 7mm，"深度限制"为"贯通体"，如图 9-58 所示。

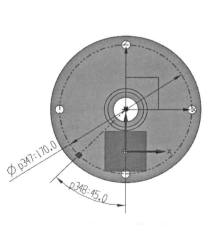

**图 9-57 绘制一个草图点**

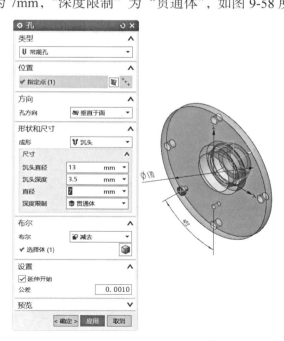

**图 9-58 设置沉头孔尺寸等**

单击"确定"按钮。

**步骤 6** 阵列简单小孔。

 在功能区"主页"选项卡的"特征"组中单击"阵列特征"按钮 ,弹出"阵列特征"对话框。

 选择孔直径为 6mm 的简单"常规孔"作为要形成阵列的特征。

 在"阵列定义"选项组的"布局"下拉列表框中选择"圆形"选项,在"旋转轴"子选项组的"指定矢量"下拉列表框中选择"YC 轴"选项 ,从"指定点"下拉列表框中选择"圆弧中心 / 椭圆中心 / 球心"选项 ,在图形窗口中单击选择圆盘大端面圆以获取其圆心位置作为轴点,在"斜角方向"子选项组的"间距"下拉列表框中选择"数量和跨距"选项,设置"数量"为 6,"跨角"为 360°,在"辐射"子选项组中取消选中"创建同心成员"复选框,如图 9-59 所示。

 在"阵列方法"选项组的"方法"下拉列表框中选择"变化"选项,在"设置"选项组的"输出"下拉列表框中选择"阵列特征"选项,如图 9-60 所示。

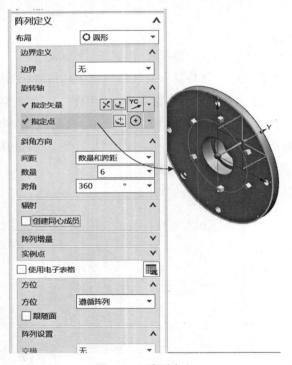

图 9-59　阵列定义

图 9-60　设置阵列方法和输出选项

**知识点拨:**

阵列孔特征有一个好处是在工程制图时为孔特征创建孔标注时,可以由系统自动在孔尺寸参数前添加表示数量的"n×"信息(n 为数量),但这需要在阵列孔特征时在"阵列特征"对话框中设置输出方式为"阵列特征"。

 单击"确定"按钮,阵列结果如图 9-61 所示。

步骤7 阵列沉头孔特征。

**1** 在功能区"主页"选项卡的"特征"组中单击"阵列特征"按钮👪，弹出"阵列特征"对话框。

**2** 选择沉头孔特征作为要形成阵列的特征。

**3** 在"阵列定义"选项组的"布局"下拉列表框中选择"圆形"选项，在"旋转轴"子选项组的"指定矢量"下拉列表框中选择"YC轴"选项📍，从"指定点"下拉列表框中选择"圆弧中心/椭圆中心/球心"选项⊕，在激活"指定点"的状态下在图形窗口中单击"选择圆盘大端面圆"以获取其圆心位置作为轴点，在"斜角方向"子选项组的"间距"下拉列表框中选择"数量和跨距"选项，设置"数量"为4，"跨角"为360°，在"辐射"子选项组中确保取消选中"创建同心成员"复选框。

**4** 在"阵列方法"选项组的"方法"下拉列表框中选择"变化"选项，在"设置"选项组的"输出"下拉列表框中选择"阵列特征"选项。

**5** 单击"确定"按钮，完成创建沉头孔的圆形阵列如图9-62所示。此时可以隐藏基准坐标系。

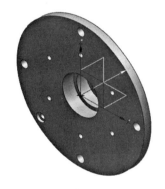 

图9-61 创建简单小孔的圆形阵列　　图9-62 创建沉头孔的圆形阵列

步骤8 创建倒斜角。

**1** 在功能区"主页"选项卡的"特征"组中单击"倒斜角"按钮，弹出"倒斜角"对话框。

**2** 在"偏置"选项组的"横截面"下拉列表框中选择"对称"选项，在"距离"文本框中输入"1"，在"设置"选项组的"偏置方法"下拉列表框中选择"偏置面并修剪"选项。

**3** 选择要倒斜角的两条边，如图9-63所示，单击"应用"按钮。

**4** 在"偏置"选项组的"距离"文本框中将新倒角的距离值设置为1.5，接着选择如图9-64所示的两条边线。

**5** 单击"确定"按钮。

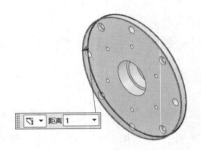

图 9-63　选择要倒斜角的两条边

图 9-64　选择要倒斜角的另两条边

步骤 9　创建边圆角特征。

■1 在功能区"主页"选项卡的"特征"组中单击"边倒圆"按钮 ⬙，弹出"边倒圆"对话框。

■2 在"边"选项组的"连续性"下拉列表框中选择"G1（相切）"选项，从"形状"下拉列表框中设置形状为"圆形"，"半径"1 为 5mm。

■3 选择如图 9-65 所示的一条边添加到当前倒圆角集。

■4 单击"确定"按钮，效果如图 9-66 所示。

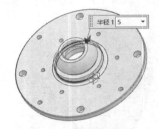

图 9-65　选择要倒圆的边

图 9-66　创建边倒圆特征后的模型效果

步骤 10　保存模型文件。

## 9.1.3　带轮零件建模范例

本节介绍一个带轮零件的建模范例，该建模范例要完成的带轮零件如图 9-67 所示。考虑到带轮的结构特点，可以使用"旋转"命令创建主体模型，并使用"旋转"命令从主体模型中去除材料以构建其中一个带槽，接着使用"阵列特征"命令创建该带槽的线性阵列以构建全部的

截面效果

图 9-67　带轮零件

带槽，然后执行"拉伸"命令创建孔键结构和腹板孔，以及使用相应工具命令在带轮零件中创建拔模特征、边倒圆特征和倒斜角特征。

该带轮零件的建模步骤如下。

步骤 1　创建一个部件文件。

🔳 启动 NX 12.0 软件后，按 Ctrl+N 快捷键，系统弹出"新建"对话框。

🔳 在"模型"选项卡的"模板"选项组中，从"过滤器"的"单位"下拉列表框中选择"毫米"，在"模板"列表中选择名称为"模型"的模板（"建模"类型），在"新文件名"选项组的"名称"文本框中输入"bc_dl.prt"，自行设定文件夹目录路径（保存路径）。

🔳 在"新建"对话框中单击"确定"按钮。

步骤 2　使用"旋转"命令创建旋转主体模型。

🔳 在功能区"主页"选项卡的"特征"组中单击"旋转"按钮🌑，弹出"旋转"对话框。

🔳 在"表区域驱动（截面）"选项组中单击"绘制截面"按钮🖼，弹出"创建草图"对话框。从"草图类型"选项组的下拉列表框中选择"在平面上"选项，从"平面方法"下拉列表框中选择"自动判断"选项，默认以基准坐标系的 XC–YC 平面作为草图平面，单击"确定"按钮，进入草图绘制环境。

🔳 绘制如图 9-68 所示的截面图形，注意添加相关的几何约束和尺寸约束，然后单击"完成草图"按钮🔲。

🔳 在"轴"选项组的"指定矢量"下拉列表框中选择"自动判断的矢量"选项💋，单击"指定矢量"选项，在图形窗口中选择与 XC 轴重合的线段作为旋转轴。亦可在图形窗口中选择 XC 轴定义旋转轴矢量，并指定一个轴点为（0,0,0）。

🔳 在"限制"选项组中设置开始角度值为 0°，结束角度值为 360°；在"偏置"选项组的"偏置"下拉列表框中选择"无"选项；在"设置"选项组的"体类型"下拉列表框中选择"实体"选项。

🔳 单击"应用"按钮，完成创建如图 9-69 所示的旋转实体作为带轮零件的主体模型。

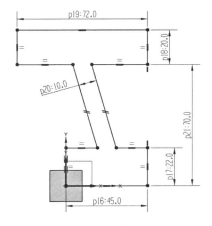

图 9-68　绘制截面图形

图 9-69　创建一个旋转实体

步骤 3　以旋转的方式去除实体材料，以构建第 1 个带槽。

**❶** 在"旋转"对话框的"截面"选项组中单击"绘制截面"按钮█，弹出"创建草图"对话框，默认的草图类型为"在平面上"，平面方法为"自动判断"，单击"确定"按钮。

**❷** 绘制如图 9-70 所示的旋转截面，单击"完成草图"按钮█。

**❸** 在"轴"选项组的"指定矢量"下拉列表框中选择"XC 轴"选项█，接着单击"点构造器（点对话框）"按钮█，弹出"点"对话框，从"类型"下拉列表框中选择"光标位置"选项，从"坐标"选项组的"参考"下拉列表框中选择"绝对 – 工作部件"选项，设置 X=0、Y=0、Z=0，在"偏置"选项组的"偏置选项"下拉列表框中选择"无"选项，单击"确定"按钮，返回到"旋转"对话框。

**❹** 在"限制"选项组中，默认的开始角度值为 0°，结束角度值为 360°；从"布尔"选项组的"布尔"下拉列表框中选择"减去（求差）"选项并指定目标体；默认的偏置方式为"无"，体类型为"实体"。

**❺** 在"旋转"对话框中单击"确定"按钮，此时在主体模型中构建了一个带槽结构，如图 9-71 所示。

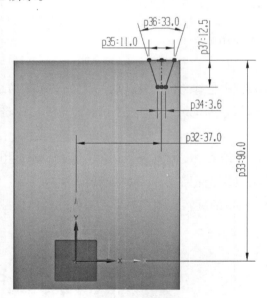

图 9-70　绘制旋转截面

图 9-71　构建一个带槽结构

步骤 4　使用"阵列特征"命令进行线性阵列操作以构建全部的带槽。

**❶** 在功能区"主页"选项卡的"特征"组中单击"阵列特征"按钮█，弹出"阵列特征"对话框。

**❷** 选择"旋转（2）"特征（即第一个带槽）作为要形成阵列的特征。

**❸** 从"阵列定义"选项组的"布局"下拉列表框中选择"线性"选项，在"方向 1"子选项组的"指定矢量"下拉列表框中选择"XC 轴"选项█，从"间距"下拉列表框中选择"数

量和间隔"选项，设置"数量"为 5，"节距"为 –14mm，取消选中"对称"复选框，另外在"方向 2"子选项组中确保取消选中"使用方向 2"复选框，如图 9-72 所示。

◢ 在"阵列方法"选项组的"方法"下拉列表框中选择"变化"选项，在"设置"选项组的"输出"下拉列表框中选择"阵列特征"选项。

◢ 单击"确定"按钮，阵列结果如图 9-73 所示。

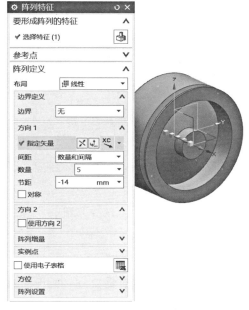

图 9-72　进行线性阵列定义

图 9-73　阵列结果

步骤 5　使用"拉伸"命令构建腹板孔。

◢ 在功能区"主页"选项卡的"特征"组中单击"拉伸"按钮⬜，弹出"拉伸"对话框。

◢ 在"截面"选项组中单击"绘制截面"按钮⬜，弹出"创建草图"对话框，将草图类型设置为"在平面上"，从"平面方法"下拉列表框中选择"新平面"选项，从"指定平面"下拉列表框中选择"自动判断"选项⬜，选择基准坐标系的 YC–ZC（YZ 平面）作为草绘平面，在"草图方向"选项组的"参考"下拉列表框中默认选择"水平"选项，从"指定矢量"下拉列表框中选择"YC 轴"选项⬛，单击"确定"按钮。

◢ 绘制如图 9-74 所示的草图，单击"完成草图"按钮⬛，返回到"拉伸"对话框。

◢ 在"方向"选项组的"指定矢量"下拉列表框中选择"XC 轴"选项ˣᶜ，在"限制"选项组的"开始"下拉列表框中选择"值"选项，设置开始距离值为 –50mm，在"结束"下拉列表框中选择"值"选项，设置结束距离值为 50mm。

◢ 从"布尔"选项组的"布尔"下拉列表框中选择"减去（求差）"选项，指定主体模型为目标体；从"拔模"选项组的"拔模"下拉列表框中选择"无"选项；从"偏置"选项组的"偏置"下拉列表框中选择"无"选项；在"设置"选项组的"体类型"下拉列表框中选择"实体"选项。

**6** 单击"确定"按钮，完成创建腹板孔的带轮模型如图 9-75 所示。

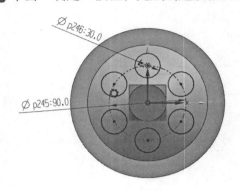

图 9-74　绘制草图

图 9-75　完成创建腹板孔的带轮

步骤 6　使用"拉伸"命令构建孔键结构。

**1** 在功能区"主页"选项卡的"特征"组中单击"拉伸"按钮🔲，弹出"拉伸"对话框。

**2** 在"截面"选项组中单击"绘制截面"按钮🔲，弹出"创建草图"对话框，将草图类型设置为"在平面上"，从"平面方法"下拉列表框中选择"自动判断"选项，选择基准坐标系的YC–ZC（YZ 平面），单击"确定"按钮，进入草绘环境。

**3** 绘制如图 9-76 所示的草图，单击"完成草图"按钮🔳，返回到"拉伸"对话框。

**4** 在"方向"选项组的"指定矢量"下拉列表框中选择"XC 轴"选项🔀，在"限制"选项组的"开始"下拉列表框中选择"值"选项，设置开始距离值为 –50mm，在"结束"下拉列表框中选择"值"选项，设置结束距离值为 50mm。

**5** 从"布尔"选项组的"布尔"下拉列表框中选择"减去（求差）"选项，指定主体模型为目标体；从"偏置"选项组的"偏置"下拉列表框中选择"无"选项；在"设置"选项组的"体类型"下拉列表框中选择"实体"选项。

**6** 单击"确定"按钮，此时带轮模型如图 9-77 所示。

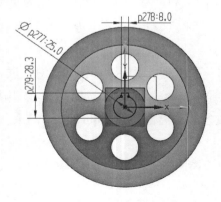

图 9-76　绘制孔键结构的拉伸截面草图

图 9-77　完成孔键结构构建的带轮模型

步骤 7 创建一系列拔模特征。

1️⃣ 在功能区"主页"选项卡的"特征"组中单击"拔模"特征 ⬟，弹出"拔模"对话框。

2️⃣ 从"类型"选项组的下拉列表框中选择"面"选项，接着从"脱模方向"选项组的"指定矢量"下拉列表框中选择"XC 轴"选项 ✕‿。

3️⃣ 在"拔模参考"选项组的"拔模方法"下拉列表框中选择"固定面"选项，单击"选择固定面"按钮 🔲，在模型中选择如图 9-78 所示的平整实体面作为固定面，在"要拔模的面"选项组中设置拔模角度 1 为 5°，单击"面"按钮 🔲，选择如图 9-78 所示要拔模的面。在"设置"选项组的"拔模方法"下拉列表框中默认选择"等斜度拔模"选项，接受默认的距离公差和角度公差。

4️⃣ 单击"应用"按钮。

5️⃣ 将鼠标指针置于图形窗口中，按住鼠标中键并拖动鼠标来将模型视图翻转到腹板的另一面，接着分别指定拔模类型、脱模方向、拔模参考、要拔模的面等，如图 9-79 所示，然后单击"应用"按钮。

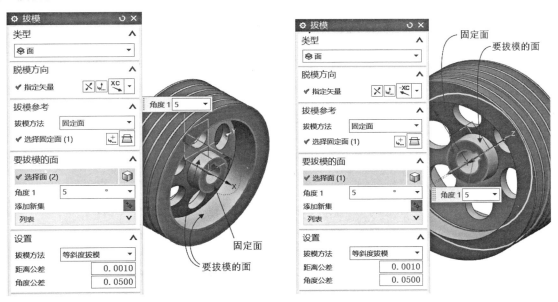

图 9-78 拔模操作 1    图 9-79 拔模操作 2

6️⃣ 分别为拔模 3 特征指定拔模类型、脱模方向、拔模参考、要拔模的面等，如图 9-80 所示。

7️⃣ 在"拔模"对话框中单击"确定"按钮。

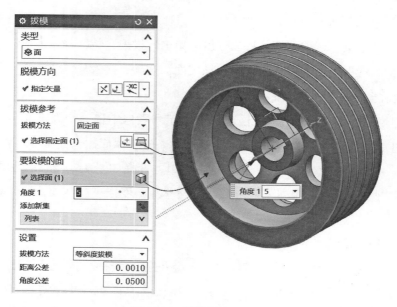

图 9-80　拔模操作（3）

步骤 8　创建边倒圆特征。

■1 在功能区"主页"选项卡的"特征"组中单击"边倒圆"按钮 ◇，弹出"边倒圆"对话框。边倒圆的连续性为"G1（相切）"，默认形状为"圆形"，将半径 1 的值设置 5mm。

■2 选择要倒圆的 4 条边（腹板每侧均两条），如图 9-81 所示。

■3 单击"确定"按钮，完成创建边倒圆特征，效果如图 9-82 所示。

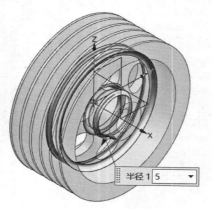

图 9-81　选择要倒圆的 4 条边线

图 9-82　完成创建边倒圆特征

步骤 9　创建倒斜角特征。

■1 在功能区"主页"选项卡的"特征"组中单击"倒斜角"按钮 ◻，弹出"倒斜角"对话框。

■2 在"偏置"选项组的"横截面"下拉列表框中选择"对称"选项，在"距离"文本框中输入"2.5"，在"设置"选项组的"偏置方法"下拉列表框中选择"偏置面并修剪"选项。

■3 选择要倒斜角的 6 条边（每侧各 3 条），如图 9-83 所示。

■ 单击"确定"按钮，完成倒斜角后的带轮模型效果如图 9-84 所示。

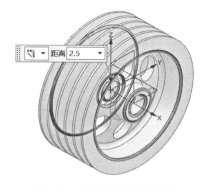

图 9-83 选择要倒斜角的边

图 9-84 完成倒斜角后的模型效果

步骤 10 保存模型文件。

# 9.2 叉架类零件建模

叉架类零件的形状一般较为复杂且不规则，常具有不完整和倾斜的几何形体。此类零件的加工工序通常较多，主要加工位置不明显。常见的杠杆、拔叉和支架都属于此类零件。

本节介绍一个叉架类零件建模范例，该零件为踏脚座，如图 9-85 所示。该踏脚座零件的建模主要用到"草图""沿引导线扫掠""拉伸""孔""边倒圆"等命令。

图 9-85 踏脚座零件

该踏脚座的建模步骤如下。

步骤 1 创建一个部件文件。

■ 在启动 NX 12.0 软件的情况下按 Ctrl+N 快捷键，弹出"新建"对话框。

■ 在"模型"选项卡的"模板"选项组中，从"过滤器"的"单位"下拉列表框中选择"毫米"，在"模板"列表中选择名称为"模型"的模板（"建模"类型），在"新文件名"选项组的"名称"文本框中输入"bc_tjz.prt"，自行设定文件夹目录路径（保存路径）。

▌3 在"新建"对话框中单击"确定"按钮。

步骤2　创建草图1。

▌1 在功能区"主页"选项卡的"直接草图"组中单击"草图"按钮，弹出"创建草图"对话框。

▌2 从"草图类型"选项组的下拉列表框中选择"在平面上"选项，从"平面方法"下拉列表框中选择"自动判断"选项，在图形窗口中选择基准坐标系的YZ平面，单击"确定"按钮。

▌3 以YZ平面为草图工作平面绘制如图9-86所示的草图1。

▌4 单击"完成草图"按钮。

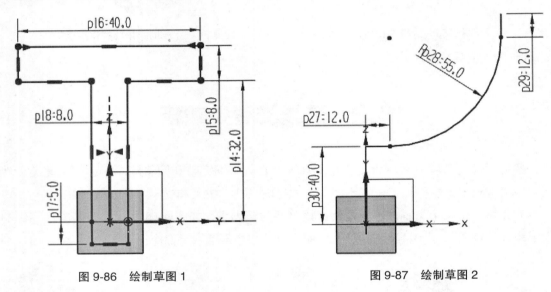

图 9-86　绘制草图 1　　　　　　　　　　图 9-87　绘制草图 2

步骤3　创建草图2。

使用同样的方法，以XZ平面作为草图工作平面绘制如图9-87所示的草图2。

步骤4　使用"沿引导线扫掠"命令创建扫掠实体。

▌1 在功能区"主页"选项卡的"特征"组中单击"更多"→"沿引导线扫掠"按钮，弹出如图9-88所示的"沿引导线扫掠"对话框。

▌2 在选择条的"曲线规则"下拉列表框中选择"相连曲线"选项，在图形窗口中选择整个草图1曲线作为截面曲线。

▌3 在"引导"选项组中单击"曲线"按钮，在靠近截面曲线的一端单击草图2曲线以选择整条草图曲线2作为引导线。

▌4 在"偏置"选项组中确保将"第一偏置"值和"第二偏置"值均设置为0，在"布尔"选项组的"布尔"下拉列表框中默认选择"无"选项，在"设置"选项组的"体类型"下拉列表框中选择"实体"选项，接受默认的尺寸链公差和距离公差。

▌5 单击"确定"按钮，沿着引导线扫掠得到的实体模型如图9-89所示。

图 9-88 "沿引导线扫掠"对话框

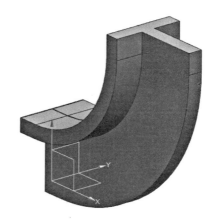

图 9-89 沿引导线扫掠

步骤 5 创建拉伸实体特征。

**1** 在功能区"主页"选项卡的"特征"组中单击"拉伸"按钮 ，弹出"拉伸"对话框。

**2** 在"截面"选项组中单击"绘制截面"按钮 ，弹出"创建草图"对话框。将"草图类型"设为"在平面上","平面方法"为"自动判断","参考"为"水平","原点方法"为"指定点",选择基准坐标系的 XY 平面,单击"确定"按钮,进入草图任务环境。也可以直接选择 XY 坐标面以快速进入草图模式。

**3** 绘制如图 9-90 所示的拉伸截面,单击"完成"按钮 ，完成草图并退出草图任务环境。

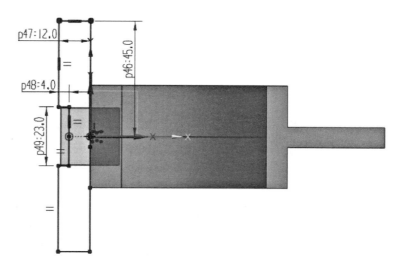

图 9-90 绘制拉伸截面

🔲 在"方向"选项组的"指定矢量"下拉列表框中选择"面 / 平面法向"选项 🔩，或者选择"ZC 轴"选项 ᶻᶜ↑ 以设置拉伸方向矢量为指向 ZC 轴正方向。

🔲 在"限制"选项组中，从"开始"下拉列表框中选择"值"选项，在其对应的"距离"文本框中输入"–40"，从"结束"下拉列表框中选择"值"选项，在其对应的"距离"文本框中输入"40"。在"布尔"选项组的"布尔"下拉列表框中选择"合并"选项，指定已有实体为目标体。拔模选项和偏置选项均默认为"无"，而"体类型"确保为"实体"。相关的具体设置如图 9-91 所示。

🔲 单击"确定"按钮，完成创建该实体特征后的模型效果如图 9-92 所示（图中已经将"草图 1"特征和"草图 2"特征隐藏）。

图 9-91　拉伸的相关具体设置

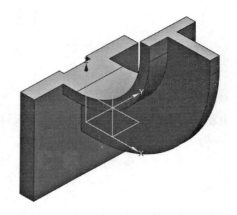

图 9-92　创建一个拉伸实体特征

步骤 6　创建一个圆柱形的拉伸实体特征。

🔲 在功能区"主页"选项卡的"特征"组中单击"拉伸"按钮 🖽，弹出"拉伸"对话框。

🔲 选择基准坐标系的 XZ 平面作为草图平面，系统快速进入草图任务环境。

🔲 绘制如图 9-93 所示的圆形的拉伸截面，注意相关的几何约束。为了让读者更好地读取该圆的大小和位置关系，图中特意标注了 3 个参考尺寸。单击"完成"按钮 🐾，完成草图并退出草图任务环境。

🔲 在"方向"选项组的"指定矢量"下拉列表框中选择"YC 轴"选项 ʸᶜ。

🔲 在"限制"选项组中设置采用"对称值"方式，在"距离"下拉列表框中输入"30"，表示以对称的方式向草图平面两侧拉伸，两侧的拉伸距离均为 30mm。

🔲 在"布尔"选项组的"布尔"下拉列表框中选择"合并"选项，指定已有实体模型为目标体；"拔模"选项和"偏置"选项均默认为"无"，"体类型"为"实体"。

🔲 单击"确定"按钮，此时实体模型如图 9-94 所示。

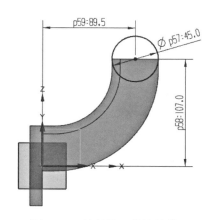

图 9-93 绘制圆形的拉伸截面

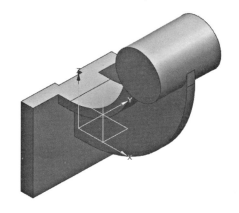

图 9-94 完成创建一个圆柱形的实体特征

步骤 7 创建贯通的圆孔。

**1** 在功能区"主页"选项卡的"特征"组中单击"孔"按钮，弹出"孔"对话框。

**2** 在"类型"选项组的下拉列表框中选择"常规孔"选项，在"形状和尺寸"选项组的"成形"下拉列表框中选择"简单孔"选项，在"尺寸"子选项组的"直径"下拉列表框中输入"26"，从"深度限制"下拉列表框中选择"贯通体"选项。

**3** 确保在选择条中选中"圆弧中心"图标⊙，在图形窗口中选择如图 9-95 所示的圆以获取其圆心位置作为孔的一个放置点。

**4** 核查孔的相关尺寸是否正确，然后单击"确定"按钮，完成创建一个贯通的圆孔，如图 9-96 所示。

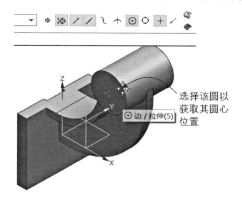

图 9-95 指定孔的放置点

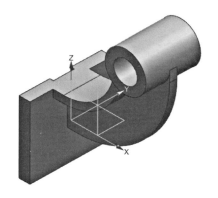

图 9-96 创建一个贯通的圆孔

步骤 8 创建一个基准平面。

**1** 在功能区"主页"选项卡的"特征"组中单击"基准平面"按钮，弹出"基准平面"对话框。

**2** 从"类型"选项组的下拉列表框中选择"按某一距离"选项，选择基准坐标系的 XY 平面作为平面参考，在"偏置"选项组的"距离"下拉列表框中输入"135"，如图 9-97 所示。

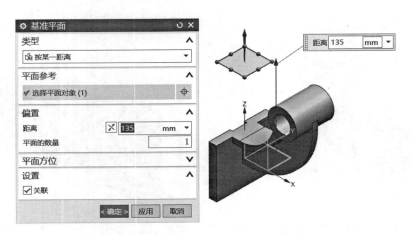

图 9-97　"基准平面"对话框

**3** 单击"确定"按钮。

步骤 9　创建一个拉伸实体特征以形成一个圆凸台。

**1** 在功能区"主页"选项卡的"特征"组中单击"拉伸"按钮 ，弹出"拉伸"对话框。

**2** 在步骤 8 刚创建的基准平面的显示边框处单击，快速进入草图任务环境，绘制如图 9-98 所示的一个草图，单击"完成"按钮 。

**3** 在"方法"选项组的"指定矢量"下拉列表框中选择"–ZC 轴"选项 。

**4** 分别在"限制"选项组、"布尔"选项组、"拔模"选项组、"偏置"选项组和"设置"选项组中设置相关的选项、参数，如图 9-99 所示。

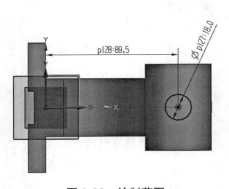

图 9-98　绘制草图

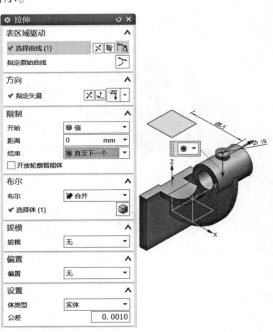

图 9-99　设置拉伸限制条件

5 单击"确定"按钮。完成该拉伸操作后，将先前所创建的基准平面隐藏。

步骤 10　创建简单孔特征。

1 在功能区"主页"选项卡的"特征"组中单击"孔"按钮█，弹出"孔"对话框。

2 选择如图 9-100 所示的圆心作为孔的放置点。

3 孔方向方式为"垂直于面"，在"形状和尺寸"选项组的"成形"下拉列表框中选择"简单孔"选项，并设置如图 9-101 所示的尺寸参数。

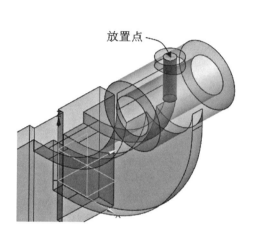

图 9-100　指定放置点

图 9-101　设置孔的尺寸参数

4 单击"确定"按钮。

步骤 11　在座板上创建两个安装孔。

1 在功能区"主页"选项卡的"特征"组中单击"拉伸"按钮█，弹出"拉伸"对话框。

2 选择 YZ 平面作为草图工作平面，绘制如图 9-102 所示的截面草图，然后单击"完成"按钮█。

3 在"方向"选项组的"指定矢量"下拉列表框中选择"–XC"选项█。

4 在"限制"选项组中设置开始距离值为 0，结束距离值为 30mm，取消选中"开放轮廓智能体积"复选框。

5 在"布尔"选项组的"布尔"下拉列表框中选择"减去（求差）"选项并默认指定已有实体为目标体，在"拔模"选项组的"拔模"下拉列表框中选择"无"选项，在"偏置"选项组的"偏置"下拉列表框中选择"无"选项，在"设置"选项组的"体类型"下拉列表框中选择"实体"选项。

6 单击"确定"按钮，完成效果如图 9-103 所示。

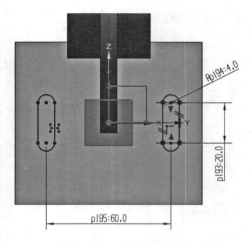

图 9-102　绘制截面草图

图 9-103　完成以拉伸的方式去除材料

步骤 12　创建一个半径为 30mm 的边倒圆特征。

**1** 将基准坐标系隐藏，接着在功能区"主页"选项卡的"特征"组中单击"边倒圆"按钮 ，弹出"边倒圆"对话框。

**2** 设置边连续性为"G1（相切）"，形状为"圆形"，"半径 1"为 30mm。

**3** 选择如图 9-104 所示的一条边作为要倒圆的边。

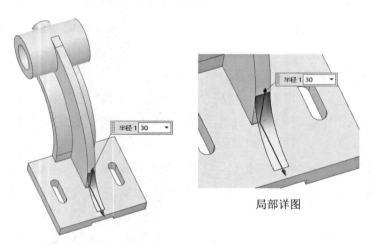

局部详图

图 9-104　选择一条要倒圆的边

**4** 单击"确定"按钮，完成创建一个边倒圆特征。

步骤 13　创建半径为 10mm 的边倒圆特征。

使用同样的方法，在 4 条边处创建半径为 10mm 的边倒圆特征，如图 9-105 所示。

步骤 14　创建半径为 3mm 的其他边倒圆特征。

使用同样的方法，分别创建半径为 3mm 的其他边倒圆特征，这些边倒圆较多，创建顺序可灵活把握，这里给出创建好全部边倒圆特征后的模型参考效果，如图 9-106 所示。

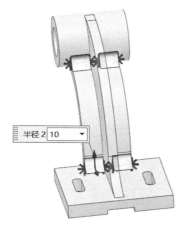

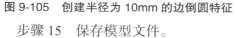

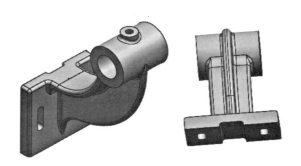

图 9-105　创建半径为 10mm 的边倒圆特征　　　图 9-106　完成创建其他边倒圆特征

步骤 15　保存模型文件。

# 9.3　箱体类零件建模

箱体类零件是机器中的主要零件之一，一般起支承、容纳、零件定位和安全保护等作用。箱体类零件的结构特点是常用薄壁围成一定的空腔，其内、外结构通常较为复杂，箱体上常设计有支承孔、凸台、放油孔、肋板、螺纹孔、螺栓孔、销孔和其他安装结构等。箱体类零件多为铸造件，具有许多铸造工艺结构，如铸造圆角、铸件壁厚、拔模斜度等。

本节讲解如何设计如图 9-107 所示的一个箱体零件的实体模型。在该综合建模范例中，主要应用"拉伸""凸台""抽壳""镜像特征""孔""腔体""边倒圆""阵列特征""倒斜角"等工具命令。

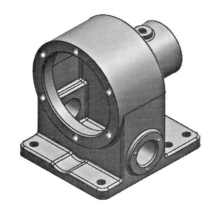

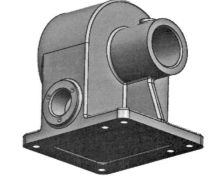

图 9-107　箱体零件模型

该箱体的建模步骤如下。

**步骤1　创建一个部件文件。**

■① 启动 NX 12.0 软件，按 Ctrl+N 快捷键，弹出"新建"对话框。

■② 在"模型"选项卡的"模板"选项组中，从"过滤器"的"单位"下拉列表框中选择"毫米"，在"模板"列表中选择名称为"模型"的模板（"建模"类型），在"新文件名"选项组的"名称"文本框中输入"bc_xt.prt"，自行设定文件夹目录路径（保存路径）。

■③ 在"新建"对话框中单击"确定"按钮。

**步骤2　创建拉伸实体特征。**

■① 在功能区"主页"选项卡的"特征"组中单击"拉伸"按钮▣，弹出"拉伸"对话框。

■② 选择 XZ 平面进入草图任务环境，绘制如图 9-108 所示的拉伸截面，单击"完成"按钮▨。

■③ 在"方向"选项组的"指定矢量"下拉列表框中选择"YC 轴"选项▙，在"限制"选项组中设置以"对称值"方式进行拉伸，每侧拉伸距离各为 36mm，如图 9-109 所示。

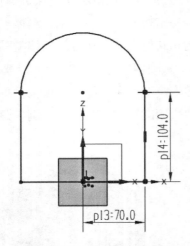

图 9-108　绘制拉伸截面

图 9-109　设置拉伸方向和限制条件等

■④ 单击"确定"按钮，完成创建一个拉伸实体特征。

**步骤3　使用"圆柱"命令创建凸台形状。**

■① 在功能区"主页"选项卡的"特征"组中单击"更多"→"圆柱"按钮▣，弹出"圆柱"对话框。

■② 从"类型"选项组的下拉列表框中选择"轴、直径和高度"选项；在"轴"选项组的"指定矢量"下拉列表框中选择"自动判断的矢量"选项▚，接着选择如图 9-110 所示的实体平整面来指定矢量（矢量垂直于所选实体面）。

📄 在"轴"选项组的"指定点"下拉列表框中选择"圆弧中心 / 椭圆中心 / 球心"图像⊙，在模型中单击如图 9-111 所示的圆弧以获取其圆心位置。

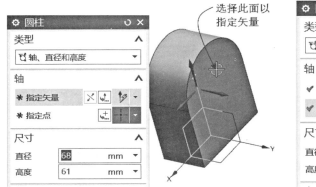
图 9-110 指定矢量

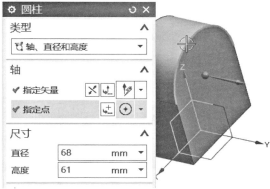
图 9-111 指定放置轴的基准点

📄 在"尺寸"选项组中设置"直径"为 68mm，"高度"为 61mm，在"布尔"选项组的"布尔"下拉列表框中选择"合并"选项，在"设置"选项组中选中"关联轴"复选框，如图 9-112 所示。

📄 单击"确定"按钮，创建效果如图 9-113 所示。

图 9-112 设置圆柱尺寸和布尔选项等

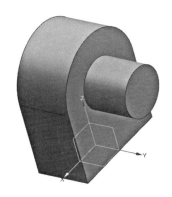
图 9-113 完成创建一个圆柱

步骤 4 抽壳操作。

📄 在功能区"主页"选项卡的"特征"组中单击"抽壳"按钮🔲，弹出"抽壳"对话框。

📄 从"类型"选项组的下拉列表框中选择"移除面，然后抽壳"选项。

📄 选择凸台端面作为要移除的面，如图 9-114 所示。

④ 在"厚度"选项组的"厚度"文本框中输入"10",以设置抽壳的基本厚度为10mm。

⑤ 展开"备选厚度"选项组,单击"抽壳设置"按钮 📦,选择模型底面作为要指定新厚度的面,设置该"厚度1"为11mm,如图9-115所示。

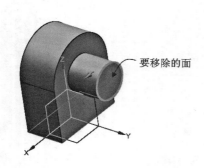

图9-114 选择要移除的面

图9-115 指定备选厚度的面及其厚度值

⑥ 单击"确定"按钮。

步骤5 创建拉伸特征以形成一个凸台形体。

① 在功能区"主页"选项卡的"特征"组中单击"拉伸"按钮 🎇,弹出"拉伸"对话框。

② 选择要草绘的平的面,如图9-116所示,进入草绘任务环境,绘制如图9-117所示的一个圆,单击"完成"按钮 🏁。

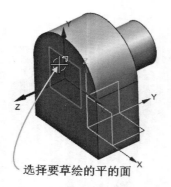

图9-116 选择实体面以定义草绘平面

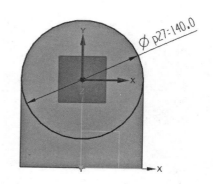

图9-117 绘制截面草图

③ 选择"–YC 轴"选项以定义拉伸方向。

④ 在"限制"选项组中设置开始距离值为0,结束距离值为6;在"布尔"选项组的"布尔"下拉列表框中选择"合并(求和)"选项,其他采用默认设置。

⑤ 单击"确定"按钮,得到的实体模型如图9-118所示。

步骤6 以拉伸的方式切除出一个圆形的开口。

◢ 在功能区"主页"选项卡的"特征"组中单击"拉伸"按钮▥，弹出"拉伸"对话框。

◢ 选择要草绘的平的面，如图 9-119 所示，进入草绘任务环境，绘制如图 9-120 所示的一个圆，单击"完成"按钮▨。

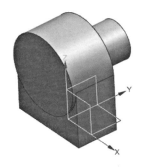
图 9-118 拉伸出凸台形体

图 9-119 选择要草绘的平的面

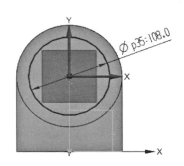
图 9-120 绘制一个圆

◢ 选择"YC 轴"选项▢定义拉伸方向。

◢ 在"限制"选项组中设置开始距离值为 0mm，结束距离值为 20mm；在"布尔"选项组的"布尔"下拉列表框中选择"减去（求差）"选项并指定目标体，其他采用默认设置。

◢ 在"拉伸"对话框中单击"确定"按钮，完成在实体模型中切除出一个圆形的开口，如图 9-121 所示。

步骤 7 以拉伸的方式在实体模型中添加材料。

◢ 在功能区"主页"选项卡的"特征"组中单击"拉伸"按钮▥，弹出"拉伸"对话框。

◢ 选择要草绘的平的面，如图 9-122 所示，系统快速自动地进入草绘任务环境，绘制如图 9-123 所示的两个圆，单击"完成"按钮▨。

图 9-121 形成一个开口

图 9-122 选择要草绘的平的面

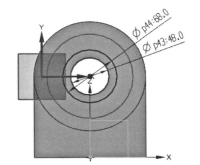
图 9-123 绘制两个圆

◢ 选择"–YC 轴"选项▢定义拉伸方向，确保拉伸方向为所需。

◢ 在"限制"选项组中设置开始距离值为 0mm，结束距离值为 5mm；在"布尔"选项组的"布尔"下拉列表框中选择"合并（求和）"选项并指定目标体，其他采用默认设置（例如拔模为"无"，偏置为"无"，"体类型"为"实体"等）。

◢ 单击"确定"按钮，完成在实体模型中构建如图 9-124 所示的结构。

图 9-124 拉伸求和的结果

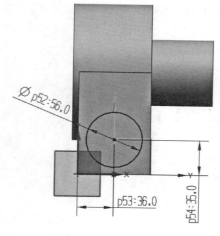

图 9-125 绘制截面

图 9-126 拉伸结果

步骤 8 以拉伸的方式在实体模型的一个侧面搭建出一个圆形凸台（圆台）。

在功能区"主页"选项卡的"特征"组中单击"拉伸"按钮 ▥ ，选择所需侧面作为草图平面，绘制如图 9-125 所示的截面，单击"完成"按钮 ▨ ，设置向外拉伸 5mm 形成一个圆形凸台 [ 布尔选项需为"合并（求和）"]，并且在拉伸时设置拔模选项为"从起始限制"，拔模角度为 6°，得到的操作结果如图 9-126 所示。

步骤 9 继续拉伸操作以在腔体内部增加材料。

**1** 在功能区"主页"选项卡的"特征"组中单击"拉伸"按钮 ▥ ，弹出"拉伸"对话框。

**2** 单击如图 9-127 所示的实体面，系统快速自动地进入草绘任务环境，绘制如图 9-128 所示的一个长方形，注意相关约束关系，单击"完成"按钮 ▨ 。

**3** 选择"–XC 轴"选项 ▧ ，定义拉伸方向沿着 XC 轴的负方向。

**4** 在"限制"选项组中设置开始距离值为 0mm，结束距离值为 20mm ；在"布尔"选项组的"布尔"下拉列表框中选择"合并（求和）"选项并指定目标体，其他采用默认设置。

**5** 单击"确定"按钮，完成在实体模型中构建如图 9-129 所示的结构。

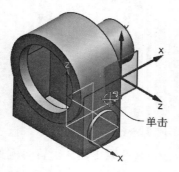

图 9-127 单击实体面

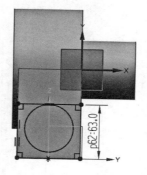

图 9-128 绘制截面

图 9-129 拉伸求和的结果

步骤 10 在箱体另一个侧面也创建类似结构。

**1** 在功能区"主页"选项卡的"特征"组中单击"更多"→"镜像特征"按钮，弹出"镜像特征"对话框。

**2** 选择与 YZ 坐标面平行的侧面上的圆台作为要镜像的特征。

**3** 在"镜像平面"选项组的"平面"下拉列表框中选择"现有平面"选项，单击"平面"按钮，在图形窗口中选择 YZ 坐标面。

**4** 单击"应用"按钮。

**5** 再选择步骤 9 创建的拉伸实体特征作为要镜像的特征，并在"镜像平面"选项组的"平面"下拉列表框中选择"现有平面"选项，单击"平面"按钮，在图形窗口中选择 YZ 坐标面，然后单击"确定"按钮。

**知识点拨：**

在箱体另一个侧面上创建类型结构，也可以采用"拉伸"命令。当然，对于具有对称关系的特征、结构，先创建其中一半，另一半可采用镜像的方式来完成。镜像操作通常是比较高效的方法。

步骤 11　创建孔特征。

**1** 在功能区"主页"选项卡的"特征"组中单击"孔"按钮，弹出"孔"对话框，接着从"类型"选项组的下拉列表框中选择"常规孔"选项。

**2** 选择如图 9-130 所示的圆心点作为孔的放置位置点，孔方向方式为"垂直于面"，并在"形状和尺寸"选项组中设置相应的选项和参数。

**3** 单击"确定"按钮，结果如图 9-131 所示。

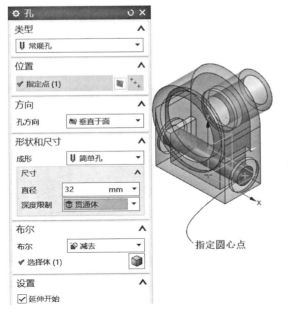

图 9-130　指定点以及相关设置

图 9-131　创建"贯通体"的简单孔

步骤 12　创建一个小圆台。

**1** 在功能区"主页"选项卡的"特征"组中单击"拉伸"按钮⬚，弹出"拉伸"对话框。

**2** 在"表区域驱动（也称'截面'）"选项组中单击"绘制截面"按钮⬚，弹出"创建草图"对话框。从"草图类型"选项组的下拉列表框中选择"在平面上"选项，在"平面方法"下拉列表框中选择"新平面"选项，从"指定平面"下拉列表框中选择"按某一距离"选项⬚，选择 XY 平面，输入偏离距离为 142mm，指定 XC 轴来定义草图水平方向参考，如图 9-132 所示，单击"确定"按钮。

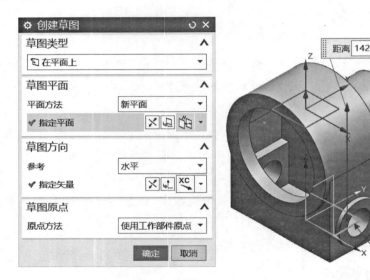

**图 9-132　创建平面**

**3** 绘制如图 9-133 所示的一个圆，单击"完成"按钮⬚，返回到"拉伸"对话框。

**4** 选择"–ZC"选项⬚定义拉伸方向。也可以选择"ZC"选项⬚并单击"反向"按钮⬚。

**5** 在"限制"选项组的"开始"下拉列表框中选择"值"选项，并设置开始距离值为 0mm，接着从"结束"下拉列表框中选择"直至下一个"选项；在"布尔"选项组的"布尔"下拉列表框中选择"合并（求和）"选项并默认指定目标体；在"拔模"选项组的"拔模"下拉列表框中选择"从起始限制"选项，设置拔模角度为 –5（具体拔模角度为正值还是负值需要结合预览效果来确定）。具体设置如图 9-134 所示。

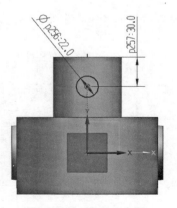

**图 9-133　绘制一个圆**

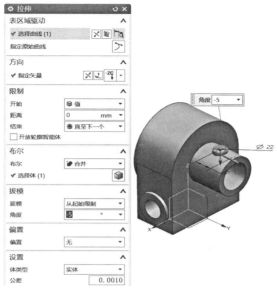

图 9-134　拉伸操作的相关设置

**步骤 13**　在刚创建的小圆台上创建一个螺纹孔特征。

1 在功能区"主页"选项卡的"特征"组中单击"孔"按钮，弹出"孔"对话框，接着从"类型"选项组的"类型"下拉列表框中选择"螺纹孔"选项。

2 捕捉选择如图 9-135 所示的圆心点作为螺纹孔的放置位置。

3 孔方向默认为"垂直于面"，在"形状和尺寸"选项组中设置如图 9-136 所示的螺纹尺寸等内容。

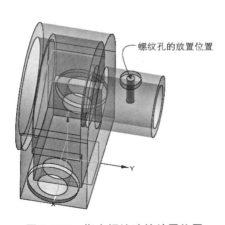

图 9-135　指定螺纹孔的放置位置

图 9-136　设置螺纹尺寸等

◢ 单击"确定"按钮。

**步骤 14** 创建箱体的底板。

◤ 在功能区"主页"选项卡的"特征"组中单击"拉伸"按钮，打开"拉伸"对话框。

◢ 选择 XY 坐标面作为草图平面，绘制如图 9-137 所示的图形，单击"完成"按钮。

◢ 在"方向"选项组的"指定矢量"下拉列表框中选择"ZC 轴"选项。

◢ 在"限制"选项组中设置开始距离值为 –3mm，结束距离值为 11mm。

◢ 在"布尔"选项组的"布尔"下拉列表框中选择"合并（求和）"选项，并确保已有实体作为求和的目标体；在"拔模"选项组的"拔模"下拉列表框中选择"无"选项，在"偏置"选项组的"偏置"下拉列表框中选择"无"选项，在"设置"选项组的"体类型"下拉列表框中选择"实体"选项，接受默认的公差值。

◢ 单击"确定"按钮，创建箱体的底板如图 9-138 所示。

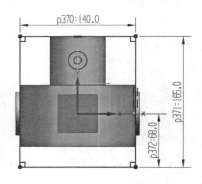

图 9-137　绘制图形

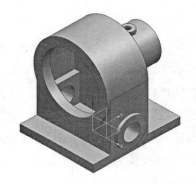

图 9-138　创建箱体的底板

**步骤 15** 在底板底面创建矩形腔体结构。

◤ 在功能区"主页"选项卡的"特征"组中单击"拉伸"按钮，弹出"拉伸"对话框。

◢ 选择底板底面作为草图平面，如图 9-139 所示，快速进入草图模式后，绘制如图 9-140 所示的草图，单击"完成"按钮。

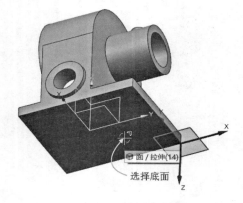

图 9-139　指定草图平面

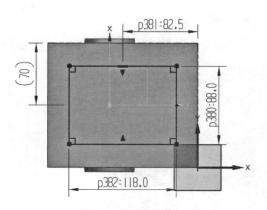

图 9-140　绘制草图

3 在"方向"选项组的"指定矢量"下拉列表框中选择"ZC轴"选项 $^{ZC}$，在"限制"选项组中设置开始值为0mm，结束距离值为3mm，即拉伸深度为3mm，在"布尔"选项组的"布尔"下拉列表框中选择"减去"选项，如图9-141所示。

4 在"拔模"选项组的"拔模"下拉列表框中选择"从截面"选项，从"角度选项"下拉列表框中选择"单侧"选项，设置"角度"为3°；在"偏置"选项组的"偏置"下拉列表框中选择"无"选项；从"设置"选项组的"体类型"下拉列表框中选择"实体"选项，如图9-142所示。

图9-141　设置部分拉伸选项及参数

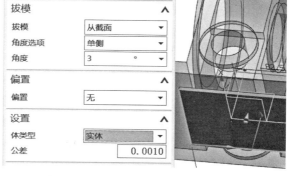

图9-142　设置拔模、偏置和体类型

5 在"拉伸"对话框中单击"确定"按钮，创建的拉伸矩形槽如图9-143所示。

6 在功能区"主页"选项卡的"特征"组中单击"边倒圆"按钮，系统弹出"边倒圆"对话框，在"边"选项组的"连续性"下拉列表框中选择"G1（相切）"选项，从"形状"下拉列表框中选择"圆形"选项，"半径1"尺寸为10mm，如图9-144所示。

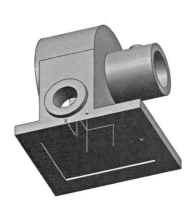

图9-143　拉伸矩形槽

图9-144　设置边倒圆的半径1参数

7 选择如图9-145所示的4条短边作为要倒圆的边。为了便于选择要倒圆的边，可以在选择条中选中"允许选择隐藏线框"按钮，以允许选择因显示模式而隐藏、被遮挡的曲线或边。选择这4条边后单击"应用"按钮。

**8** 利用"边倒圆"对话框将"半径 1"的圆形圆角尺寸设置为 2mm，选择如图 9-146 所示的边线作为新圆角集的边参照。

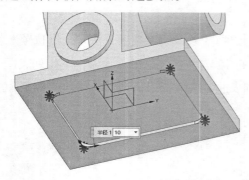

图 9-145　选择 4 条短边

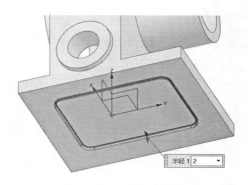

图 9-146　选择一条相切边线要倒圆

**9** 在"边倒圆"对话框中单击"确定"按钮。

步骤 16　在底板上创建边倒圆特征。

**1** 在功能区"主页"选项卡的"特征"组中单击"边倒圆"按钮 ◇ ，系统弹出"边倒圆"对话框。

**2** 边倒圆的连续性选项为"G1（相切）"，其形状为"圆形"，将"半径 1"的值设置为 10mm，在底板上选择如图 9-147 所示的 4 条短边线作为要倒圆的边。

**3** 单击"确定"按钮，创建该边倒圆的结果如图 9-148 所示。

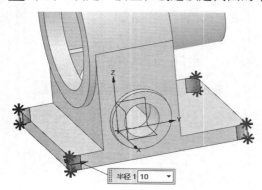

图 9-147　选择要倒圆的边

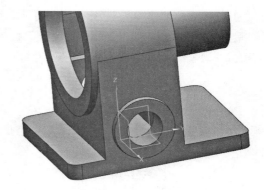

图 9-148　创建边倒圆的结果

步骤 17　使用"拉伸"命令在底板上创建 6 个定位孔。

**1** 在功能区"主页"选项卡的"特征"组中单击"拉伸"按钮 ⑪ ，打开"拉伸"对话框。

**2** 选择 XY 坐标面作为草图平面，绘制如图 9-149 所示的图形，单击"完成"按钮 ⚑ 。

**3** 在"方向"选项组的"指定矢量"下拉列表框中选择"ZC 轴"选项 ZC↑ 。

**4** 在"限制"选项组中设置以"对称值"方式拉伸截面图形，每侧的拉伸距离均为 20mm。

**6** 在"布尔"选项组的"布尔"下拉列表框中选择"减去（求差）"选项并使当前实体作

为目标体;在"拔模"选项组的"拔模"下拉列表框中选择"无"选项;在"偏置"选项组的"偏置"下拉列表框中选择"无"选项;在"设置"选项组的"体类型"下拉列表框中选择"实体"选项。

6 单击"确定"按钮,拉伸求差的结果如图9-150所示。

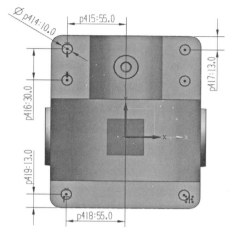

图9-149 绘制图形

图9-150 拉伸求差的结果

步骤18 使用"拉伸"命令创建筋板结构。

1 在功能区"主页"选项卡的"特征"组中单击"拉伸"按钮，打开"拉伸"对话框。

2 选择YZ坐标面作为草图平面,绘制如图9-151所示的图形,单击"完成"按钮。

3 在"方向"选项组的"指定矢量"下拉列表框中选择"XC轴"选项。

4 在"限制"选项组中设置以"对称值"方式拉伸截面图形,每侧拉伸距离均为5mm。

5 在"布尔"选项组的"布尔"下拉列表框中选择"合并(求和)"选项并使当前实体作为目标体;在"拔模"选项组的"拔模"下拉列表框中选择"无"选项;在"偏置"选项组的"偏置"下拉列表框中选择"无"选项;在"设置"选项组的"体类型"下拉列表框中选择"实体"选项。

6 单击"确定"按钮,通过"拉伸求和"生成的筋板结构如图9-152所示。

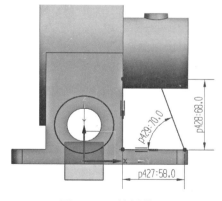

图9-151 绘制草图

图9-152 生成筋板结构

步骤 19　创建边倒圆特征。

🔟 在功能区"主页"选项卡的"特征"组中单击"边倒圆"按钮 ⬡，系统弹出"边倒圆"对话框。

🔢 倒圆形状为"圆形"，将"半径 1"设置为 10mm，在筋板与圆凸台相接处选择如图 9-153 所示的 1 条短边线作为要倒圆的边。

🔣 单击"确定"按钮。

步骤 20　在箱体大圆口的环形端面上创建一个螺纹孔。

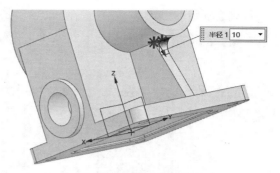

图 9-153　选择要倒圆的边

🔟 在功能区"主页"选项卡的"特征"组中单击"孔"按钮 🔳，弹出"孔"对话框，接着从"类型"选项组的下拉列表框中选择"螺纹孔"选项。

🔢 在要放置螺纹孔的大环形端面上单击以将其作为草图平面，NX 12.0 系统快速进入草图任务环境，定位如图 9-154 所示的一个点，单击"完成"按钮 🏁。

🔣 在"方向"选项组的"孔方向"下拉列表框中默认选择"垂直于面"选项，接着在"设置"选项组和"形状和尺寸"选项组中进行相关标准和螺纹尺寸等参数设置，如图 9-155 所示。该螺纹均不启用止裂口、起始倒斜角和终止倒斜角。

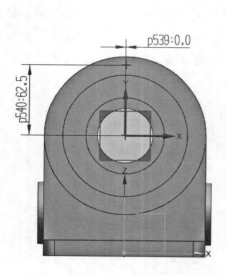

图 9-154　定位一个放置点

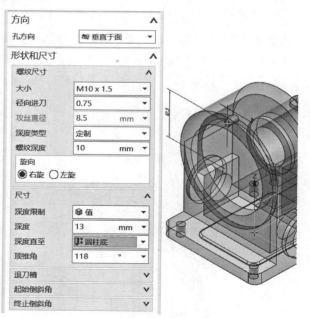

图 9-155　设置螺纹标准及螺纹尺寸等

🔺 在"孔"对话框中单击"确定"按钮，完成创建该规格为 M10×1.5 的螺纹孔特征。

步骤 21　使用"阵列特征"功能完成构建大圆口环形端面上的全部均布的螺纹孔特征。

**1** 在功能区"主页"选项卡的"特征"组中单击"阵列特征"按钮🥄，弹出"阵列特征"对话框。

**2** 选择刚创建的螺纹孔特征作为要形成阵列的特征。

**3** 在"阵列定义"选项组的"布局"下拉列表框中选择"圆形"选项，在"旋转轴"子选项组的"指定矢量"下拉列表框中选择"YC 轴"选项🔧，接着从"指定点"下拉列表框中选择"圆弧中心/椭圆中心/球心"选项⊙并激活"指定点"，选择端面大圆，接着进行角度方向的参数设置，如间距方式为"数量和跨距"，"数量"为 6，"跨角"为 360°，在"辐射"选项组中取消选中"创建同心成员"复选框，如 9-156 所示。

**4** 在"阵列方法"选项组的"方法"下拉列表框中选择"变化"选项，在"设置"选项组的"输出"下拉列表框中选择"阵列特征"选项。

**5** 单击"确定"按钮，阵列结果如图 9-157 所示。

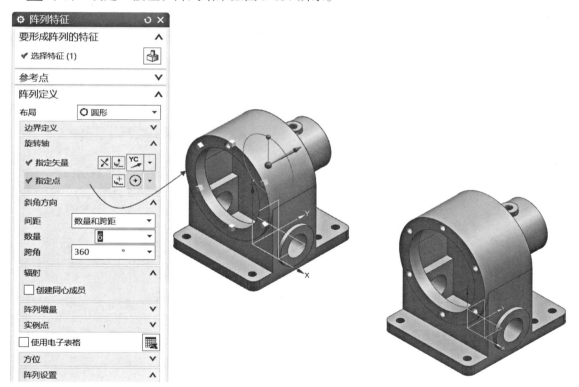

图 9-156　阵列定义　　　　　　　　　　图 9-157　阵列结果

步骤 22　在一个侧面小开口的环形端面上创建均布的螺纹孔。

**1** 在功能区"主页"选项卡的"特征"组中单击"孔"按钮🔲，在箱体一个侧面小凸台开口的圆形端面上创建一个 M6×1.0 的螺纹孔特征，创建位置如图 9-158 所示，该螺纹孔采用的默认标准为 Metric Coarse，螺纹深度为 12mm，孔深度为 18mm，深度直至"圆柱底"，顶锥角为 118°。

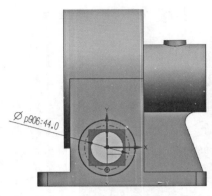
（a）通过草图指定螺纹孔的创建位置

（b）创建好的一个小螺纹孔

图 9-158　创建一个小螺纹孔

**2** 在功能区"主页"选项卡的"特征"组中单击"阵列特征"按钮 ，弹出"阵列特征"对话框，选择刚创建的该小螺纹孔作为要形成阵列的特征，以"圆形"布局方式在环形端面上完成均布的 3 个小螺纹孔，如图 9-159 所示。

步骤 23　使用"镜像特征"命令在另一个侧面的环形凸台上创建小螺纹孔。

**1** 在功能区"主页"选项卡的"特征"组中单击"更多"→"镜像特征"按钮 ，弹出"镜像特征"对话框，如图 9-160 所示。

图 9-159　创建小螺纹孔的圆形阵列

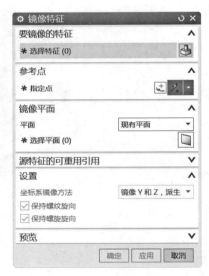

图 9-160　"镜像特征"对话框

**2** 选择要阵列的螺纹孔特征和该螺纹孔的阵列特征（即选择步骤 22 创建的两个特征，共形成 3 个螺纹孔）作为要镜像的特征。

**3** 在"镜像平面"选项组的"平面"下拉列表框中选择"现有平面"选项，单击"平面"按钮 ，在图形窗口中选择基准坐标系的 YZ 平面作为镜像平面。

**4** 单击"确定"按钮，镜像特征的操作结果如图 9-161 所示。

图 9-161 镜像特征的操作结果

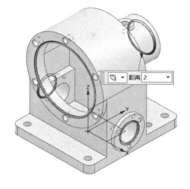

图 9-162 选择要倒斜角的边

步骤 24 创建倒斜角特征。

**1** 在功能区"主页"选项卡的"特征"组中单击"倒斜角"按钮 ，弹出"倒斜角"对话框。

**2** 在"偏置"选项组的"横截面"下拉列表框中选择"对称"选项，在"距离"文本框中输入"2"。在"设置"选项组的"偏置方法"下拉列表框中选择"偏置面并修剪"选项，接受默认的公差值。

**3** 选择要倒斜角的边，一共选择 4 条边，如图 9-162 所示。

**4** 单击"确定"按钮。

步骤 25 在底板（底座）上去除材料。

**1** 在功能区"主页"选项卡的"特征"组中单击"拉伸"按钮 ，打开"拉伸"对话框。

**2** 在如图 9-163 所示的实体面上单击以使用该实体面定义草图平面（注意单击位置），绘制如图 9-164 所示的图形，单击"完成"按钮 。

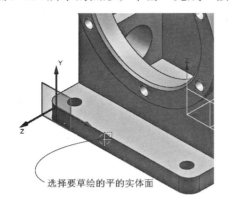

图 9-163 选择要草绘的平的实体面

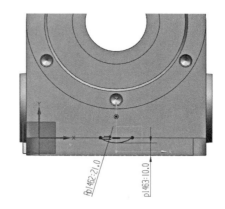

图 9-164 绘制草图

**3** 在"方向"选项组的"指定矢量"下拉列表框中选择"YC 轴"选项 。

**4** 在"限制"选项组的"开始"下拉列表框中选择"值"选项，设置开始距离值为 0mm，在"结束"下拉列表框中选择"直至延伸部分"选项，单击"面、体、基准平面"按钮 ，选择如图 9-165 所示的实体表面。

⑤ 在"布尔"选项组的"布尔"下拉列表框中选择"减去（求差）"选项并使当前实体作为目标体；在"拔模"选项组的"拔模"下拉列表框中选择"无"选项；在"偏置"选项组的"偏置"下拉列表框中选择"无"选项；在"设置"选项组的"体类型"下拉列表框中选择"实体"选项。

⑥ 单击"确定"按钮，拉伸求差的结果如图 9-166 所示。

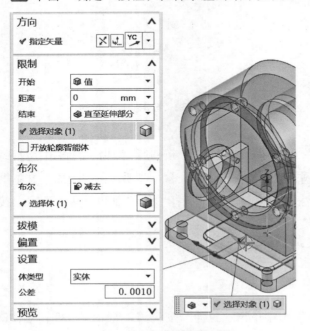

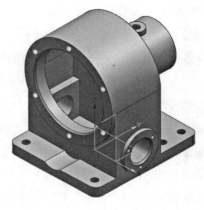

图 9-165　选择要延伸到的对象　　　　　图 9-166　拉伸求差的结果

步骤 26　在箱体上创建一系列的铸造圆角及其他工艺圆角。

在功能区"主页"选项卡的"特征"组中单击"边倒圆"按钮，在箱体上创建一系列的铸造圆角及其他工艺圆角，这些圆角的半径基本上都选用 R3 的规格，完成结果如图 9-167 所示，图中隐藏了基准坐标系。

图 9-167　创建一系列圆角后的箱体模型效果

步骤 27　保存模型文件。

# 9.4 齿轮零件建模

齿轮是指轮缘上有齿且能连续啮合传递运动和动力的机械元件。齿轮可以按齿形、齿轮外形、齿线形状、轮齿所在的表面和制造方法等分类。

在 NX 12.0 中，可以使用 GC 工具箱的齿轮建模工具来创建符合标准的圆柱齿轮和锥齿轮等。下面分别介绍圆柱齿轮创建范例和圆锥齿轮创建范例。

## 9.4.1 标准圆柱齿轮创建范例

本范例要完成的渐开线圆柱齿轮如图 9-168 所示。本范例主要知识点是 GC 工具箱的"圆柱齿轮"建模工具的应用。

图 9-168 渐开线圆柱齿轮

本范例具体的操作步骤如下。

步骤 1 创建一个部件文件。

① 启动 NX 12.0 软件，按 Ctrl+N 快捷键，弹出"新建"对话框。

② 在"模型"选项卡的"模板"选项组中，从"过滤器"的"单位"下拉列表框中选择"毫米"，在"模板"列表中选择名称为"模型"的模板（"建模"类型），在"新文件名"选项组的"名称"文本框中输入"bc_yzcl.prt"，自行设定文件夹目录路径（保存路径）。

③ 在"新建"对话框中单击"确定"按钮。

步骤 2 创建渐开线圆柱标准齿轮的主体模型。

① 在功能区"主页"选项卡的"齿轮建模–GC 工具箱"组中单击"柱齿轮建模"按钮，或者在上边框条中单击"菜单"按钮，并接着选择"GC 工具箱"→"齿轮建模"→"柱齿轮"命令，如图 9-169 所示。

② 在弹出的如图 9-170 所示的"渐开线圆柱齿轮建模"对话框中选中"创建齿轮"单选按钮（齿轮操作方式的一种），然后单击"确定"按钮。

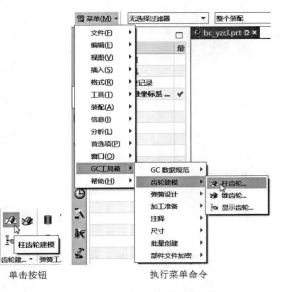

**图 9-169　选择柱齿轮建模工具或命令**

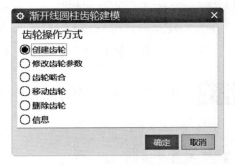

**图 9-170　"渐开线圆柱齿轮建模"对话框**

**知识点拨：**

"渐开线圆柱齿轮建模"对话框提供了齿轮的 6 种操作方式，分别是"创建齿轮""修改齿轮参数""齿轮啮合""移动齿轮""删除齿轮"和"信息"，用户根据具体的设计情况选择所需的齿轮操作方式。例如，要删除齿轮的全部信息，便在该对话框中选中"删除齿轮"单选按钮来执行齿轮的完美删除操作，而采用其他方式删除齿轮可能会出现清除不干净的情形。

🄱 在弹出的如图 9-171 所示的"渐开线圆柱齿轮类型"对话框中设置 3 组类型，即分别选中"直齿轮"单选按钮、"外啮合齿轮"单选按钮和"滚齿"单选按钮，单击"确定"按钮。

🄲 在弹出的"渐开线圆柱齿轮参数"对话框的"标准齿轮"选项卡中设置如图 9-172 所

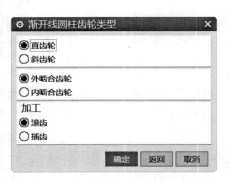

**图 9-171　"渐开线圆柱齿轮类型"对话框**

**图 9-172　设置渐开线圆柱齿轮参数**

示的参数，如"名称"为 gear_1，"模数"为 3，"牙数（齿数）"为 26，"齿宽"为 28mm，"压力角"为 20°，齿轮建模精度为"中部"，然后单击"确定"按钮，系统弹出"矢量"对话框。

⑤ 在"矢量"对话框的"类型"选项组的下拉列表框中选择"ZC 轴"选项，如图 9-173 所示，然后单击"确定"按钮。

⑥ 系统弹出"点"对话框，从中进行如图 9-174 所示的轴点设置，单击"确定"按钮。

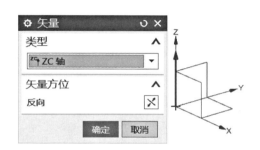

图 9-173 设置矢量为 ZC 轴

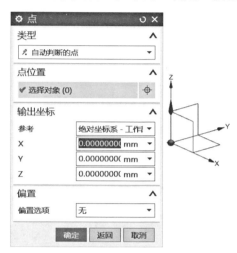

图 9-174 设置轴点参数

完成创建的渐开线圆柱齿轮主体模型如图 9-175 所示。

步骤 3 用"圆柱"功能创建凸台特征。

① 在功能区"主页"选项卡的"特征"组中单击"更多"→"圆柱"按钮，弹出"圆柱"对话框。

② 在"类型"选项组的下拉列表框中选择"轴、直径和高度"选项，在"轴"选项组的"指定矢量"下拉列表框中选择"ZC 轴"选项，如图 9-176所示。

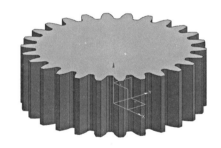

图 9-175 渐开线圆柱齿轮的主体模型

③ 在"轴"选项组中单击"点构造器"按钮，弹出"点"对话框，设置如图 9-177 所示的参数（坐标为"0,0,0"），然后单击"确定"按钮。

④ 返回到"圆柱"对话框，在"尺寸"选项组中设置"直径"为 46mm，"高度"为40mm，在"布尔"选项组的"布尔"下拉列表框中选择"合并"选项，在"设置"选项组中选中"关联轴"复选框，如图 9-178 所示。

⑤ 在"圆柱"对话框中单击"确定"按钮，完成创建的圆柱凸台如图 9-179 所示。

图 9-176 "圆柱"对话框

图 9-177 指定轴点坐标

图 9-178 设置圆柱的尺寸和布尔选项等

图 9-179 完成创建一个圆柱凸台

步骤4 使用"拉伸"命令去除材料以构建孔槽结构。

🔳 在功能区"主页"选项卡的"特征"组中单击"拉伸"按钮🔲，打开"拉伸"对话框。

🔳 选择基准坐标系的 XY 平面定义草图平面，绘制如图 9-180 所示的图形，单击"完成"按钮🏁。

🔳 在"方向"选项组的"指定矢量"下拉列表框中选择"ZC 轴"选项 ᶻᶜ↑。

[4] 在"布尔"选项组的"布尔"下拉列表框中选择"减去（求差）"选项；在"拔模"选项组的"拔模"下拉列表框中选择"无"选项，在"偏置"选项组的"偏置"下拉列表框中选择"无"选项，在"设置"选项组的"体类型"下拉列表框中选择"实体"选项。

[5] 在"限制"选项组的"开始"下拉列表框中选择"值"选项，设定开始距离值为0，在"结束"下拉列表框中选择"贯通"选项。

[6] 单击"确定"按钮，效果如图 9-181 所示。

步骤 5 创建倒斜角特征。

[1] 在功能区"主页"选项卡的"特征"组中单击"倒斜角"按钮，弹出"倒斜角"对话框，从中进行如图 9-182 所示的设置。

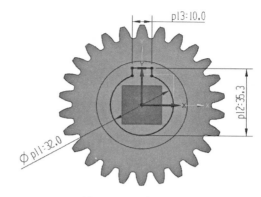

图 9-180 绘制图形

图 9-181 拉伸求差的结果

图 9-182 倒斜角设置

[2] 选择要倒斜角的边，如图 9-183 所示。

[3] 单击"确定"按钮，接着通过右键快捷菜单中的"隐藏"命令将基准坐标系隐藏。完成的渐开线圆柱齿轮模型如图 9-184 所示。

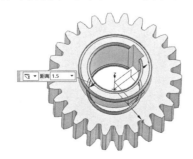

图 9-183 选择要倒斜角的边

图 9-184 完成的渐开线圆柱齿轮模型

步骤 6  保存文件。

在"快速访问"工具栏中单击"保存"按钮 ▉。

## 9.4.2  标准圆锥齿轮创建范例

本节介绍一个标准圆锥齿轮创建范例，该范例的标准圆锥齿轮采用直齿形式，完成效果如图 9-185 所示。使用 GC 工具箱提供的"圆锥齿轮"建模工具创建和编辑标准圆锥齿轮是很高效和实用的。

**图 9-185  标准圆锥齿轮**

本范例具体的操作步骤如下。

步骤 1  创建一个部件文件。

**1** 启动 NX 12.0 软件，按 Ctrl+N 快捷键，弹出"新建"对话框。

**2** 在"模型"选项卡的"模板"选项组中，从"过滤器"的"单位"下拉列表框中选择"毫米"，在"模板"列表中选择名称为"模型"的模板（"建模"类型），在"新文件名"选项组的"名称"文本框中输入"bc_cl2.prt"，自行设定文件夹目录路径（保存路径）。

**3** 在"新建"对话框中单击"确定"按钮。

步骤 2  创建标准直齿圆锥齿轮的主体模型。

**1** 在功能区"主页"选项卡的"齿轮建模–GC 工具箱"组中单击"锥齿轮建模"按钮 ，或者在上边框条中单击"菜单"按钮 ，并接着选择"GC 工具箱"→"齿轮建模"→"锥齿轮"命令（如图 9-186 所示），弹出如图 9-187 所示的"锥齿轮建模"对话框。

**2** 在"锥齿轮建模"对话框中选中"创建齿轮"单选按钮，单击"确定"按钮，弹出"圆锥齿轮类型"对话框。

**3** 在"圆锥齿轮类型"对话框的第一组中选择"直齿轮"单选按钮，在第二组（"齿高形式"选项组）中选中"等顶隙收缩齿"单选按钮，如图 9-188 所示，然后单击"确定"按钮。

**4** 弹出"圆锥齿轮参数"对话框，从中设置如图 9-189 所示的圆锥齿轮参数，然后单击"确定"按钮，弹出"矢量"对话框。

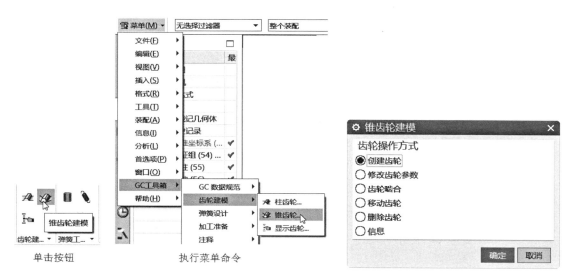

图 9-186  选择锥齿轮建模工具或菜单命令　　　　　图 9-187  "锥齿轮建模"对话框

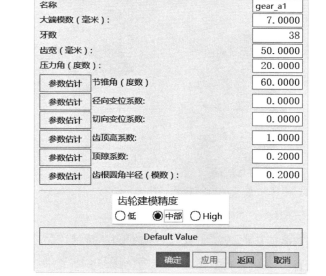

图 9-188  "圆锥齿轮类型"对话框　　　　　图 9-189  "圆锥齿轮参数"对话框

在"矢量"对话框的"类型"下拉列表框中选择"–YC 轴"选项，如图 9-190 所示，单击"确定"按钮。

在弹出的"点"对话框中设置一个轴点位置，如图 9-191 所示，单击"确定"按钮。生成如图 9-192 所示的圆锥齿轮。

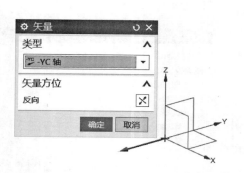

图 9-190 选择 "–YC 轴"定义矢量方位

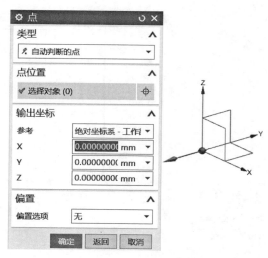

图 9-191 "点"对话框

图 9-192 生成的圆锥齿轮

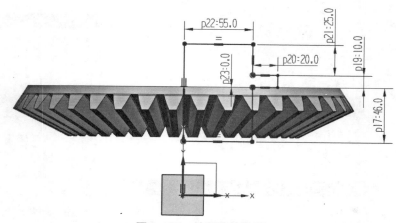

图 9-193 绘制旋转草图

**步骤 3** 创建旋转特征。

◤1◢ 在功能区"主页"选项卡的"特征"组中单击"旋转"按钮，弹出"旋转"对话框。

◤2◢ 选择 XY 坐标平面作为草图平面，绘制如图 9-193 所示的草图，单击"完成"按钮，返回到"旋转"对话框。

◤3◢ 在"轴"选项组的"指定矢量"下拉列表框中选择"YC 轴"选项，单击"点构造器"按钮，弹出"点"对话框，指定点类型为"自动判断的点"，从"输出坐标"选项组的"参考"下拉列表框中选择"绝对坐标系 – 工作部件"选项，分别设置 X、Y、Z 的值均为 0，偏置选项为"无"，单击"确定"按钮。

◤4◢ 在"限制"选项组中设置开始角度为 0°，结束角度为 360°；在"布尔"选项组的"布尔"下拉列表框中选择"合并（求和）"选项，其他方面采用默认设置。

单击"确定"按钮，完成创建该旋转实体特征后的模型效果如图 9-194 所示。

图 9-194 创建旋转实体特征

步骤 4 通过拉伸操作修改模型。

在功能区"主页"选项卡的"特征"组中单击"拉伸"按钮，弹出"拉伸"对话框。

选择 XZ 坐标平面作为草图平面，绘制如图 9-195 所示的草图，单击"完成"按钮，返回到"拉伸"对话框。

在"方向"选项组的"指定矢量"下拉列表框中选择"YC 轴"选项。在"布尔"选项组的"布尔"下拉列表框中选择"减去（求差）"选项。

在"限制"选项组的"开始"下拉列表框中选择"值"选项并设置开始距离值为 0，在"结束"下拉列表框中选择"贯通"选项。

默认的拔模选项为"无"，偏置选项为"无"，体类型为"实体"，单击"确定"按钮，结果如图 9-196 所示。此时，可以将基准坐标系隐藏。

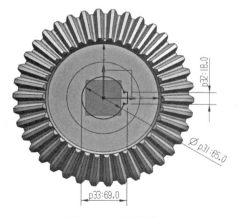

图 9-195 绘制草图

图 9-196 拉伸求差的结果

步骤 5 创建倒斜角。

在功能区"主页"选项卡的"特征"组中单击"倒斜角"按钮，弹出"倒斜角"对话框。

在"偏置"选项组的"横截面"下拉列表框中选择"对称"选项，在"距离"下拉列表框中输入"2.5"，在"设置"选项组的"偏置方法"下拉列表框中选择"偏置面并修剪"选项。

    3 选择如图 9-197 所示的两条边作为要倒斜角的边，单击"应用"按钮。

    4 继续选择如图 9-198 所示的 3 条边作为要倒斜角的边。

    5 单击"确定"按钮。

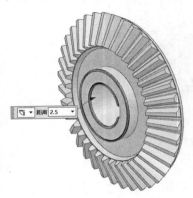

图 9-197　选择两条要倒斜角的边

图 9-198　选择 3 条要倒斜角的边

步骤 6　保存文件。

在"快速访问"工具栏中单击"保存"按钮🖫。

完成标准齿轮创建后，在功能区"文件"选项卡中选择"启动"下的"制图"命令以切换至"制图"应用模块，新建图纸页，利用相关的视图工具创建所需的视图。例如创建一个基本视图和一个全剖视图，此后可以在上边框条中单击"菜单"按钮，并接着选择"GC工具箱"→"齿轮"→"齿轮简化"命令，如图 9-199 所示。也可以在功能区"制图工具 –GC工具箱"组中单击"齿轮简化"按钮✿，弹出"齿轮简化"对话框，从"类型"下拉列表框中

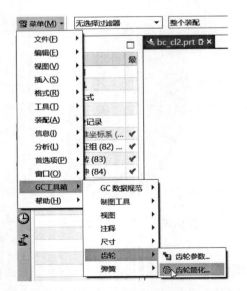

图 9-199　选择"齿轮简化"命令

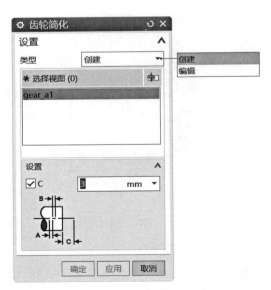

图 9-200　"齿轮简化"对话框

选择"创建"选项，在齿轮列表中选择所需的齿轮名称，如图 9-200 所示，然后选择要采用简化画法的视图，单击"确定"按钮或"应用"按钮，便可将所选齿轮视图转换为采用国家标准规定的齿轮简化画法视图。

另外，在"制图"应用模板中，单击"菜单"按钮，接着选择"GC 工具箱"→"齿轮"→"齿轮参数"命令，弹出如图 9-201 所示的"齿轮参数"对话框，接着从齿轮列表中选择所需的齿轮名称，从"模板"下拉列表框中选择一个模板，在图纸中指定一个点，然后单击"应用"按钮或"确定"按钮，即可在指定位置处生成一个齿轮参数表，如图 9-202 所示。用户可以使用鼠标调整齿轮参数表的各列宽、放置位置等。

图 9-201 "齿轮参数"对话框

| 齿轮参数 | | |
|---|---|---|
| 模数 | m | 7.00 |
| 齿数 | z | 38 |
| 压力角 | α | 20° |
| 变位系数 | x | - |
| 分度圆直径 | d | 266.00 |
| 齿顶高系数 | $h_a^*$ | 1.00 |
| 顶隙系数 | c* | 0.20 |
| 齿顶高 | $h_a$ | 7.00 |
| 齿全高 | h | 15.40 |
| 齿根高 | $h_f$ | 8.40 |
| 齿顶圆直径 | $d_a$ | 273.00 |
| 齿根圆直径 | $d_f$ | 257.60 |
| 基圆直径 | $d_b$ | 252.00 |
| 齿距 | p | 21.99 |
| 齿厚 | s | 11.00 |
| 槽宽 | e | |
| 中心距 | a | |
| 顶隙 | c | |
| 基圆齿距 | pb | |

图 9-202 生成的齿轮参数表

# 9.5 弹簧零件建模

弹簧零件是一种较为常见的机械零件，它主要利用材料弹性（弹簧的材料一般为弹簧钢）来工作，可用于控制机件的运动、缓和冲击或震动、存蓄能量、测量力的大小等，在机器、仪表、电子等行业领域中应用广泛。弹簧的种类较多，按照受力性质来分类，可以将弹簧分为拉伸弹簧、压缩弹簧、扭转弹簧和弯曲弹簧等；按照形状来分类，则可以将弹簧分为蝶形弹簧、环形弹簧、板弹簧、螺旋弹簧、截锥涡卷弹簧与扭杆弹簧等。其中，按照 GB/T 23935–2009 标准，普通圆柱螺旋弹簧分为 3 种形式：压缩弹簧、拉伸弹簧和扭转弹簧。

在 NX 12.0 中，使用 GC 工具箱中的弹簧设计工具，可以通过输入弹簧参数的主要方式快速地设计弹簧模型，而要删除弹簧模型，则可以在单击"菜单"按钮 菜单(M) 后执行"GC 工具箱"→"弹簧设计"→"删除弹簧"命令，也可以在功能区"主页"选项卡的"弹簧工具 –GC 工具箱"组中单击"删除弹簧"按钮。本节将介绍典型的弹簧零件建模，包括圆柱压缩弹簧、圆柱拉伸弹簧和蝶形弹簧。

## 9.5.1 圆柱压缩弹簧范例

圆柱压缩弹簧是一种承受轴向压力的圆柱形螺旋弹簧，自然状态时其圈与圈之间有一定的间隙，当受到外载荷时弹簧收缩变形，储存变形能。本节介绍一个圆柱压缩弹簧范例，该圆柱压缩弹簧的三维实体模型如图 9-203 所示，在该范例中还将根据弹簧的三维实体模型生成它的简化视图。该范例的学习要点是 GC 工具箱的"圆柱压缩弹簧"建模工具的应用，以及"弹簧简化视图"出图工具的应用。

图 9-203　圆柱压缩弹簧

该圆柱压缩弹簧范例具体的操作步骤如下。

步骤 1　创建一个部件文件。

❶ 启动 NX 12.0 软件，按 Ctrl+N 快捷键，弹出"新建"对话框。

❷ 在"模型"选项卡的"模板"选项组中，从"过滤器"的"单位"下拉列表框中选择"毫米"，在"模板"列表中选择名称为"模型"的模板（"建模"类型），在"新文件名"选项组的"名称"文本框中输入"bc_yzysth.prt"，自行设定文件夹目录路径（保存路径）。

❸ 在"新建"对话框中单击"确定"按钮。

步骤 2　创建圆柱压缩弹簧。

❶ 在功能区"主页"选项卡的"弹簧工具 –GC 工具箱"组中单击"圆柱压缩弹簧"按钮 （如图 9-204 所示），或者在上边框条中单击"菜单"按钮 菜单(M) ，并接着选择"GC 工具箱"→"弹簧设计"→"圆柱压缩弹簧"命令，系统弹出如图 9-205 所示的"圆柱压缩弹簧"对话框。

❷ 在"圆柱压缩弹簧"对话框的"类型"页中选择设计模式，即在"类型"选项组的"选择类型"子选项组中选中"设计向导"单选按钮，在"创建方式"子选项组中选中"在工作部件中"单选按钮，接受默认的弹簧名称，接受默认的轴矢量（如默认沿 Z 轴方向）和轴点（默认为坐标原点），单击"下一步"按钮。

图 9-204　单击"圆柱压缩弹簧"按钮　　　　　　　图 9-205　"圆柱压缩弹簧"对话框

　　■ 在"圆柱压缩弹簧"对话框的"初始条件"页中输入如图 9-206 所示的初始条件并选择端部结构。端部结构有"并紧磨平""并紧不磨平"和"不并紧"3 种形式，本例选择的端部结构为"并紧磨平"。设置好初始条件并选择端部结构，单击"下一步"按钮，进入"弹簧材料与许用应力"页。

图 9-206　设置圆柱压缩弹簧的初始条件

　　■ 在"圆柱压缩弹簧"对话框的"弹簧材料与许用应力"页中，输入假设的弹簧丝直径，指定材料和载荷类型，单击"估算许用应力范围"按钮以估算许用应力，如图 9-207 所示，接着单击"下一步"按钮。

🔘 在"圆柱压缩弹簧"对话框的"输入参数"页中输入要设计的弹簧参数，如图 9-208 所示，接着单击"下一步"按钮，进入"显示结果"页。

图 9-207　估算许用应力

图 9-208　输入弹簧参数

🔘 "圆柱压缩弹簧"对话框的"显示结果"页用于显示圆柱压缩弹簧的验算结果，如图 9-209 所示。单击"完成"按钮，完成创建的圆柱压缩弹簧如图 9-210 所示，该弹簧的端部结构为"并紧磨平"。

图 9-209　"显示结果"页

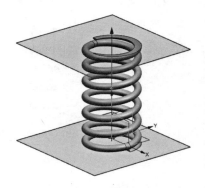

图 9-210　完成创建圆柱压缩弹簧

步骤 3　隐藏相关的基准特征。

🔘 在图形窗口或部件导航器中选择要隐藏的基准坐标系、基准平面和基准轴并右击，从弹出的快捷菜单中选择"隐藏"命令，如图 9-211 所示。

🔘 检查基准显示情况，如果发现还有未被隐藏的基准，那么使用同样的右击方法对其进行隐藏。结果如图 9-212 所示。

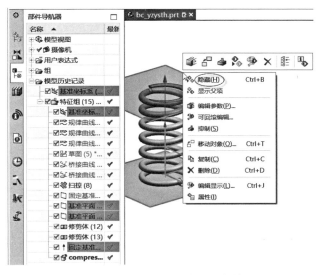

图 9-211 右击选定的要隐藏的多个基准特征

图 9-212 隐藏全部基准

步骤 4 切换至"制图"应用模块。

在功能区中打开"文件"选项卡，从"启动"选项组中选择"制图"命令，从而切换至"制图"应用模块。也可以在功能区中切换至"应用模块"选项卡，接着从"设计"组中单击选中"制图"按钮。

步骤 5 生成弹簧简化视图。

① 在上边框条中单击"菜单"按钮，接着选择"GC 工具箱"→"弹簧"→"弹簧简化画法"命令。也可以在功能区"主页"选项卡的"制图工具–GC 工具箱"组中单击"弹簧简化画法"按钮，如图 9-213 所示。

② 系统弹出"弹簧简化画法"对话框，从列表中选择要操作的弹簧部件名，在"创建选项"子选项组中选中"在工作部件中"单选按钮，从"图纸页"下拉列表框中选择"A4– 无视图"选项，如图 9-214 所示。

图 9-213 单击"弹簧简化画法"按钮

图 9-214 "弹簧简化画法"对话框

**3** 在"弹簧简化画法"对话框中单击"确定"按钮，生成带工作载荷符号或标识的弹簧简化画法视图，如图 9-215 所示。

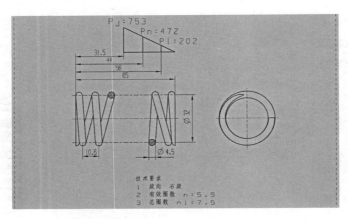

图 9-215　生成带工作载荷符号或标识的弹簧简化视图

**知识点拨：**

如果弹簧建模时采用的建模模式为"输入参数"而不是"设计向导"，那么执行"弹簧简化视图"命令生成的弹簧简化视图将不带工作载荷符号或标识。

步骤 6　创建基准标识。

**1** 在功能区"主页"选项卡的"注释"组中单击"基准特征符号"按钮，弹出"基准特征符号"对话框，接着在"基准标识符"选项组的"字母"文本框中输入"A"，如图 9-216 所示。

**2** 展开"指引线"选项组，单击"选择终止对象"按钮，在视图中选择指引线的引出对象并指定放置原点，从而注写如图 9-217 所示的基准符号。

图 9-216　"基准特征符号"对话框

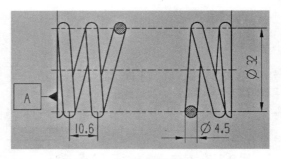

图 9-217　注写基准符号

**③** 在"基准特征符号"对话框中单击"关闭"按钮。

**步骤 7** 创建表面结构要求。

**①** 在功能区"主页"选项卡的"注释"组中单击"表面粗糙度符号"按钮√，弹出"表面粗糙度"对话框。

**②** 从"属性"选项组的"除料"下拉列表框中选择"修饰符，需要除料"选项，接着在"波纹（c）"或"切除（f1）"文本框中输入"Ra 6.3"（Ra 与数值 6.3 之间需要有一个空格），在"设置"选项组的"角度"下拉列表框中输入"90"，从"圆括号"下拉列表框中选择"无"选项，确保取消选中"反转文本"复选框，如图 9-218 所示。

**③** 在要标注的表面轮廓线上选择一点以注写该表面结构要求，如图 9-219 所示。

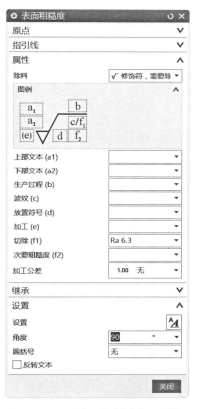

图 9-218 "表面粗糙度"对话框

图 9-219 注写一处表面结构要求

**④** 在"设置"选项组的"角度"文本框中输入"0"，接着在"指引线"选项组的"类型"下拉列表框中选择"普通"选项，从"样式"子选项组的"箭头"下拉列表框中选择"填充箭头"，从"短画线侧"下拉列表框中选择"自动判断"选项，单击"选择终止对象"按钮，选择指引线的对象引出位置，并指定一个放置原点，以注写第 2 处表面结构要求，如图 9-220 所示。

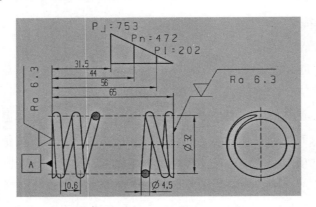

**图 9-220  注写另一处表面结构要求**

![5] 在"表面粗糙度"对话框中单击"关闭"按钮。

步骤 8  创建形位公差。

![1] 在功能区"主页"选项卡的"注释"组中单击"特征控制框"按钮，弹出"特征控制框"对话框。

![2] 在"框"选项组中设置如图 9-221 所示的内容。

![3] 展开"指引线"选项组，单击"选择终止对象"按钮，选择对象以创建指引线，接着指定放置点，从而完成注写如图 9-222 所示的垂直度。注意，利用"指引线"选项组的"样式"子选项组可以设置指引线的相关样式，包括其箭头、短画线侧、短画线长度和竖直附着样式。

**图 9-221  "特征控制框"对话框**

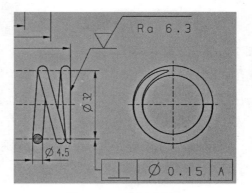

**图 9-222  注写垂直度**

*1* 单击"关闭"按钮。

步骤9 保存文件。

在"快速访问"工具栏中单击"保存"按钮■。

## 9.5.2 圆柱拉伸弹簧范例

拉伸弹簧也叫拉力弹簧,可简称拉簧,它是一种承受轴向拉力的螺旋弹簧,此类弹簧一般用圆截面材料制造。在不承受负荷时,拉伸弹簧的圈与圈之间一般都是并紧得没有间隙。

本节介绍一个圆柱拉伸弹簧的设计范例,要完成的圆柱拉伸弹簧如图9-223所示。圆柱拉伸弹簧的建模类型同样有"设计向导"和"输入参数"两种,本例将使用"输入参数"建模类型。该圆柱拉伸弹簧范例具体的操作步骤如下。

图9-223 圆柱拉伸弹簧

步骤1 创建一个部件文件。

*1* 启动NX 12.0软件,按Ctrl+N快捷键,弹出"新建"对话框。

*2* 在"模型"选项卡的"模板"选项组中,从"过滤器"的"单位"下拉列表框中选择"毫米",在"模板"列表中选择名称为"模型"的模板("建模"类型),在"新文件名"选项组的"名称"文本框中输入"bc_yzlsth_a.prt",自行设定文件夹目录路径(保存路径)。

*3* 在"新建"对话框中单击"确定"按钮。

步骤2 创建圆柱拉伸弹簧。

*1* 在功能区"主页"选项卡的"弹簧工具 –GC工具箱"组中单击"圆柱拉伸弹簧"按钮🔧,或者在上边框条中单击"菜单"按钮 菜单(M)▾,并接着选择"GC工具箱"→"弹簧设计"→"圆柱拉伸弹簧"命令,弹出如图9-224所示的"圆柱拉伸弹簧"对话框。

*2* 在"圆柱拉伸弹簧"对话框的"类型"页中选择设计模式,即在"类型"选项组的"选择类型"子选项组中选中"输入参数"单选按钮,在"创建方式"子选项组中选中"在工作部件中"单选按钮,默认的弹簧名称为"SPRING_CYLINDER_COMPRESSION_1",可选择ZC轴定义矢量方向,并指定原点(0,0,0)为轴点位置,单击"下一步"按钮。

*3* 在"圆柱拉伸弹簧"对话框的"输入参数"页中输入如图9-225所示的参数,注意端部结构选用"圆钩环"(可供选择的端部结构有"圆钩环""半圆钩环"和"圆钩环压中心"3种),然后单击"下一步"按钮。

*4* 递进至"圆柱拉伸弹簧"对话框的"显示结果"页以显示圆柱拉伸弹簧的验算结果,如图9-226所示,最后单击"完成"按钮,完成的圆柱拉伸弹簧如图9-227所示。

图 9-224 "圆柱拉伸弹簧"对话框

图 9-225 输入弹簧参数

图 9-226 显示验算结果

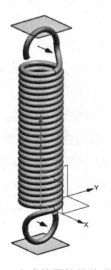

图 9-227 完成的圆柱拉伸弹簧

步骤 3 保存文件。

在"快速访问"工具栏中单击"保存"按钮■。

### 9.5.3 碟形弹簧范例

碟形弹簧（简称碟簧）是承受轴向负荷的碟状弹簧，可以单个使用，也可以对合组合、叠合组合或复合组合成碟簧组使用，承受静负荷或变负荷。碟簧分为无支承面和有支承面两种形式。

本节介绍一个碟形弹簧的设计范例，要完成的碟形弹簧（6片组合）如图9-228所示。碟形弹簧的建模类型也有"输入参数"和"设计向导"两种。该碟形弹簧的创建步骤如下。

图 9-228 蝶形弹簧

步骤1 创建一个部件文件。

➊ 启动 NX 12.0 软件，按 Ctrl+N 快捷键，弹出"新建"对话框。

➋ 在"模型"选项卡的"模板"选项组中，从"过滤器"的"单位"下拉列表框中选择"毫米"，在"模板"列表中选择名称为"模型"的模板（"建模"类型），在"新文件名"选项组的"名称"文本框中输入"bc_dh.prt"，自行设定文件夹目录路径（保存路径）。

➌ 在"新建"对话框中单击"确定"按钮。

步骤2 创建圆柱压缩弹簧。

➊ 在功能区"主页"选项卡的"弹簧工具–GC工具箱"组中单击"碟簧"按钮 🌑，或者在上边框条中单击"菜单"按钮 菜单(M)▾，接着选择"GC工具箱"→"弹簧设计"→"碟形弹簧"命令，弹出如图9-229所示的"碟簧"对话框。

➋ 在"碟簧"对话框的"选择类型"页中，选中"类型"子选项组中的"输入参数"单选按钮，选中"创建方式"子选项组中的"在工作部件中"单选按钮，接受默认的弹簧名称和位置设置，单击"下一步"按钮。

➌ 在"碟簧"对话框的"输入参数"页中输入碟簧的参数（其中碟簧类型为 GB/T 1972–2005A），如图9-230所示，然后单击"下一步"按钮。

➍ 在"碟簧"对话框的"设置方向"页中设置"碟簧片"数为6，并指定碟簧堆叠方式和方向，如图9-231所示，然后单击"下一步"按钮。

➎ 递进到"碟簧"对话框的"显示结果"页，如图9-232所示，最后单击"完成"按钮，完成创建该碟簧模型。

图 9-229　"碟簧"对话框

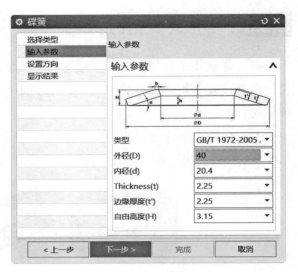

图 9-230　输入碟簧的参数

图 9-231　设置碟簧的方向

图 9-232　显示结果

步骤 3　保存文件。

在"快速访问"工具栏中单击"保存"按钮 🔲。

# 9.6　思考与上机练习

（1）有哪些方法可以创建孔结构？

（2）有哪些方法可以在实体基板上创建圆形凸台结构？

（3）上机练习：按照如图 9-233 所示的机械图尺寸创建其三维实体模型，并为该三维实体模型创建包含相关注释信息的零件图。

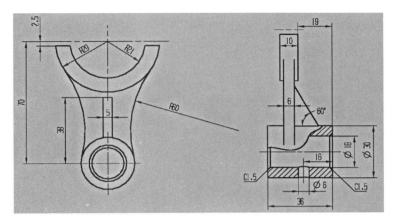

图 9-233 机械图参考尺寸

（4）上机练习：自行设计一个斜齿的渐开线圆柱齿轮，并创建其采用简化画法的标准工程零件图。

（5）上机练习：创建一个圆柱压缩弹簧的三维实体模型,该圆柱压缩弹簧的主要技术参数为：弹簧的钢丝直径 d=6mm，弹簧外径 D=42mm，节距 t=12mm，有效圈数 n=6，支承圈数 $n_0$=2.5，右旋。

（6）上机练习：创建一个圆柱拉伸弹簧的三维实体模型，该圆柱拉伸弹簧的主要技术参数为：弹簧的钢丝直径 d=4mm，弹簧中径 D=30mm，有效圈数 n=33.5，右旋，端部形式为"半圆钩环"。

（7）上机练习：自行设计一个圆锥齿轮，并创建其采用简化画法的标准工程图。

（8）上机练习：创建一个规格类型为 GB/T 1972–2005B、外径为 28mm 的标准碟簧。

# 第 10 章　工程图

**本 章 导 读**

在产品设计加工制造过程中，通常都需要二维工程图。NX 12.0 提供了功能强大的"制图"应用模块以满足二维出图的设计需要。

本章重点介绍基于 NX 12.0 的工程图创建，具体内容包括工程图概述、图纸页、创建各类视图、编辑视图、工程图尺寸标注与注释和机械零件工程图应用实例等。

## 10.1　工程图概述

工程图是产品工程的"技术性交流语言"，也就是将产品从概念设计到实际产品成型的一座桥梁和图形化描述语言，通过工程图可以将设计者的设计意图传达给后续的设计环节，以生成符合设计要求的产品。

在 NX 12.0 中，使用"制图"应用模块提供的各种自动化制图工具可以快速而轻松地创建各类工程视图，以及为图纸添加注释等。在"制图"应用模块中，允许直接利用已经建立好的 3D 实体模型或装配部件来创建并保存符合指定标准的工程图纸，这些工程图纸可以与模型完全关联。如果更改实体模型的特征尺寸和形状等，那么相应的工程图纸也会自动地发生相应的变化。在"制图"应用模块中，还允许用户创建独立的 2D 图纸。

一个工程图部件可以含有许多图纸，每张图纸相当于工程图部件的一个分离的页，这就是图纸页的概念。

下面介绍 3 个工程图入门知识点：切换至"制图"应用模块、创建图纸文件、利用 3D 模型进行 2D 制图的基本流程。

## 10.1.1 切换至"制图"应用模块

在 NX 12.0 中完成三维实体模型后,从功能区"文件"选项卡的"启动"选项组中选择"制图"命令,即可从"建模"等应用模块快速切换至"制图"应用模块,该应用模块将提供用于工程制图的相关工具命令。当然,用户也可以在功能区"应用模块"选项卡的"设计"组中单击"制图"按钮,如图 10-1 所示,从而启动"制图"应用模块。

图 10-1 切换到"制图"应用模块

## 10.1.2 创建图纸文件

进入"制图"应用模块进行二维工程图设计的另外一个典型操作就是创建单独的图纸文件。在"快速访问"工具栏中单击"新建"按钮,系统弹出"新建"对话框,切换到"图纸"选项卡,在"过滤器"选项组的"关系"下拉列表框中选择"引用现有部件""全部"或"独立的部件"选项,从"模板"列表框中选择所需的图纸模板,并注意单位设置,如图 10-2 所示,接着在"新文件名"

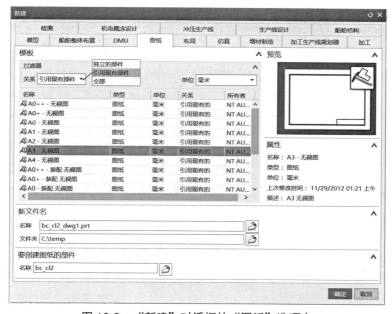

图 10-2 "新建"对话框的"图纸"选项卡

选项组中指定名称和要保存到的文件夹，在"要创建图纸的部件"选项组中通过单击"浏览 / 打开"按钮 来选择要创建图纸的部件，然后单击"确定"按钮，从而进入"制图"应用模块，此时图纸文件中已经提供了一个预设样式的图纸用于制图工作。

### 10.1.3 利用 3D 模型进行制图的基本流程

通常在进行工程制图之前需要完成三维模型的设计工作，接着在三维模型的基础上便可以应用"制图"应用模块来创建二维工程图。下面简要地介绍利用创建好的 3D 模型进行工程制图的基本流程。

**1. 设置制图标准和制图首选项**

在进行工程制图之前，应该设置好满足设计要求的新图纸制图标准、制图首选项等。如果制图标准或制图首选项不是所需要的，则要对它们进行设置（注意可以在进入"制图"应用模块后对它们进行设置操作），从而使以后创建的所有视图和注释都将保持一致（标准化、规范化），并具有适当的视觉特性和符号体系。

UG NX 12.0 提供了一组制图标准默认文件，允许用户根据已定义的国家或国际制图标准来配置特定注释和制图视图对象的外观。在"制图"应用模块的上边框条中单击"菜单"按钮 菜单(M)▾，并选择"工具"→"制图标准"命令，弹出如图 10-3 所示的"加载制图标准"对话框；在"从以下级别加载"下拉列表框中选择一个级别（可供选择的级别有"出厂设置""站点""组"和"用户"等），从"标准"下拉列表框中选择一个标准，如选择"GB"，然后单击"应用"按钮或"确定"按钮，即可在当前 NX 会话中加载制图标准以重新配置注释和制图视图首选项。此外，在功能区"文件"选项卡中选择"实用工具"→"用户默认设置"命令，弹出"用户默认设置"对话框，如图 10-4 所示，在左窗格列表中选择"制图"节点下的相关子项，可以为这些子项设置相应的制图默认设置，其中同样包括制图标准等，具体设置内容较多，这里不予介绍。用户默认设置通常影响着当前文件及此后创建的新文件，而制图首选项只会影响当前制图文件，要设置制图首选项，则在"制图"应用模块中单击"菜单"按钮 菜单(M)▾，并选择"首选项"→"制图"命令，接着利用弹出的"制图首选项"对话框对制图的相关首选项进行设置，包括各相关工作流程、文字、直线 / 箭头、符号、前缀 / 后缀、层叠、图纸格式（图纸页和标题块）和视图等方面。对于初学者而言，制图的这些首选项采用默认设置即可。

**2. 准备好或新建图纸页**

准备好图纸页，如同有纸才能用笔在纸上绘制图形。如果没有图纸页，则新建图纸页，既可以直接在当前的工作部件中新建图纸页，也可以创建包含模型几何体（作为组件）的非主模型图纸部件来获得图纸页。

图 10-3　"加载制图标准"对话框　　　　图 10-4　"用户默认设置"对话框

### 3. 生成视图

在 NX 图纸页上，可以添加基本视图，也可以同时添加多个标准视图。在基本视图的基础上，根据需要添加投影视图、局部放大视图和剖视图等。所有视图直接由指定模型来生成。需要用户注意的是，添加的基本视图将确定所有投影视图的正交空间和视图对齐准则。

### 4. 添加相关的注释

将视图添加到图纸上之后，可以根据设计要求来添加相关注释，包括标注尺寸、注写表面结构要求、插入其他符号、注写文字等。在 NX 12.0 中，尺寸标注、符号等注释与视图中的几何体相关联。当移动视图时，相关联的注释也将随着视图一起移动；当模型被编辑时，尺寸标注和符号也会相应更新以反映所做的更改。另外，在装配图纸中还可以添加零件明细表等。

### 5. 输出图纸

通过打印机、绘图仪等输出设备将生成的工程图纸输出。

# 10.2　图纸页

图纸页知识点包括新建图纸页、编辑图纸页、切换图纸页和删除图纸页。

## 10.2.1　新建图纸页

进入"制图"应用模块，如果要在当前工作部件中新建图纸页，则在功能区"主页"选项卡中单击"新建图纸页"按钮 🛅，系统弹出"图纸页"对话框。图纸页大小的设置方式有"使用模板""标准尺寸"和"定制尺寸"3种。

### 1. 标准尺寸

在"图纸页"对话框的"大小"选项组中选中"标准尺寸"单选按钮，如图 10-5 所示，此时可以先在"设置"选项组的"单位"下选中"毫米"单选按钮或"英寸"单选按钮,而"大小"下拉列表框中的可选选项会根据图纸页的单位做出相应更改以匹配选定的度量单位。这里以设置图纸页的单位为毫米为例，接着从"大小"下拉列表框中选择一种标准的公制图纸大小选项，如"A0—841×1189""A1—594×841""A2—420×594""A3—297×420"或"A4—210×297"；从"比例"下拉列表框中选择一种默认的制图比例,或者选择"定制比例"选项来自行设置所需的制图比例；在"图纸页名称"文本框中接受默认的图纸页名称，或者输入新的图纸页名称（图纸页名称可以多达 30 个字符）；在"设置"选项组中指定投影方式（投影规则）为第一角投影（ ⬛⊙ ）还是第三角投影（ ⊙⬛ ），其中第一角投影符合我国的制图标准。

### 2. 使用模板

在"图纸页"对话框的"大小"选项组中选中"使用模板"单选按钮，接着从图纸页模板列表框中选择一种图纸页模板，如"A0++– 无视图""A0+– 无视图""A0– 无视图""A1– 无视图""A2– 无视图""A3– 无视图"和"A4– 无视图"等。选择所需的图纸页模板时，NX 系统将在"预览"选项组的显示框内显示选定图纸页模板的预览，如图 10-6 所示。

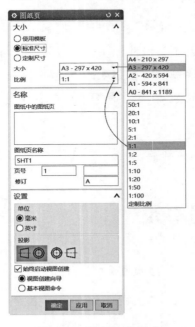

图 10-5　使用标准尺寸

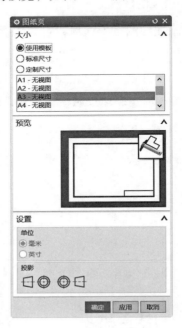

图 10-6　使用模板时

**3. 定制尺寸**

在"图纸页"对话框的"大小"选项组中选中"定制尺寸"单选按钮时，接着自行设置图纸高度、长度、比例、图纸页名称、页号、版本、单位和投影方式等，如图 10-7 所示。

定义好图纸页后，在"图纸页"对话框中单击"确定"按钮。接下去便是在图纸上创建和编辑具体的工程视图。

如果要创建图纸并将其另存在一个独立的部件中，那么可以单击"新建"按钮□并在弹出的"新建"对话框的"图纸"选项卡中选择一个所需模板。

## 10.2.2 编辑图纸页

要编辑活动图纸页，则在功能区"主页"选项卡中单击"编辑图纸页"按钮，弹出如图 10-8 所示的"图纸页"对话框，接着在该对话框中编辑活动图纸页的大小、比例、名称、度量单位和投影方式，单击"确定"按钮。

还有一种值得推荐的快捷方式用于编辑图纸页，即直接在图形窗口中双击图纸页的虚线边界，系统便弹出"图纸页"对话框用于编辑当前活动图纸页。

图 10-7 使用定制尺寸

图 10-8 "图纸页"对话框

## 10.2.3 切换图纸页

创建多个图纸页后，会涉及打开其他图纸页的操作。

在部件导航器中会列出当前图纸上所创建的图纸页名称（标识），正处于活动工作状态的图纸页会被注上"工作的－活动"字样。此时要打开其他图纸页，可以在部件导航器中右击它，接着从弹出的快捷菜单中选择"打开"命令，如图 10-9 所示，所打开的图纸页变为活动工作状态。用户也可以通过在部件导航器中双击所需的一个图纸页来快速打开它。

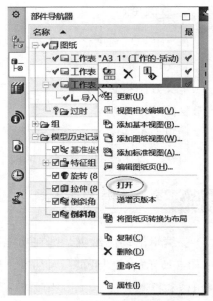

图 10-9　打开图纸页的操作

## 10.2.4　删除图纸页

要删除某个图纸页，则可以在部件导航器中查找到要删除的图纸页标识并右击该图纸页标识，弹出一个快捷菜单，然后从该快捷菜单中选择"删除"命令，即可删除所指定的图纸页。

# 10.3　创建视图

当设定制图基本参数、图幅和图纸页后，便可以开始在图纸上创建各种视图来表达三维模型。用户可以根据模型形状和结构特点，创建所需的一个视图或多个组合的视图，这些视图可以是基本视图、投影视图、剖视图、半剖视图、旋转剖视图、折叠剖视图、局部剖视图和断开视图等。本节介绍其中一些常用的视图创建方法。

## 10.3.1　基本视图

基本视图是指特征模型的各种向视图和轴测图，如俯视图、前视图、右视图、后视图、仰视图、左视图、正等测图和正三轴测图，该视图既可以作为一个独立的视图，也可以作为后续其他视图的父视图。通常情况下，在一个工程视图中至少包含一个基本视图。

要创建基本视图，则在功能区"主页"选项卡的"视图"组中单击"基本视图"按钮 ，弹出"基本视图"对话框，如图 10-10 所示。该对话框各选项组的功能含义如下。

1."部件"选项组

"部件"选项组用于指定要生成（添加）基本视图的零部件。如果是在"建模"应用环境完成三维模型建模后切换至"制图"应用模块，那么 NX 会自动加载到该部件。对于新建的制图文件，用户可根据设计情况手动添加部件来产生其相应的基本视图，其方法是在如图 10-11 所示的"部件"选项组中单击"打开"按钮，利用弹出的"部件名"对话框选择所需的部件来打开并将它作为要产生基本视图的零部件。用户也可以从"部件"选项组的"已加载的部件"列表框或"最近访问的部件"列表框中选择所需的一个部件。"已加载的部件"列表框显示所有已加载部件的名称，"最近访问的部件"列表框则显示由"基本视图"命令使用的最近加载的部件名称。

图 10-10 "基本视图"对话框

图 10-11 "部件"选项组

2．"视图原点"选项组

"视图原点"选项组主要用来确定视图的放置位置，该选项组提供"位置"按钮和"放置"子选项组。单击"位置"按钮，可以通过鼠标指针在图纸页上单击的方式来确定视图的位置，视图的确定位置与放置方法有关，放置方法可以为"自动判断""水平""竖直""垂直于直线"和"叠加"。

3．"模型视图"选项组

"模型视图"选项组的"要使用的模型视图"下拉列表框用于设定要添加的基本视图类型，共有 8 种预定义的基本视图类型，包括"俯视图""前视图""右视图""后视图""仰视图""左视图""正等测图"和"正三轴测图"。用户还可以在该选项组中单击"定向视图工具"按钮，弹出"定向视图工具"对话框，如图 10-12 所示；"定向视图"窗口如图 10-13 所示，两者配合使用以调整视图的方向和位置。

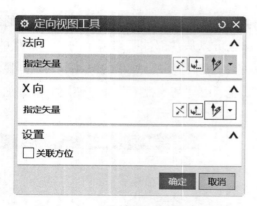

图 10-12 "定向视图工具"对话框

图 10-13 "定向视图"窗口

**4."比例"选项组**

"比例"选项组用于设置视图比例（将影响后续生成的正交或轴测投影视图），此比例值可以不同于在图纸页生成时设置的原始图幅比例。在该选项组的"比例"下拉列表框中可以选择一个定制比例，如"10 ：1""5 ：1""2 ：1""1 ：1""1 ：2""1 ：2""1 ：5"或"1 ：10"，还可以选择"比率"选项以自行设定一个比例值，还可以选择"表达式"选项将视图比例关联到表达式中。

**5."设置"选项组**

"设置"选项组主要用于设置相关样式、隐藏的组件和非剖切（主要针对装配图纸）。例如，在该选项组中单击"设置"按钮，弹出如图 10-14 所示的"基本视图设置"对话框，从中设置与公共信息、基本 / 图纸、视图相关的样式。

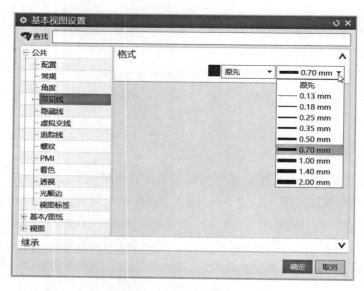

图 10-14 "基本视图设置"对话框

## 10.3.2　投影视图

投影视图是基于父项视图沿着某一个方向通道投影得到的视图。当在图纸页上创建好一个基本视图后，便可以选择该基本视图作为父项视图来创建相应的投影视图。

在功能区"主页"选项卡的"视图"组中单击"投影视图"按钮，弹出"投影视图"对话框，如图 10-15 所示。该对话框各选项组的功能含义如下。

1."父视图"选项组

"父视图"选项组用于指定要创建投影视图的父项视图。NX 系统默认上一步添加的视图作为父视图。用户可以在该选项组中单击"父视图"按钮来重新选择父视图进行投影。

2."铰链线"选项组

"铰链线"选项组用于指定铰链线（铰链线垂直于投影方向）。在该选项组中选定矢量选项，并可以设置

图 10-15　"投影视图"对话框

是否反转投影方向等。默认的矢量选项为"自动判断"，另外还可以将矢量选项设置为"已定义"。选择"已定义"矢量选项时，用户可以利用提供的矢量工具指定铰链线具体的方向。

3."视图原点"选项组

"视图原点"选项组主要用来确定投影视图的放置位置，其主要设置与创建基本视图的设置相同，这里就不再赘述。在该选项组的"移动视图"子选项组中单击"移动视图"按钮，可以通过指定屏幕位置来移动当前投影视图。

4."设置"选项组

"设置"选项组用于设置相关样式和非剖切情形。

打开"投影视图"对话框并指定父视图后，铰链线、投影方向和投影视图便根据鼠标光标的位置显示出来，将光标移动到某个合适位置后单击便可生成投影视图，如图 10-16 所示。通过"视图原点"选项组的放置方法等可以精确定位投影视图。可以连续在不同的投影方向上为同一个父视图创建不同的投影视图，最后单击"关闭"按钮。

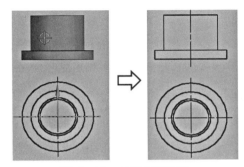

图 10-16　创建投影视图

### 10.3.3 剖视图

剖视图主要用于描述机件被移除某部分后所展示的内部结构。剖视图主要有简单剖 / 阶梯剖视图、半剖视图、旋转剖视图、点到点剖视图和局部剖视图等。在 NX 12.0 中，使用"剖视图"按钮，可以创建"简单剖 / 阶梯剖""半剖""旋转""点到点"这些类型的剖视图。

在功能区"主页"选项卡的"视图"组中单击"剖视图"按钮，系统弹出如图 10-17 所示的"剖视图"对话框，从"截面线"选项组的"定义"下拉列表框中选择"动态"或"选择现有的"选项。当选择"动态"选项时，允许指定动态截面线，此时从"方法"下拉列表框中可以选择"简单剖 / 阶梯剖""半剖""旋转"或"点到点"方法以创建相应的剖视图，本节将结合典型范例予以介绍。当选择"选择现有的"选项，允许选择现有独立截面线来创建剖视图，如图 10-18 所示，则将涉及如何创建独立截面线（这里指剖切线）的操作知识，在本章 10.3.6 节中将详细介绍使用独立截面线对象创建剖视图的实用知识。

图 10-17 "剖视图"对话框

图 10-18 选择"选择现有的"选项时

本节侧重于介绍使用动态截面线创建剖视图的各种方法，包括简单剖视图、阶梯剖视图、半剖视图、旋转剖视图和点到点剖视图。

#### 1. 全剖视图（简单剖视图）

用剖切面完全地剖开机件所得的简单剖视图为全剖视图。

请看以下一个创建全剖视图的操作范例。

**1** 在"快速访问"工具栏中单击"打开"按钮，系统弹出"打开"对话框，选择"CH10\qpst_x.prt"文件，单击 OK 按钮。确保进入"制图"应用模块，当前图纸页上已经创建有一个基本视图。

**2** 在功能区"主页"选项卡的"视图"组中单击"剖视图"按钮 █,弹出"剖视图"对话框。

**3** 从"截面线"选项组的"定义"下拉列表框中选择"动态"选项,从"方法"下拉列表框中选择"简单剖/阶梯剖"选项。接着可以在"父视图"选项组中单击"选择视图"按钮 █,在图纸页上选择一个所需的视图作为父视图,本例选择已有的唯一视图作为父视图。

**4** 在"铰链线"选项组的"矢量选项"下拉列表框中默认选择"自动判断"选项,确保使"截面线段"选项组中的"指定位置"按钮 ✛ 处于被选中的状态,此时可以巧用上边框条的选择条来打开或关闭相关的捕捉点方法,以便于快速、准确地在相应视图几何体上拾取一个点。在本例中,在上边框条的选择条中确保选中"圆弧中心"点捕捉模式按钮 ⊙,在已有视图中捕捉选择如图 10-19 所示的圆心位置,以自动判断并定义剖切位置(将动态截面线移动到此剖切位置点)。

**5** 此时,"剖视图"对话框的"视图原点"选项组中的"放置视图"按钮 █ 自动处于被选中激活的状态(方向默认为"正交的",放置方法默认为"铰链副"),同时状态栏中出现"指定放置视图的位置"的提示信息。将鼠标指针移出视图并移动到所需位置(如父视图的水平右侧)单击以放置剖视图,结果如图 10-20 所示。

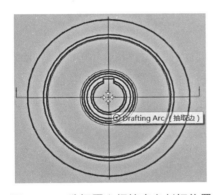

图 10-19 选择圆心间接定义剖切位置

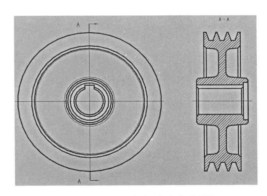

图 10-20 完成创建全剖视图

**6** 在"剖视图"对话框中单击"关闭"按钮。

2. 阶梯剖视图

阶梯剖视图是由通过部件的多个剖切段组成,所有剖切段都与铰链线平行,并且通过折弯段相互附着。在 NX 12.0 中,阶梯剖视图的创建方法与简单剖视图的创建方法类似,不同之处主要在于前者需要定义截面线要折弯或剖切通过的附加点。下面通过一个简单范例来介绍创建阶梯剖视图的典型操作范例,该范例的实体模型效果如图 10-21 所示。

**1** 在"快速访问"工具栏中单击"打开"按钮 █,弹出"打开"对话框,选择"CH10\jbpst.prt"文件,单击 OK 按钮将该文件打开,其"制图"应用模块的图纸页上已经有 4 个视图,如图 10-22 所示。

图 10-21　实体模型

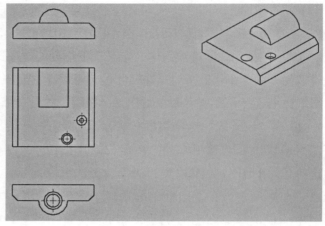

图 10-22　已有的 4 个视图

**2** 在功能区 "主页" 选项卡的 "视图" 组中单击 "剖视图" 按钮，弹出 "剖视图" 对话框，接着从 "截面线" 选项组的 "定义" 下拉列表框中选择 "动态" 选项，从 "方法" 下拉列表框中选择 "简单剖 / 阶梯剖" 选项。铰链线的矢量选项为 "自动判断"。

**3** 在 "父视图" 选项组中单击 "基本视图" 按钮，紧接着在图纸页上选择如图 10-23 所示的视图作为父视图。此步骤可以省略，因为在所需视图中指定截面线段时，NX 会自动将所需视图自动判断为相应的父视图。

**4** 在视图几何体上拾取如图 10-24 所示的一个圆心，出现动态剖切线。此时在 "视图原点" 选项组的 "方向" 下拉列表框中默认选择 "正交的" 选项，在 "放置" 子选项组的 "方法" 下拉列表框中选择 "铰链副" 选项，使用鼠标光标在图纸页上引导剖切箭头方向。在本例中，用户也可以从 "放置" 子选项组的 "方法" 下拉列表框中选择 "水平" 选项。

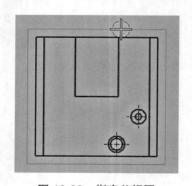

图 10-23　指定父视图

图 10-24　选择第一个点（圆心）

**5** 在 "剖视图" 对话框的 "截面线段" 选项组中单击 "指定位置" 按钮以确保该按钮回到继续被选中的状态，在父视图中选择下一个用于放置剖切段的点，如图 10-25 所示。

**6** 添加所需的后续剖切段。在本例中，捕捉并选择如图 10-26 所示的中点来定义新的剖切段。

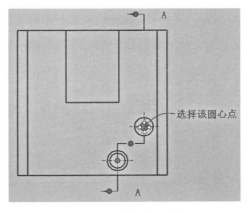

图 10-25　选择第二个点

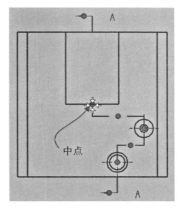

图 10-26　选择点以添加新的剖切段

知识点拨：

　　此时，将鼠标指针置于剖切线段中的所需手柄处，可以通过拖曳该手柄来调整剖切折弯段的位置，如图 10-27 所示。

　　**7** 在"视图原点"选项组中单击"指定位置"按钮，将鼠标指针移动到所需位置处单击，从而放置该阶梯剖视图，完成效果如图 10-28 所示。

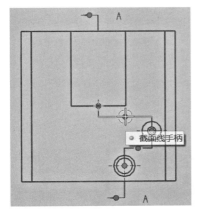

图 10-27　调整剖切折弯段的位置

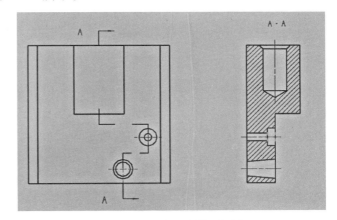

图 10-28　放置阶梯剖视图

　　**8** 在"剖视图"对话框中单击"关闭"按钮。

### 3. 半剖视图

　　半剖视图是一种较为常用的剖视图。当机件具有对称平面时，向垂直于对称平面的投影面上投影所得的图形，可以以对称中心线为界，一半画成视图，另一半画成剖视图，这种组合的图形被称为半剖视图，即半剖视图相当于使机件的一半剖切而另一半不剖切。由于半剖视图既充分地表达了机件对称的一半内部形状，又保留了机件对称的一半外部形状，所以常采用它来表达内外部形状都比较复杂的对称机件。

　　创建半剖视图的方法步骤和创建全剖视图的方法步骤类似，只是半剖视图还需要指定剖切折弯位置以定义对称平面。下面结合一个范例介绍如何创建半剖视图。

**1** 在"快速访问"工具栏中单击"打开"按钮，弹出"打开"对话框，选择"CH10\bpst_x.prt"文件，单击 OK 按钮将该文件打开。

**2** 确保进入"制图"应用模块，在功能区"主页"选项卡的"视图"组中单击"剖视图"按钮，弹出"剖视图"对话框，接着从"截面线"选项组的"定义"下拉列表框中选择"动态"选项，从"方法"下拉列表框中选择"半剖"选项，铰链线的矢量选项为"自动判断"，如图 10-29 所示。已有的唯一视图被自动默认为父视图。

**3** 在上边框条的选择条中确保"圆弧中心"按钮 处于被选中的状态，在父视图中捕捉并选择如图 10-30 所示的圆心以指定截面线段位置。

图 10-29 "剖视图"对话框（"半剖"）

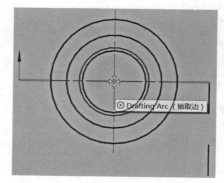

图 10-30 指定点作为截面线段位置

**4** 捕捉并单击如图 10-31 所示的一个圆边以拾取其圆心来定义半剖折弯位置。

**5** 此时"视图原点"选项组中的"指定位置"按钮 处于被选中的状态，从"放置"子选项组的"方法"下拉列表框中选择"竖直"选项，从"对齐"下拉列表框中选择"对齐至视图"选项，接着在竖直投影通道（投影方向）上的合适位置处单击以放置半剖视图，如图 10-32 所示。

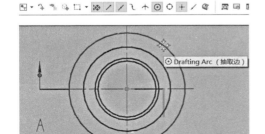

图 10-31　指定剖切折弯位置

图 10-32　放置半剖视图

*6.* 单击"剖视图"对话框中的"关闭"按钮。

### 4．旋转剖视图

旋转剖视图是指用两个成角度的剖切面剖开机件以表达机件内部形状的视图，实际上是通过绕一轴旋转剖切。旋转剖视图的创建实例效果如图 10-33 所示。下面以该实例来介绍创建旋转剖视图的基本操作步骤。

（a）关联实体模型

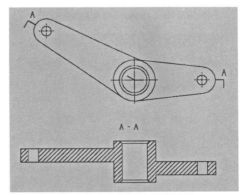

（b）创建旋转剖视图

图 10-33　旋转剖视图实例效果

*1.* 按 Ctrl+O 快捷键，弹出"打开"对话框，选择"CH10\xzpst_x.prt"文件，单击 OK 按钮，打开的文件中已有的原始图纸页和基本视图如图 10-34 所示。

*2.* 确保切换至"制图"应用模板，在功能区"主页"选项卡的"视图"组中单击"剖视图"按钮，打开"剖视图"对话框。

*3.* 在"截面线"选项组的"定义"下拉列表框中选择"动态"选项，在"方法"下拉列表

框中选择"旋转"选项，而在"铰链线"选项组的"矢量选项"下拉列表框中默认选择"自动判断"选项，选中"关联"复选框，如图 10-35 所示。

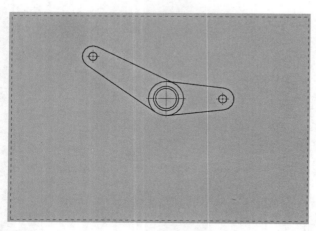

图 10-34　原始图纸页和基本视图

图 10-35　剖视图设置

4 定义旋转点。可以使用自动判断的点来定义旋转点，如图 10-36 所示（该例指定一个圆心作为旋转点）。

5 定义截面线段的支线 1 位置，如图 10-37 所示。

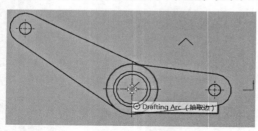

图 10-36　定义旋转点

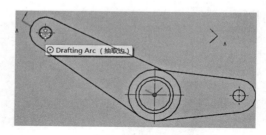

图 10-37　定义支线 1 的位置

6 定义截面线段的支线 2 位置，如图 10-38 所示。

7 利用"视图原点"选项组中的相关工具和选项，指定放置视图的位置，如图 10-39 所示，在欲放置旋转剖视图的区域单击以确定该旋转剖视图的放置基点，从而完成该旋转剖视图的创建。

8 在"剖视图"对话框中单击"关闭"按钮。

### 5. 点到点剖视图

使用"剖视图"工具的"点到点"方法可以创建一个无折弯的多段剖切视图，创建时可以通过点构造器来定义剖切线的每个旋转点的位置，NX 系统将连接旋转点来形成剖切线的每个剖切段，最后每个段的内容在剖切平面上被展开。下面以该示例来介绍创建旋转剖视图的基本操作步骤。

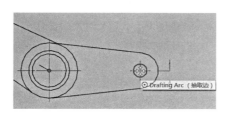

图 10-38　定义支线 2 的位置

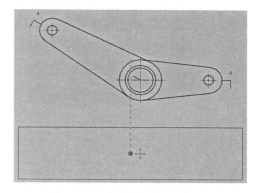

图 10-39　指定放置视图的位置

⬛1 按 Ctrl+O 快捷键，弹出"打开"对话框，选择"CH10\dddpst.prt"文件，单击 OK 按钮，打开的文件中已有原始视图如图 10-40 所示。

⬛2 在功能区"主页"选项卡的"视图"组中单击"剖视图"按钮 🎇，系统弹出"剖视图"对话框，接着从"截面线"选项组的"定义"下拉列表框中选择"动态"选项，从"方法"下拉列表框中选择"点到点"选项，在"截面线段"选项组中取消选中"创建折叠剖视图"复选框，并从"铰链线"选项组的"矢量选项"下拉列表框中选择"已定义"选项（唯一选项），以及从"指定矢量"下拉列表框中选择"自动判断的矢量"选项 ⿰，如图 10-41 所示。

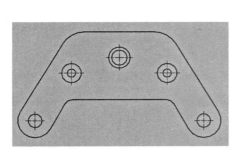

图 10-40　原始视图

图 10-41　"剖视图"对话框（点到点）

⬛3 单击如图 10-42 所示的轮廓线定义铰链线矢量。

⬛4 此时"截面线段"选项组中的"指定位置"按钮 ⊕ 自动被切换至选中状态，在视图中依次选择圆心 1、圆心 2、圆心 3、圆心 4 和圆心 5 定义截面线段（剖切线段）位置，如图 10-43 所示。注意在本例中，没有选中"截面线段"选项组中的"创建折叠剖视图"复选框。

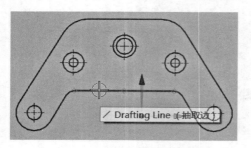

图 10-42　指定铰链线矢量

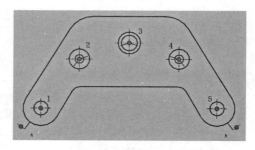

图 10-43　指定点作为剖切线段位置

　⑤ 在"视图原点"选项组中单击"指定位置"按钮，从"放置"子选项组的"方法"下拉列表框中选择"竖直"选项，从"对齐"下拉列表框中选择"对齐至视图"选项，在父视图的下方预定位置处指定放置视图的位置，结果如图 10-44 所示。

　⑥ 在"剖视图"对话框中单击"关闭"按钮。

在本例，如果在创建"点到点"剖视图的过程中，从"剖视图"对话框的"截面线段"选项组中选中"创建折叠剖视图"复选框，那么最后创建的是折叠的点到点剖视图，如图 10-45 所示。

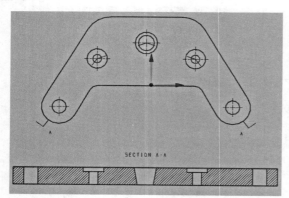

图 10-44　放置视图

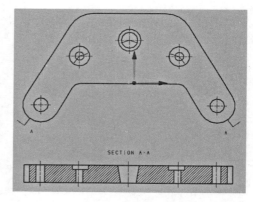

图 10-45　指定点作为剖切线段位置

## 10.3.4　局部剖视图

局部剖视图是使用剖切面局部剖开机件的某个区域来形成的剖视图，是通过移除机件某个局部区域的材料来查看内部结构视图的表达形式。用户需要了解创建局部剖视图的这些注意事项：只有局部剖视图的平面剖切面才可以添加剖面线；可以使用草图曲线（该草图曲线通常适用于 2D 图纸平面）或基本曲线创建局部剖边界，如果要在其他平面中创建局部剖视图的边界曲线，那么必须展开或扩展视图并创建所需的基本曲线；如果要使用样条作为局部剖视图的边界曲线，那么样条必须是"通过点"或"根据极点"类型的样条；不能选择旋转视图作为局部剖视图的候选对象。

在"制图"应用模块中，从功能区的"主页"选项卡的"视图"组中单击"局部剖视图"按钮🔲，弹出如图 10-46 所示的"局部剖"对话框。下面对该对话框各组成元素进行简要介绍。

- "创建"单选按钮：用于激活局部剖视图创建步骤。
- "编辑"单选按钮：用于开始编辑修改现有的局部剖视图。
- "删除"单选按钮：用于从主视图中移除局部剖。选中该单选按钮时，"局部剖"对话框提供的工具、选项如图 10-47 所示，其中"删除断开曲线"复选框用于确定是否删除视图中的边界曲线。

图 10-46　"局部剖"对话框

图 10-47　选中"删除"单选按钮

- "创建步骤"工具组：用于通过互动的方式指导用户创建局部剖视图。"创建步骤"工具组提供的按钮如表 10-1 所示。

表 10-1　局部剖的"创建步骤"工具组按钮

| 序号 | 按钮 | 名称 | 功能用途 | 备注说明 |
|---|---|---|---|---|
| 1 | 🔲 | 选择视图 | 在当前图纸页上选择将要显示局部剖的视图 | 选择一个生成局部剖的视图 |
| 2 | 🔲 | 指出基点 | 指定局部剖视图的基点 | 基点是局部剖曲线（闭环）沿着拉伸矢量方向扫掠的参考点，基点还用作不相关局部剖边界曲线的参考（不相关是指曲线以前与模型不相关）；如果基点发生移动，不相关的局部剖曲线也随着基点一起移动 |
| 3 | 🔲 | 指出拉伸矢量 | UG NX 提供并显示一个默认的拉伸矢量，它与视图平面垂直并指向观察者 | 矢量反向反转拉伸矢量的方向，视图法向将默认矢量重新建立为拉伸矢量 |
| 4 | 🔲 | 选择曲线 | 可以定义局部剖的边界曲线 | 可以手动选择一条封闭的曲线环，或让 NX 自动闭合开口的曲线环 |
| 5 | 🔲 | 修改边界曲线 | 可以编辑用于定义局部剖边界的曲线 | 可选步骤 |

● "视图选择"列表框：列出当前图纸页上所有可用作局部剖的视图。用户既可以在该列表框中选择一个所需的视图，也可以直接在图纸页上选择所需的视图。

● "切穿模型"复选框：选中该复选框时，局部剖会切透整个模型。

下面结合范例介绍如何创建局部剖视图。

### 1. 创建用于定义局部剖视图的边界曲线

■ 按 Ctrl+O 快捷键，弹出"打开"对话框，选择"CH10\jbpst_x.prt"文件，单击 OK 按钮将该文件打开，此文件中已经存在 4 个原始视图如图 10-48 所示。

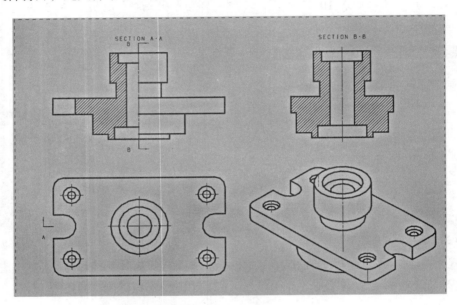

**图 10-48    文件中的 4 个原始视图**

■ 在图纸页上选择要进行局部剖视的一个视图，接着右击并从弹出的快捷菜单中选择"展开"命令，如图 10-49 所示，从而进入该视图的扩展环境。

■ 在上边框条中单击"菜单"按钮 🔲菜单(M)▾ ，接着选择"工具"→"定制"命令，利用"定制"对话框的"命令"选项卡将"曲线"级联菜单添加到"插入"菜单中，然后使用"曲线"级联菜单中的相关曲线工具创建与视图相关的曲线来表示局部剖的边界。在本例中，选择"曲线"级联菜单中的"艺术样条"命令，绘制如图 10-50 所示的闭合样条曲线。然后右键单击视图背景，从弹出的快捷菜单中取消选中"扩大"命令。

**知识点拨：**

用户也可以不用进入视图的扩展环境绘制边界曲线，而是在选定的要进行局部剖视的视图上单击鼠标右键，并从弹出的快捷菜单中选择"活动草图视图"命令，接着使用功能区"主页"选项卡的"草图"组中的有效草图工具（如"艺术样条"按钮 🖋）绘制所需的边界曲线，绘制好边界曲线后单击"完成草图"按钮 🔳，完成草图的绘制。

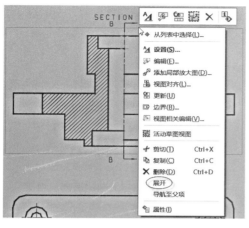

图 10-49 右击视图并选择"展开"命令

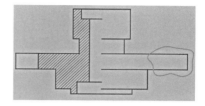

图 10-50 绘制闭合样条曲线

2. 创建局部剖视图

**1** 在功能区"主页"选项卡的"视图"面板中单击"局部剖视图"按钮 🔟，弹出"局部剖"对话框。

**2** 在"局部剖"对话框中选中"创建"单选按钮，接着选择一个要生成局部剖的视图。

**3** 定义基点。可以从图纸页上的任意视图中选择一个基点。在本例中，在如图 10-51 所示的一个视图中选择一个沉孔圆的圆心作为基点。

图 10-51 选择一个基点

**4** 视图中显示基点和默认的拉伸矢量方向。如果默认的视图法向矢量不符合要求，必要时可以单击"矢量反向"按钮反向矢量方向，或者从"矢量"下拉列表框中选择一个选项来指定不同的拉伸矢量。在本例中，接受默认的拉伸矢量方向。

**5** 单击鼠标中键以转至"选择曲线"步骤，即切换到使"选择曲线"按钮 🔟 处于被选中的状态。

**6** 在图纸页上选择之前绘制的样条曲线作为局部剖的边界曲线，如图 10-52 所示。

**7** 切换至"修改边界曲线"状态，对于在扩展环境下绘制的样条曲线，此时可以修改该样条边界曲线的形状，在本例中不用修改边界曲线。对于选用在活动草图视图环境下绘制的某些艺术样条作为边界曲线的情形，则此时该边界曲线会不可编辑。

在"局部剖"对话框中单击"应用"按钮，完成创建局部剖视图，效果如图 10-53 所示。

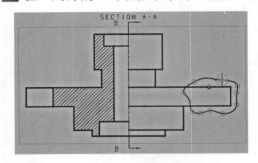

图 10-52　选择样条曲线

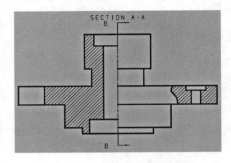

图 10-53　完成创建局部剖视图

## 10.3.5　局部放大图

局部放大图是将现有视图的某个具有细小特征或结构的部位单独放大，并建立一个新的局部视图，以便显示模型结构，以及满足后续标注注释的需要。局部放大图与其父视图是完全关联的，对模型几何体所做的任何更改都将立即反映到局部放大图中。

在功能区"主页"选项卡的"视图"组中单击"局部放大图"按钮，弹出"局部放大图"对话框，如图 10-54 所示。下面对"局部放大图"对话框各选项组的功能含义进行介绍。

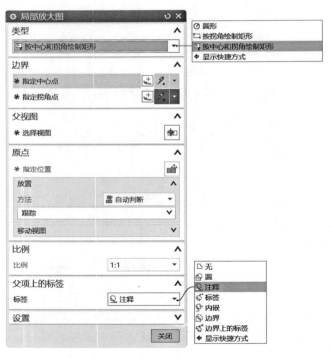

图 10-54　"局部放大图"对话框

**1."类型"选项组**

在"类型"选项组的下拉列表框中可以选择"圆形""按拐角绘制矩形"或"按中心和拐角绘制矩形"选项以定义局部放大图在父视图上的边界类型(标签边界形状)。这3种类型的图例如图10-55所示。

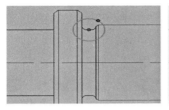 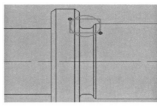 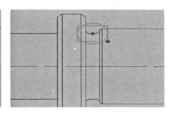

（a）"圆形"　　　（b）"按拐角绘制矩形"　（c）"按中心和拐角绘制矩形"

**图10-55　定义局部放大图边界的3种类型**

**2."边界"选项组**

"边界"选项组提供相应的点构造器和"点选项"下拉列表框,以配合边界类型来定义在父视图上指定要放大的区域边界。当在"类型"选项组中选择"圆形"选项时,"边界"选项组要求"指定中心点"和"指定边界点"来定义圆形边界;当在"类型"选项组中选择"按拐角绘制矩形"选项时,"边界"选项组要求"指定拐角点1"和"指定拐角点2"来定义矩形边界;当在"类型"选项组中选择"按中心和拐角绘制矩形"选项时,"边界"选项组要求"指定中心点"和"指定拐角点"来定义矩形边界。

**3."父视图"选项组**

"父视图"选项组中的"选择视图"按钮用于进行父视图的选择。注意,在指定局部放大图边界时,系统会根据指定的相关参照点自动判断父视图。

**4."原点"选项组**

"原点"选项组主要用于指定局部放大图的放置位置,并可以通过移动视图的工具在操作局部放大图的过程中移动现有视图。

**5."比例"选项组**

"比例"选项组用于设置局部放大图的比例。默认的局部放大图的比例因子大于父视图的比例因子。

**6."父项上的标签"选项组**

"父项上的标签"选项组用于设置父项上的标签形式,可供选择的标签形式有"无"▢、"圆"⬭、"注释"⬭、"标签"⬭、"内嵌"⬭、"边界"⬭和"边界上的标签"⬭。

●"无"▢:无边界。

● "圆" ⓔ: 圆形边界,无标签。

● "注释" ⓠ: 有标签但无指引线的边界。

● "标签" ⓒ: 有标签和半径指引线的边界。

● "内嵌" ⓟ: 标签内嵌在带有箭头的缝隙内的边界。

● "边界" ⓑ: 显示实际视图边界。例如,没有标签的局部放大图。

● "边界上的标签" ⓒ: 有标签,且显示实际视图边界。

### 7. "设置"选项组

"设置"选项组用于修改与局部放大图相关的样式等。

下面讲解一个创建局部放大图的操作范例。

**1** 在"快速访问"工具栏中单击"打开"按钮🖿,弹出"打开"对话框,选择"CH10\ jbfdt.prt"文件,单击 OK 按钮,该文件中的原始视图如图 10-56 所示。

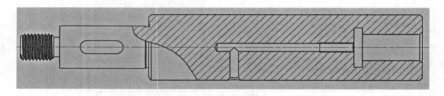

图 10-56 原始视图

**2** 在功能区"主页"选项卡的"视图"组中单击"局部放大图"按钮⯈,弹出"局部放大图"对话框。

**3** 从"类型"选项组的下拉列表框中选择"圆形"选项。

**4** 在已有视图中单击如图 10-57 所示的"位置1"指定圆形边界的中心点,单击"位置2"指定边界点,从而绘制一个圆形边界。

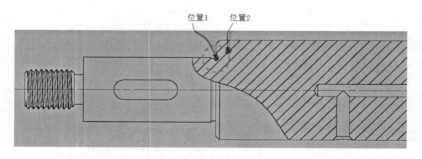

图 10-57 绘制局部放大边界范围

**5** 在"比例"选项组的"比例"下拉列表框中选择"5∶1"。

**6** 在"父项上的标签"选项组的"标签"下拉列表框中选择"标签"选项以定义在父项上使用有标签和半径指引线的边界。

**7** 在图纸页上的合适位置处单击以放置视图,结果如图 10-58 所示。

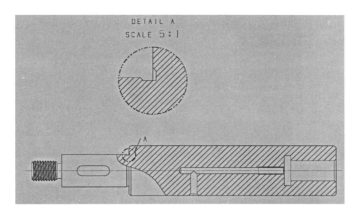

图 10-58 完成创建局部放大图

**S** 在"局部放大图"对话框中单击"关闭"按钮。

## 10.3.6 使用独立剖切线对象创建剖视图

在 NX 12.0 的"制图"应用模块中，允许使用独立的剖切线对象创建剖视图。要创建独立的剖切线对象，则在功能区"主页"选项卡的"视图"组中单击"剖切线"按钮，弹出如图 10-59 所示的"截面线"对话框，利用该对话框设定类型为"独立的"或"派生"。前者用于创建基于草图的独立剖切线，后者用于创建派生自 PMI 切割平面符号的剖切线。下面以"独立的"类型为例进行介绍。选择"独立的"类型后，选择父视图，定义剖切线草图和剖切方向等，从而创建独立的剖切线，该剖切线可用于创建剖视图。请看下面的操作范例。

图 10-59 "截面线"对话框

◤**1** 按 Ctrl+O 快捷键，弹出"打开"对话框，选择"CH10\pqxst.prt"文件，单击 OK 按钮。该素材文件中的原始视图如图 10-60 所示。

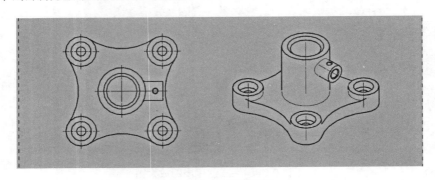

图 10-60　原始视图

◤**2** 在功能区"主页"选项卡的"视图"面板中单击"剖切线"按钮 ，弹出"截面线"对话框，接着从"类型"下拉列表框中选择"独立的"选项。

◤**3** "父视图"选项组中的"视图"按钮 处于被选中的状态，选择左边的视图作为父视图，NX 自动进入到剖切线草图绘制模式，此时功能区出现如图 10-61 所示的"剖切线"选项卡。

◤**4** 确保选中"轮廓"按钮 ，绘制如图 10-62 所示的连续剖切线段草图，单击"完成"按钮 。

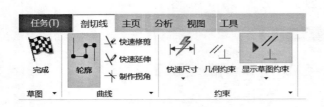

图 10-61　功能区的"剖切线"选项卡

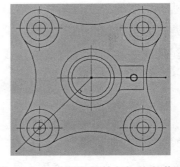

图 10-62　绘制连续的剖切线段草图

◤**5** 返回到"截面线"对话框，剖切方法为"点到点"，确保选中"关联到草图"复选框，如图 10-63 所示，可以调整剖切方向，然后单击"确定"按钮，完成绘制的剖切线如图 10-64 所示。

◤**6** 在功能区"主页"选项卡的"视图"组中单击"剖视图"按钮 ，弹出"剖视图"对话框。

◤**7** 从"截面线"选项组的"定义"下拉列表框中选择"选择现有的"选项，接着在图形窗口中选择用于剖视图的独立剖切线，如图 10-65 所示。

◤**8** 在出现的"铰链线"选项组的"指定矢量"下拉列表框中选择"XC 轴"选项 ，在父视图的正上方指定放置视图的位置，结果如图 10-66 所示。然后单击"关闭"按钮。

图 10-63 "截面线"对话框

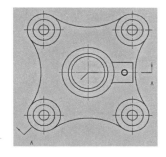

图 10-64 绘制连续的剖切线段

图 10-65 选择用于剖视图的独立剖切线

图 10-66 完成创建剖视图

# 10.4 编辑视图

在图纸页上创建了各类工程视图后，有时为了使工程视图符合指定的标准规范，或者使页面美观、整齐有序等，便需要用到编辑视图操作。本节介绍的编辑视图操作包括移动／复制视图、视图对齐、删除视图、隐藏和显示视图中的组件、更新视图和修改剖面线等。

## 10.4.1 移动／复制视图

在 NX 12.0 中，通过"移动／复制视图"工具命令可以将指定视图从当前图纸页的当前位置移动或复制到当前图纸页上的其他位置处，也可以将指定视图移动或复制到另一个图纸页上。当复制视图时，视图的注释（包括尺寸、标记等）可连同所有视图相关编辑都被复制到新的视图中。

要移动或复制视图，则在功能区"主页"选项卡的"视图"组中单击"移动／复制视图"按钮 📇，打开如图 10-67 所示的"移动／复制视图"对话框和跟踪条。在视图列表框中或在图纸页上选择要移动的视图，如果不满意当前选择的视图，那么可以在"移动／复制视图"对话框中单击"取消选择视图"按钮，再重新选择要移动或复制的视图。选择视图后，通过设置"复制视图"复选框的状态以确定是否复制视图，在默认情况下，"复制视图"复选框处于未选中状态，即 NX 系统初始默认的是移动视图操作，而没有复制视图。选择视图并设置"复制视图"复选框状态后，接下去便是设置移动／复制视图的方式，以及进行移动／复制视图的具体操作。移动／复制视图的方式有 5 种，等下稍作介绍。这里先介绍一下"距离"复选框及其文本框的作用。"距离"复选框用于设置是否启用距离控制功能，如果选中该复选框并在其相应的文本框中输入距离值，则可以精确地沿着指定方向移动或复制视图，即会精确控制视图的位置。

- "至一点"按钮 📇：通过指定一点的方式将选定视图移动或复制到某指定点。
- "水平"按钮 🔳：沿水平方向移动或复制选定的视图。
- "竖直"按钮 🔳：沿竖直方向移动或放置选定的视图。
- "垂直于直线"按钮 📇：选择要移动或复制的视图后，单击该按钮，需要选择参考直线，以沿垂直于该参考直线的方向移动或复制所选定的视图。
- "至另一图纸"按钮 📇：存在多个图纸页时，该按钮才可用。在指定要移动或复制的视图后，单击该按钮，则弹出如图 10-68 所示的"视图至另一图纸"对话框，从该对话框的可用图纸页列表框中选择目标图纸，然后单击"确定"按钮，从而将所选的视图移动或复制到目标图纸上。

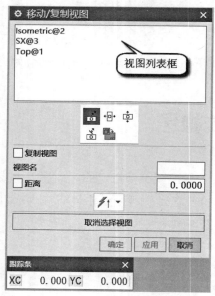

图 10-67 "移动／复制视图"对话框和跟踪条

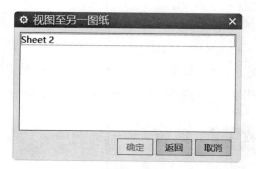

图 10-68 "视图至另一图纸"对话框

### 10.4.2 视图对齐

视图对齐是指在工程图纸内的视图之间建立永久对齐,其中一个视图为静止视图,可以将要与静止视图对齐的视图称为"对齐视图"。

在功能区"主页"选项卡的"视图"组中单击"视图对齐"按钮,弹出"视图对齐"对话框,接着选择一个视图作为要调整其位置的视图,此时"视图对齐"对话框的"对齐"选项组的一些选项被激活,如图 10-69 所示。在"对齐"选项组中指定放置方法,设置对齐选项(可供选择的对齐选项有"对齐至视图""模型点"和"点到点",对齐选项在放置方法为"水平""竖直""垂直于直线"和"叠加"时才提供),以及进行相应的操作来使所选视图与参照对象(如对齐视图)对齐。视图对齐示例如图 10-70 所示,示例操作过程:单击"视图对齐"按钮并选择下方的视图作为要对齐的视图(即作为对齐视图),接着在"对齐"选项组中设置放置方法为"竖直",从"对齐"下拉列表框中选择"对齐至视图"对齐选项,然后选择上方的视图作为静止视图,单击"确定"按钮即可。

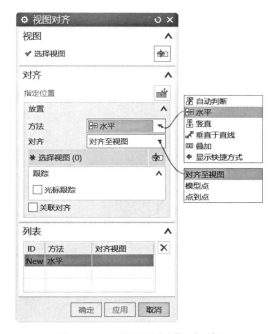

图 10-69 "视图对齐"对话框

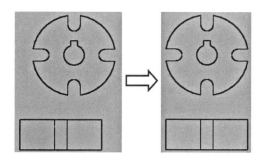

图 10-70 视图对齐示例

视图对齐的几种常见放置方法如表 10-2 所示。

表 10-2　视图对齐的几种常见放置方法

| 序号 | 放置方法 | 方法说明 |
|---|---|---|
| 1 | 自动判断 | 用自动判断的方式对齐所选视图，只需指定放置视图的位置，便可将所选视图对齐到该点 |
| 2 | 水平 | 设置各视图的基准点进行水平对齐，也就是将所选视图按基准点在水平方向上对齐的方式对齐 |
| 3 | 竖直 | 设置各视图的基准点进行竖直对齐，也就是将所选视图按基准点在竖直方向上对齐的方式对齐 |
| 4 | 垂直于直线 | 将选定视图在某一条参照直线的垂直方向上对齐至目标视图或目标基准点，即用于将所选视图按基准点在所选直线的垂直方向上对齐的方式对齐 |
| 5 | 叠加 | 将所选视图按基准点重合的方式对齐 |

 知识点拨：

　　视图对齐操作也可以直接采用鼠标操作的方式来实现，即使用鼠标直接选择视图对象，接着按住鼠标左键不放并拖动来实现。

## 10.4.3　删除视图

　　对于图纸页上不再需要的视图，可以将其删除。删除视图与删除其他对象的操作是一样的，即在图纸页上选择不再需要的视图，直接按 Delete 键即可。也可以先选择要删除的视图，接着单击鼠标右键并从弹出的快捷菜单中选择"删除"命令。

## 10.4.4　隐藏和显示视图中的组件

　　在装配体的工程视图中，可以根据设计需要设置隐藏或显示视图中的组件。

　　要隐藏视图中选定的组件，则可以先在功能区"主页"选项卡的"视图"组中单击"隐藏视图中的组件"按钮 ▶️，弹出如图 10-71 所示的"隐藏视图中的组件"对话框，选择要隐藏的组件，接着在"视图"选项组中单击"视图"按钮 ，选择要在其中隐藏组件的视图（既可以在图纸页上选择，也可以在"视图"选项组的视图列表中选择），然后单击"确定"按钮或"应用"按钮，便可在选定视图中隐藏指定的组件。

　　可以显示视图中选定隐藏组件。在功能区"主页"选项卡的"视图"组中单击"显示视图中的组件"按钮 ▶️，弹出"显示视图中的组件"对话框，选择要在其中显示组件的视图（既可以在图纸页上选择，也可以在视图列表中选择），此时"要显示的组件"选项组的隐藏组件列表列出了所选视图中的已有隐藏组件，如图 10-72 所示。在隐藏组件列表中选择要显示的隐藏组件，然后单击"应用"按钮或"确定"按钮，便可在所选视图中显示所指定的隐藏组件。

图 10-71 "隐藏视图中的组件"对话框

图 10-72 "显示视图中的组件"对话框

## 10.4.5 更新视图

更新视图是指更新选定视图中的隐藏线、轮廓线、视图边界等以反映对模型的更改。

在功能区"主页"选项卡的"视图"组中单击"更新视图"按钮📇，弹出如图 10-73 所示的"更新视图"对话框，利用该对话框选择需要更新的视图，需要时可选择所有过时视图或所有过时自动更新视图，然后单击"确定"按钮或"应用"按钮。

图 10-73 "更新视图"对话框

## 10.4.6　修改剖面线

在机械制图用到的剖视图中，可以用不同的剖面线表示不同的材质及不同的零部件。对于装配体的剖视图，各零件（不同零件）剖面的剖面线应该有所区别。

下面结合典型操作示例，介绍修改剖面线的快捷操作方法。

**1** 在"制图"应用模块的当前图纸页中，从相关剖视图中选择要修改的剖面线，接着单击鼠标右键弹出一个快捷菜单，如图 10-74 所示。

**2** 从快捷菜单中选择"编辑"命令，弹出如图 10-75 所示的"剖面线"对话框。

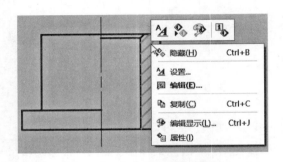

图 10-74　右击要修改的剖面线

图 10-75　"剖面线"对话框

**3** 使用"剖面线"对话框，可以选择要排除的注释，设置边距值，并可以在"设置"选项组中进行以下内容的设置。

● 通过"断面线定义"下拉列表框浏览选择并载入所需的剖面线文件。

● 在"图样"下拉列表框中选择其中一种剖面线类型。

● 在"距离"文本框中输入剖面线的间距值。

● 在"角度"文本框中输入剖面线的角度值。

● 单击"颜色"按钮■■■■，打开如图 10-76 所示的"颜色"对话框，从中设置一种颜色作为剖面线的颜色。

● 在"宽度"下拉列表框中选择当前剖面线的线宽样式。

● 在"边界曲线公差"文本框中接受"边界曲线／剖面线"公差的默认值，或者输入"边界曲线／剖面线"的新公差值。

**4** 在"剖面线"对话框中单击"应用"按钮或"确定"按钮。

例如，选择如图 10-74 所示的剖面线来进行编辑，将其距离值设置为 3mm，角度值设置为

135°，颜色设置为红色，单击"确定"按钮，完成修改该剖面线后的视图效果如图 10-77 所示，注意观察修改剖面线前后的对比效果。

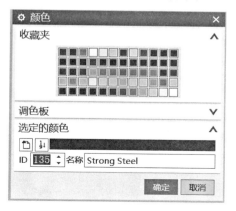

图 10-76　"颜色"对话框

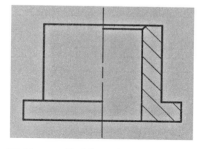

图 10-77　修改剖面线后的效果示例

# 10.5　工程图尺寸标注与注释

尺寸标注与注释也是工程图的重要组成部分。本节重点讲解创建中心线、尺寸标注、文本注释、标注表面粗糙度、标注基准符号、标注几何公差、创建标识符号和表格注释等。

## 10.5.1　创建中心线

在工程制图中可以根据设计情况创建相应类型且符合标准的中心线，这些中心线类型包括"中心标记""螺栓圆中心线""圆形中心线""对称中心线""2D 中心线""3D 中心线""自动中心线"和"偏置中心点符号"，它们对应的创建工具命令如表 10-3 所示。

表 10-3　各种类型中心线的创建工具命令

| 序号 | 命令 | 图标 | 功能含义 | 图例 |
|---|---|---|---|---|
| 1 | 中心标记 | ⊕ | 创建通过点或圆弧的中心标记 | |
| 2 | 螺栓圆中心线 | | 创建完整或不完整螺栓圆中心线，所选螺栓点处显示十字形，螺栓圆的半径始终等于从螺栓圆中心到选择的第一个点的距离；螺栓圆符号是通过以逆时针方向选择圆弧来定义的 | |
| 3 | 圆形中心线 | | 创建完整或不完整圆形中心线，不含十字形，圆形中心线的半径始终等于从圆形中心线中心到选取的第一个点的距离；圆形中心线符号是通过以逆时针方向选择圆弧来定义的 | |

续表

| 序号 | 命令 | 图标 | 功能含义 | 图例 |
|------|------|------|----------|------|
| 4 | 对称中心线 | ‖-‖ | 在图纸上创建对称中心线，以指明几何体中的对称位置 | |
| 5 | 2D 中心线 | ⊕ | 创建 2D 中心线 | |
| 6 | 3D 中心线 | ⊖ | 基于面或曲线输入创建中心线，其中产生的中心线是真实的 3D 中心线 | |
| 7 | 自动中心线 | ⊛ | 自动创建中心标记、圆形中心线和圆柱形中心线，注意不保证自动中心线在过时视图上是正确的 | |
| 8 | 偏置中心点符号 | ⊥ | 创建偏置中心点符号，该符号表示某一圆弧的中心，该中心处于偏离其真正中心的某一位置 | |

下面以范例的形式介绍如何创建指定类型的中心线。

**1** 按 Ctrl+O 快捷键，弹出"打开"对话框，选择"CH10\ccbz_x.prt"文件，单击 OK 按钮。文件中的原始工程视图如图 10-78 所示。

**2** 确保进入"制图"应用模板，从功能区的"主页"选项卡的"注释"组中单击"圆形中心线"按钮⊙，弹出如图 10-79 所示的"圆形中心线"对话框。

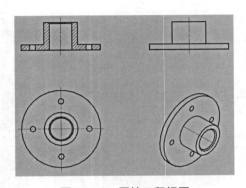

图 10-78　原始工程视图

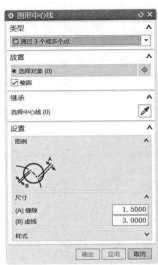

图 10-79　"圆形中心线"对话框

③ 从"类型"选项组的下拉列表框中选择"通过 3 个或多个点"选项。"类型"下拉列表框还提供另外一个选项，即"中心点"选项。

④ 在"放置"选项组中选中"整圆"复选框，确保在选择条中选中"圆弧中心"图标⊙，接着在图纸页的一个视图中分别捕捉选择如图 10-80 所示的 4 个圆心点以生成一个圆形中心线。另外，在"设置"选项组中可以对照图例设置中心线的缝隙和虚线等参数。

⑤ 单击"确定"按钮。

⑥ 从功能区的"主页"选项卡的"注释"组中单击"2D中心线"按钮⊕，弹出如图 10-81 所示的"2D 中心线"对话框。

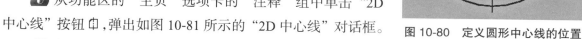

图 10-80　定义圆形中心线的位置

⑦ 在"类型"选项组的下拉列表框中选择"从曲线"选项，此时对话框提供"第 1 侧"选项组、"第 2 侧"选项组、"继承"选项组和"设置"选项组，并且在"设置"选项组中取消选中"单独设置延伸"复选框，对照图例分别设置缝隙、虚线和延伸的参数值，如图 10-82 所示。

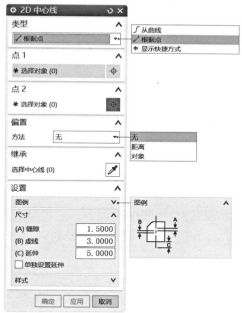

图 10-81　"2D 中心线"对话框

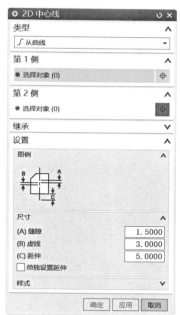

图 10-82　选择"从曲线"类型时并设置相关参数

⑧ 分别选择如图 10-83 所示的两线段定义第 1 侧对象和第 2 侧对象，然后单击"应用"按钮，从而创建一条中心线。

⑨ 再分别选择两条平行线段定义新的第 1 侧对象和第 2 侧对象来创建中心线，如图 10-84 所示。

⑩ 在"2D 中心线"对话框中单击"确定"按钮，结果如图 10-85 所示。

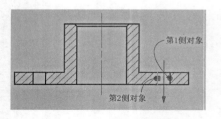

图10-83 分别选择第1侧对象和
第2侧对象

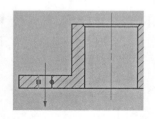

图10-84 选择两条线段定
义第2条2D中心线

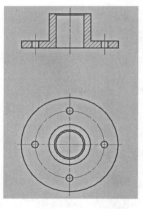

图10-85 完成创建
中心线的效果

## 10.5.2 尺寸标注

尺寸标注用于表示对象的尺寸大小。在工程图中进行尺寸标注其实就是直接引用关联三维模型真实的尺寸。如果三维模型变更，那么对应工程图中的相应尺寸也会自动更新。

在"制图"应用模块中，功能区"主页"选项卡的"尺寸"组中提供了以下几个主要尺寸工具。用户可根据视图对象的特征和标注意图选择合适的尺寸工具。

- "快速"按钮：根据选定对象和光标的位置自动判断尺寸类型来创建一个尺寸，也可以在执行该命令的过程中指定具体的测量方法来创建所需类型的快速尺寸。快速尺寸的测量方法可以为"自动判断""水平""竖直""点到点""垂直""圆柱式""角度""径向"和"直径"，基本包括了主要的尺寸类型。

- "线性"按钮：在两个对象或点位置之间创建线性尺寸。线性尺寸的测量方法包含"自动判断""水平""竖直""点到点""垂直""圆柱形"和"孔标注"。

- "径向"按钮：创建圆形对象的半径或直径尺寸。径向尺寸的测量方法包含"自动判断""径向""直径"和"孔标注"。

- "角度"按钮：在两条不平行的直线之间创建角度尺寸。

- "倒斜角尺寸"按钮：在倒斜角曲线上创建倒斜角尺寸。

- "厚度尺寸"按钮：创建一个厚度尺寸，测量两条曲线之间的距离。

- "弧长"按钮：创建一个弧长尺寸来测量圆弧周长。

- "纵坐标尺寸"按钮：创建一个坐标尺寸，测量从公共点沿一条坐标基线到某一对象上位置的距离。

下面介绍尺寸标注的典型范例。在该范例中还将学习到为选定尺寸添加前缀和尺寸公差的实用知识。

⚊ 在功能区"主页"选项卡的"尺寸"组中单击"快速"按钮，打开"快速尺寸"对话框，在"测量"选项组的"方法"下拉列表框中选择"自动判断"选项，在"原点"选项组中取消选中"自动放置"复选框，在"驱动"选项组的"方法"下拉列表框中选择"自动判断"选项，分别选择相应对象来创建如图 10-86 所示的两个线性尺寸，均需要手动在合适位置处放置尺寸。

⚋ 在"测量"选项组的"方法"下拉列表框中选择"圆柱式"选项，接着分别要标注尺寸的第一个对象和第二个对象，并指定放置原点位置来完成如图 10-87 所示的一个"圆柱形"尺寸（直径尺寸）。

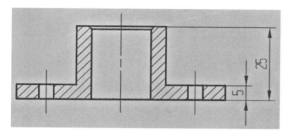

图 10-86　使用快速尺寸功能标注两个线性尺寸

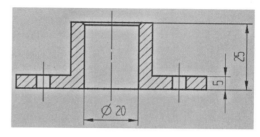

图 10-87　创建一个"圆柱式"尺寸

⚌ 使用同样的方法，再创建一个"圆柱式"尺寸（直径尺寸），如图 10-88 所示。

⚍ 在"快速尺寸"对话框中单击"关闭"按钮。

⚎ 在功能区"主页"选项卡的"尺寸"组中单击"径向"按钮，弹出"径向尺寸"对话框，从"测量"选项组的"方法"下拉列表框中选择"直径"选项，分别选择圆对象来创建直径尺寸，这里创建两个直径尺寸，如图 10-89 所示。

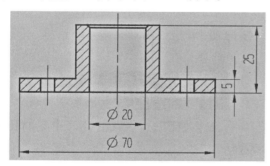

图 10-88　再创建一个"圆柱式"尺寸

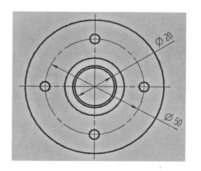

图 10-89　创建两个直径尺寸

⚏ 在"径向尺寸"对话框的"测量"选项组中，从"方法"下拉列表框中选择"孔标注"选项，在视图中选择一个简单孔特征，接着指定原点放置位置，如图 10-90 所示，单击"关闭"按钮。

⚐ 选择刚创建的孔标注，单击鼠标右键弹出一个快捷菜单，从该快捷菜单中选择"编辑"命令，弹出"径向尺寸"对话框和一个屏显编辑栏，如图 10-91 所示。

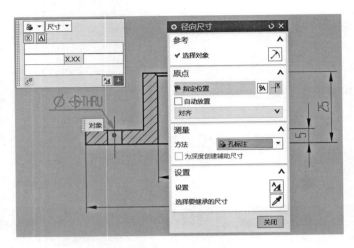

**图 10-90　创建孔标注**

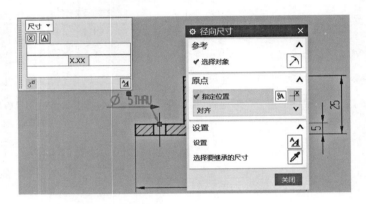

**图 10-91　编辑孔标注的界面**

在屏显编辑栏中单击"编辑附加文本"按钮▣，弹出"附加文本"对话框，从"控制"选项组的"文本位置"下拉列表框中选择"之前"选项，在"文本输入"选项组的文本输入框中先输入"4"，接着从"符号"子选项组的"类别"下拉列表框中选择"制图"选项，单击"插入数量"符号▣，如图 10-92 所示，则在文本输入框中看到"4"后面多了"<#A>"字符，单击"关闭"按钮，再在"径向尺寸"对话框中单击"关闭"按钮。为该简单孔的孔标注添加了表示数量的前缀文本和符号，结果如图 10-93 所示。

在功能区"主页"选项卡的"尺寸"组中单击"倒斜角尺寸"按钮，弹出如图 10-94 所示的"倒斜角尺寸"对话框，在"设置"选项组中单击"设置"按钮▣，弹出"倒斜角尺寸设置"对话框，在左窗格中选择"倒斜角"选项，在"倒斜角格式"选项组的"样式"下拉列表框中选择"符号"选项，可设置合适的间距值，并设置指引线格式，接着在左窗格中选择"前缀 / 后缀"选项，在"倒斜角尺寸"选项组的"位置"下拉列表框中选择"之前"选项，在"文本"文本框中输入"C"，如图 10-95 所示，单击"倒斜角尺寸设置"对话框的"关闭"按钮，返回到"倒斜角尺寸"对话框。

图 10-92 "附加文本"对话框

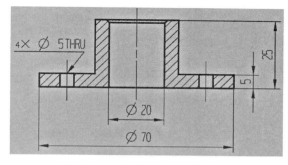

图 10-93 为选定尺寸添加前缀

图 10-94 "倒斜角尺寸"对话框

图 10-95 设置倒斜角尺寸的相关格式、样式

**10** 选择要标注倒斜角尺寸的倒斜角对象，并指定尺寸放置位置，如图 10-96 所示。在"倒斜角尺寸"对话框中单击"关闭"按钮。

**11** 为中央内孔的直径尺寸添加尺寸公差。双击"Ø20"以弹出一个屏显编辑栏和一个"线性尺寸"对话框（具体弹出的对话框为之前创建该尺寸时使用的对话框），在屏显编辑栏的公差类型下拉列表框中选择"等双向公差（对称）"选项 ±X，设置公差值为 0.1，如图 10-97 所示。然后在"线性尺寸"对话框中单击"关闭"按钮，完成为指定尺寸添加尺寸公差的操作。

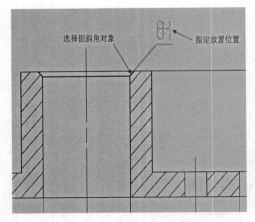

**图 10-96  创建倒斜角尺寸**

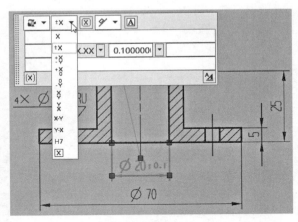

**图 10-97  利用屏显编辑栏为尺寸添加尺寸公差**

**12** 可以使用鼠标拖动的方式调整一些尺寸的放置位置，使页面整洁有序，参考效果如图 10-98 所示。

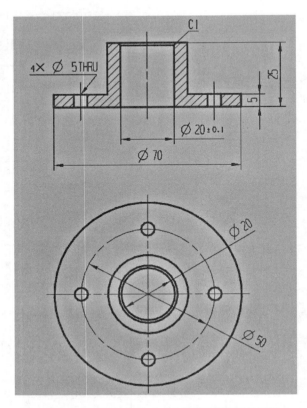

**图 10-98  完成尺寸标注（含创建与编辑尺寸标注）**

### 10.5.3 文本注释

文本注释主要用于对工程图纸的相关技术内容进行进一步阐述。

在功能区"主页"选项卡的"注释"组中单击"注释"按钮A，系统弹出如图10-99所示的"注释"对话框。使用该对话框输入注释文本，设置注释样式、文本对齐方式等，然后指定注释放置的原点位置，即可生成文本注释。其中，注释文本的输入是在"文本输入"选项组中进行的，该选项组除了提供一个文本输入框之外，还提供了用于编辑文本、设置格式、插入特殊符号、导入/导出的实用工具，如图10-100所示。

图 10-99 "注释"对话框

图 10-100 "文本输入"选项组

如果要创建带有指引线的注释文本，则在"注释"对话框中展开"指引线"选项组，接着在该选项组中设置指引线类型，设置是否创建折线，以及进行选择终止对象等操作。例如，采用"注释"命令也可以为螺纹孔创建引出标注，请看这样一个典型范例：单击"注释"按钮A，打开"注释"对话框，在"文本输入"选项组中输入两行文本（含表示"插入深度"的符号"<#D>"），在"设置"选项组的"文本对齐"下拉列表框中选择，如图10-101所示，接着展开"指引线"选项组设置指引线的相关样式参数，如图10-102所示，单击"选择终止对象"按钮，在视图中选择对象以创建指引线，然后指定原点放置位置，从而完成创建一个引出标注，如图10-103所示。

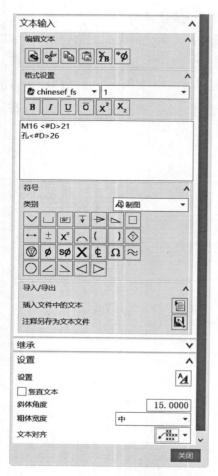

图 10-101　输入文本并设置文本对齐

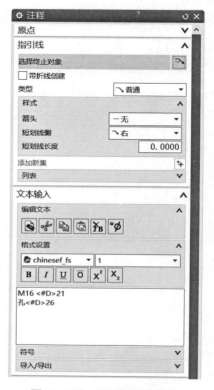

图 10-102　设置指引线参数

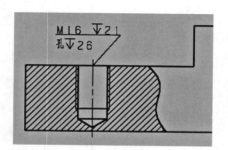

图 10-103　创建螺纹孔的引出标注

## 10.5.4 标注表面粗糙度

表面结构要求用于表达零件表面微观几何形状误差等参数，具体可包括粗糙度、处理或涂层、模式、加工余量和波纹。在同一张零件图上，每个表面一般只标注一次表面结构要求，并尽可能标注在相应的尺寸及其公差的同一个视图上。所标注的表面结构要求通常是对完工零件的表面要求，否则应另加说明。表面结构要求可标注在轮廓线上，符号尖端必须从材料外指向材料表面，既不准脱开也不得超出，必要时表面结构要求也可以标注在用带箭头或黑点的指引线引出后的基准线上；在不致引出误解时，表面结构要求也可以标注在相关尺寸线上所标尺寸的后面；表面结构要求还可以注写在几何公差的框格上方，以及可以标注在零件表面的延长线上，或标注在尺寸界线及其延长线上，但仍需注意图形符号应保持从材料外指向材料表面；棱柱各表面结构要求相同时，和圆柱一样只需标注一次，但是如果棱柱各表面有不同表面结构要求时，则应分别标注。

图 10-104    "表面粗糙度"对话框

当零件的多数表面有相同的表面结构要求时，可以在图样的标题栏附近统一标注，并在圆括号内给出无任何其他标注的基本图形符号（以表示图上已标注的内容），或者在圆括号内给出图中已经标出的几个不同的表面结构要求。当零件的全部表面有相同的表面结构要求时，可以在图样的标题栏附近统一标注表面结构要求。

可以按照以下的方法步骤标注表面结构要求，例如将表面粗糙度符号标注到视图中。

**1** 在功能区"主页"选项卡的"注释"组中单击"表面粗糙度符号"按钮 √，打开如图 10-104 所示的"表面粗糙度"对话框。

**2** 在"属性"选项组的"除料"下拉列表框中选择其中一种材料移除选项，如图 10-105 所示。选择好材料移除选项后，在"属性"选项组中设置相关的参数，这里以选择"修饰符，需要除料"选项为例，对照图例设置相关属性参数，如图 10-106 所示。

**3** 展开"设置"选项组，根据设计要求来定制表面粗糙度样式和角度等，如图 10-107 所示。需要用户注意的是，表面结构（含表面粗糙度）的注写和读取方向应与尺寸的注写和读取方向一致。对于在标题栏附近统一标注的表面结构要求，如果要用到圆括号，则在"设置"选项组的"圆括号"下拉列表框中进行相应设置。

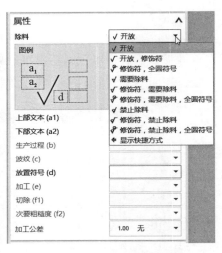

图 10-105　选择材料移除选项

图 10-106　设置相关属性参数

4 如果需要指引线，那么需要使用"表面粗糙度"对话框中的"指引线"选项组。

5 指定原点放置表面结构要求符号。可以继续插入表面结构要求符号。

6 在"表面粗糙度"对话框中单击"关闭"按钮。

在如图 10-108 所示的示例中，创建有 4 个表面结构要求（粗糙度）标注。

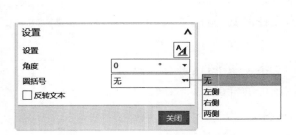

图 10-107　"设置"选项组

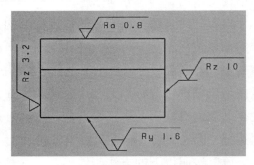

图 10-108　注写表面结构要求的典型示例

## 10.5.5　标注基准特征符号

在 NX 12.0 的"制图"应用模块中，"基准特征符号"按钮用于创建带有指引线或不带指引线的基准特征符号，基准特征符号简称为基准符号。基准符号的基准字母标注在基准方格内，通常用一条细实线与一个涂黑或空白的三角形（两种形式同等含义）相连。

当基准要素为轮廓线或轮廓面时，基准符号标注在要素的轮廓线、表面或它们的延长线上，基准符号与尺寸线明显错开。当基准要素是尺寸要素确定的轴线、中心平面或中心线时，基准符号应对准尺寸线，亦可由基准符号代替相应的一个箭头。基准符号还可以标注在用圆点从轮廓表面引出的基准线上。需要用户注意的是，基准符号中的基准方格不能斜放，必要时基准方格与黑色三角形之间的连线可用折线。

创建基准符号的典型示例如图10-109所示。

要创建基准符号,则在功能区"主页"选项卡的"注释"组中单击"基准特征符号"按钮 **图** ,系统弹出如图10-110所示的"基准特征符号"对话框。在"设置"选项组中可单击"设置"按钮 **图** 以利用弹出的"设置"对话框为基准特征符号设置相关样式,在"基准标识符"选项组的"字母"文本框中输入基准标识符的字母,然后直接指定原点位置以创建不带指引线的基准特征符号,或者使用"指引线"选项组的相关按钮、选项来创建带有指引线的基准特征符号。在实际工作中基本要求基准符号带指引线。

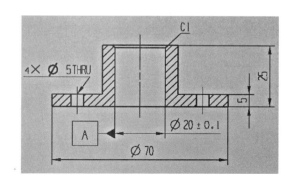

图 10-109  创建基准特征符号典型示例

图 10-110   "基准特征符号"对话框

## 10.5.6  标注几何公差

加工后的零件不仅有尺寸误差,构成零件几何特征的点、线、面的实际形状或相互位置与理想几何体规定的形状和相互位置也不可避免地存在差异,这种形状上的差异便是形状公差,而相互位置的差异便是位置公差。形状公差和位置公差统称为形位公差,再加上其他类型的公差(如方向公差和跳动公差等)便构成了几何公差的范围。几何公差会影响机械产品的功能,在设计时应该规定相应的公差并按规定的标准符号标注在图样上。几何公差应标注在矩形框格内,此矩形框格由两格或多格组成,框格从左算起的第一格用于填写几何公差特征符号,第二格用于填写公差数值及有关符号,第三格及其后的用于填写基准字母及附加符号,如图10-111

所示。当一个以上要素作为该项几何公差的被测要素时，应在公差框格的上方注明。对同一要素有一个以上公差特征项目要求时，为了简化可以将两个框格叠放在一起标注。

图 10-111　几何公差框格的图例

在 NX 12.0 的"制图"应用模块中，"特征控制框"按钮用于创建单行、多行或复合的特征控制框，并可以将控制框附着到指定对象。用户可以按照以下的一般方法步骤来使用"特征控制框"来标注几何公差。

**1** 在功能区"主页"选项卡的"注释"组中单击"特征控制框"按钮，弹出如图 10-112 所示的"特征控制框"对话框。

**2** 在"设置"选项组中单击"设置"按钮，弹出"特征控制框设置"对话框，如图 10-113 所示。从中对"文字""层叠"和"GDT"进行相应样式设置，然后单击"关闭"按钮，返回到"特征控制框"对话框。此步骤为可选步骤。

图 10-112　"特征控制框"对话框

图 10-113　"特征控制框设置"对话框

**3** 在"框"选项组的"特性"下拉列表框中选择一个公差特性符号，接着在"框样式"下拉列表框中选择"单框"选项或"复合框"选项，通常选择"单框"选项。

· 402 ·

4 在"框"选项组的"公差"子选项组中设置公差值的前缀符号（如"直径"Ø、"球径"SØ、"正方形"□等）、公差值和后缀符号（如"最小实体状态"Ⓛ、"最大实体状态"Ⓜ、"不考虑特征大小"Ⓢ等），需要时可添加公差修饰符；在"第一基准参考"子选项组的相应下拉列表框中选择基准符号（如"A""B""C"等）、基准后缀符号等。几何公差的基准符号是可选的，即有些几何公差需要基准符号，有些则不需要，基准符号为大写的英文字母A、B、C、D等。如果需要，可以继续设置第二基准参考和第三基准参考。

5 指定原点位置，或者按住并拖动对象以创建指引线。对于要求有指引线的几何公差，则可以在"特征控制框"对话框中展开"指引线"选项组，设置指引线类型和相关样式，如图10-114所示，接着单击"选择终止对象"按钮⊠选择终止对象，并在合适的位置单击以放置特征控制框。

6 在"特征控制框"对话框中单击"关闭"按钮。

在如图10-115所示的示例中，创建有一个垂直度，垂直度有基准要求，基准符号为A。

图10-114 "指引线"选项组

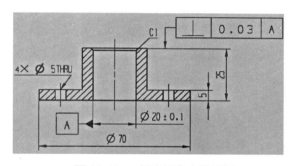

图10-115 创建垂直度的示例

## 10.5.7 创建符号标注

在装配图中需要进行符号标注以标识各零件的序号，这可以用到"符号标注"按钮🔎。事实上，使用"符号标注"按钮🔎可以创建各种形式的标识符号。

在功能区"主页"选项卡的"注释"组中单击"符号标注"按钮🔎，弹出如图10-116所示的"符号标注"对话框，接着分别指定类型、文本、大小、相关样式设置内容、指引线和原点位置等，便可创建所需的符号标注。下面介绍利用"符号标注"对话框进行的一些细节操作。

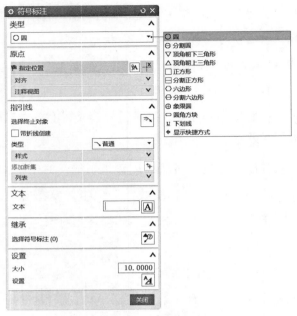

图 10-116　"符号标注"对话框

- 从"类型"选项组的下拉列表框中选择符号图标的类型(例如,选择"下划线"或"圆"),接着根据所选符号图标的类型在"文本"选项组的"文本"文本框中输入标识内容。在"文本"选项组中单击"文本"按钮▣,可利用弹出的如图 10-117 所示的"文本"对话框来输入一些复杂的文本符号。

- 在"设置"选项组中设置符号标注的大小,还可以单击"设置"按钮▣继续更多内容的设置。

- 在"指引线"选项组中选定指引线的类型及其相应样式,单击"选择终止对象"按钮▧,接着选择对象以创建指引线,然后指定原点放置位置。

使用"符号标注"功能可以在装配图中完成注写如图 10-118 所示的零件序号。

图 10-117　"文本"对话框

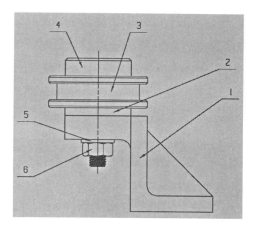

图 10-118 注写零件序号

## 10.5.8 表格注释

在机械制图工作中有时要绘制表格。表格注释通常用于定义部件系列中类属部件（一组零件）的尺寸值等。在功能区"主页"选项卡的"表"组中单击"表格注释"按钮 📋，弹出如图 10-119 所示的"表格注释"对话框，接着在"表大小"选项组中设置列数、行数和列宽，然后指定原点位置以放置表格，表格示例如图 10-120 所示。

图 10-119 "表格注释"对话框

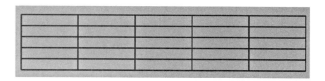

图 10-120 表格示例

创建表格后选中该表格时，在其左上角有一个移动手柄图标，用户可以按住鼠标左键来拖动该移动手柄，使表格注释随之移动，当移动到合适的位置后，释放鼠标左键即可将表格注释放置到图纸页中合适的位置。使用鼠标可以快速调整表格行和列的大小。而双击选定的单元格，将出现一个屏显文本框，在该文本框中输入注释文本，则确认后便可在该单元格中完成填写注释文本。当然，在功能区"主页"选项卡的"表"组的"更多"库组列表中可以选择更多的工具来编辑选定表格注释，在此不一一介绍，而这里只列举"表"组中的以下 4 个工具以供读者了解，有兴趣的读者可以自行研习，这些表工具的使用都相对较为简单。

- "零件明细表"按钮▥：创建用于装配的物料清单。
- "自动符号标注"按钮⑨：为选定的零件明细表创建关联的圆形符号。
- "孔表"按钮▦：创建一个包含所选孔的大小和位置的表。
- "折弯表"按钮▦：从展平图样视图创建折弯表。

# 10.6　工程图综合设计范例

为了让读者更好地掌握机械工程图设计的基本流程、思路、操作方法和相关技巧等，本节特意介绍一个机械零件工程图综合设计范例。配套资源中已经提供了该圆盖零件的三维实体模型，如图 10-121 所示。在该综合设计范例中，读者可以学习如何使用公制模板（可省去进行相关工程图参数预设的步骤）建立工程图，掌握一般视图、旋转剖视图、局部剖视图和投影视图的建立方法，学习创建相关中心线的方法，复习图样标注等相关知识，最后还介绍了填写标题栏的方法等。

**图 10-121　圆盖零件**

该综合设计范例的具体设计步骤如下。

步骤 1　创建一个图纸部件文件。

**1** 启动 NX 12.0 软件后，按 Ctrl+N 快捷键，系统弹出"新建"对话框。

**2** 切换到"图纸"选项卡，在"模板"选项组的"过滤器"下的"关系"下拉列表框中选择"全部"选项，从"单位"下拉列表框中选择"毫米"选项，在"模板"列表中选择名称为"A3– 无视图"的图纸模板，在"新文件名"选项组的"名称"文本框中输入"yg_draw1.prt"，并指定要保存到的文件夹（即指定保存路径），如图 10-122 所示。

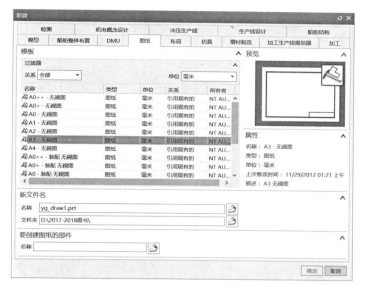

**图 10-122 选择图纸标准模板等**

在"要创建图纸的部件"选项组中单击"打开"按钮，弹出"选择主模型部件"对话框，接着在该对话框中单击"打开"按钮并利用弹出的"部件名"对话框选择"CH10\bc_yg.prt"文件，单击 OK 按钮，返回到"选择主模型部件"对话框，此时已加载的该部件的名称显示在"已加载的部件"列表框中，并且默认为被选中的状态，如图 10-123 所示，然后单击"确定"按钮，返回到"新建"对话框。

在"新建"对话框中单击"确定"按钮。当前图纸页上已经自动产生一个带标题栏的 A3 图框。在图纸图框的右上角区域选择"其余"字样和表面粗糙度符号并右击它们，接着从弹出的右键快捷菜单中选择"删除"命令。

步骤 2　创建一个基本视图。

在功能区"主页"选项卡的"视图"组中单击"基本视图"按钮，打开"基本视图"对话框。

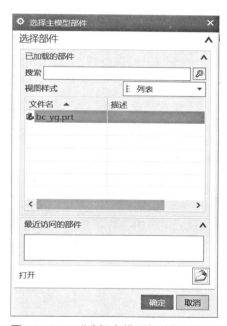

**图 10-123 "选择主模型部件"对话框**

从"模型视图"选项组的"要使用的模型视图"下拉列表框中选择"左视图"选项，从"比例"选项组的"比例"下拉列表框中选择"1∶1"。

在"设置"选项组中单击"设置"按钮，弹出一个对话框，从中选择"公共"类别下的"可见线"，接着从"格式"选项组的"线宽"下拉列表框中选择"0.25mm"，单击"确定"按钮，返回"基本视图"对话框。

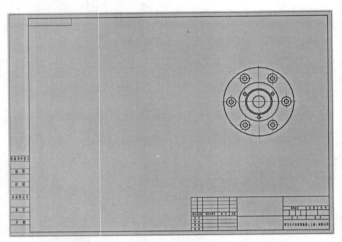

"视图原点"选项组中的"位置"按钮处于激活选中状态，在图纸上的图框内指定放置该基本视图的位置，并在随之弹出的"投影视图"对话框中单击"关闭"按钮（如果默认弹出"投影视图"对话框，是否弹出"投影视图"对话框与用户的相关工作流默认设置有关）。在图框内插入基本视图的参考效果如图 10-124 所示。

图 10-124　插入基本视图的参考效果

步骤 3　创建旋转剖视图。

在功能区"主页"选项卡的"视图"组中单击"剖视图"按钮，弹出"剖视图"对话框。

在"截面线"选项组的"定义"下拉列表框中选择"动态"选项，从"方法"下拉列表框中选择"旋转"选项，在"铰链线"选项组的"矢量选项"下拉列表框中选择"自动判断"选项，如图 10-125 所示。

在"截面线段"选项组中取消选中"创建单支线"复选框，从"指定旋转点"下拉列表框中选择"圆弧中心／椭圆中心／球心"选项，接着在第一视图中选择大圆以取其圆心作为旋转点，如图 10-126 所示。

图 10-125　在"剖视图"对话框中进行相关设置

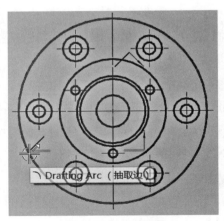

图 10-126　指定旋转点

④ 在上边框条中确保选中"圆弧中心"⊕和"象限点"○，捕捉选择如图 10-127 所示的指定圆周上的一个象限点来指定支线 1 位置。

⑤ 捕捉选择如图 10-128 所示的圆心指定支线 2 位置。

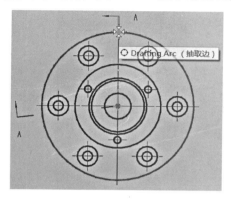

图 10-127 指定支线 1 位置

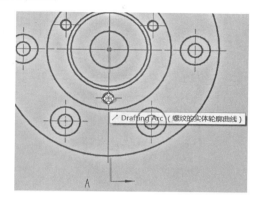

图 10-128 指定支线 2 位置

⑥ 在"截面线段"选项组中单击位于"指定支线 2 位置"字样右侧的对应"指定位置"按钮⊕，如图 10-129 所示。

⑦ 在父视图中捕捉并选择如图 10-130 所示的一个圆心以继续指定支线 2 位置。

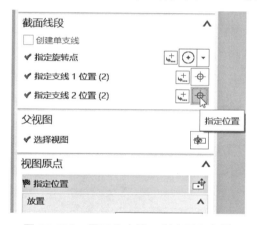

图 10-129 需要为支线 2 指定更多位置

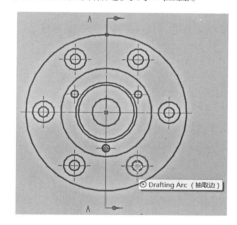

图 10-130 为支线 2 指定另一位置

⑧ 在"设置"选项组中单击"设置"按钮⊿，弹出"剖视图设置"对话框，选择"公共"类别下的"可见线"，接着从"格式"选项组的"线宽"下拉列表框中确保选择"0.25mm"，单击"确定"按钮。在"视图原点"选项组的"放置"子选项组中，从"方法"下拉列表框中选择"水平"选项，从"对齐"下拉列表框中选择"对齐至视图"选项；在"视图原点"选项组中单击"指定位置"按钮❏，然后在父视图正左边的合适位置处单击以在图纸上放置该旋转剖视图，如图 10-131 所示。

⑨ 在"剖视图"对话框中单击"关闭"按钮。

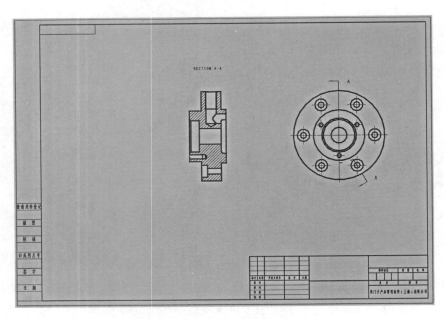

图 10-131　完成创建旋转剖视图

步骤 4　创建局部剖视图。

**1** 选择基本视图使其显示出视图边界，在视图边界上单击鼠标右键，弹出一个快捷菜单，如图 10-132 所示，从该快捷菜单中选择"活动草图视图"命令，此时激活此基本视图为当前活动的草图视图。

**2** 在功能区"主页"选项卡的"草图"组中单击"艺术样条"按钮，弹出"艺术样条"对话框，选择"通过点"类型，分别指定一系列的点来绘制如图 10-133 所示的一条封闭的样条曲线，接着单击"确定"按钮，然后在"草图"组中单击"完成草图"按钮，完成草图的绘制。

图 10-132　选择"活动草图视图"命令

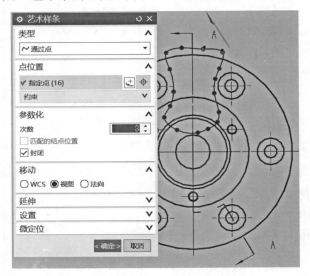

图 10-133　绘制封闭的样条曲线

▣ 在功能区"主页"选项卡的"视图"组中单击"局部剖视图"按钮▨，弹出"局部剖"对话框。

▣ 在"局部剖"对话框中选中"创建"单选按钮。

▣ 选择基本视图（左视图）作为要创建局部剖视图的父视图。

▣ 在选择条中确保增加选中"中点"选项✐，在旋转剖视图中捕捉选择如图 10-134 所示的一个中点定义局部剖的基点。

▣ 接受默认的拉伸矢量方向，接着在"局部剖"对话框中单击"选择曲线"按钮▨，在基本视图（左视图）中选择前面绘制的样条曲线作为局部剖的剖切边界线。

▣ 在"局部剖"对话框中单击"应用"按钮，再单击"取消"按钮。完成创建的局部剖视图如图 10-135 所示。

步骤5 在基本视图中删除选定的中心标记，然后创建两条螺栓圆中心线。

▣ 选择如图 10-136 所示的全部沉孔和螺纹孔的十字型中心标记，接着按 Delete 键将它们删除，或者单击"删除"按钮✖将它们删除。

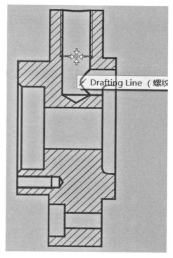

图 10-134 定义局部剖的基点

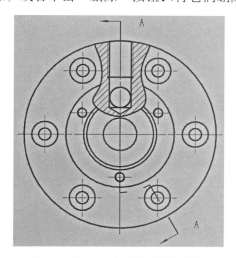

图 10-135 完成创建局部剖视图

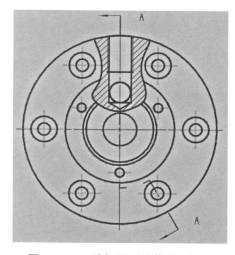

图 10-136 选择要删除的中心标记

▣ 在功能区"主页"选项卡的"注释"组中单击"螺栓圆中心线"按钮◍，弹出如图 10-137 所示的"螺栓圆中心线"对话框。

▣ 在"类型"选项组的下拉列表框中选择"通过 3 个或多个点"选项，在"放置"选项组中取消选中"整圆"复选框，在"设置"选项组中对照图例设置相关的尺寸参数和样式。

▣ 分别捕捉选择如图 10-138 所示的 4 个圆心绘制不完整的螺栓圆中心线，单击"应用"按钮。

▣ 分别捕捉选择如图 10-139 所示的 3 个螺纹孔的圆心来绘制不完整的螺栓圆中心线。

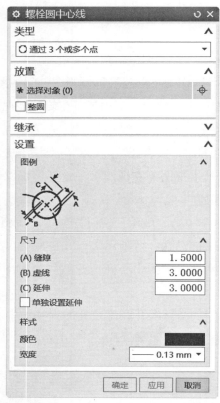

图 10-137　"螺栓圆中心线"对话框

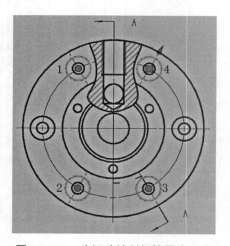

图 10-138　为沉孔绘制螺栓圆中心线

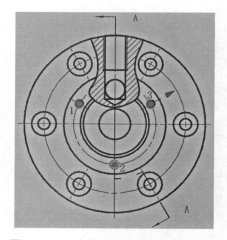

图 10-139　为螺纹孔绘制螺栓圆中心线

**6** 在"螺栓圆中心线"对话框中单击"确定"按钮。

步骤 6　绘制中心标记。

**1** 在功能区"主页"选项卡的"注释"组中单击"中心标记"按钮⊕，弹出如图 10-140 所示的"中心标记"对话框。

2 在"设置"选项组中对照图例设置中心标记的相关尺寸参数值,在"位置"选项组中选中"创建多个中心标记"复选框。

3 在基本视图中单击如图 10-141 所示的圆以定义一个中心标记的位置。

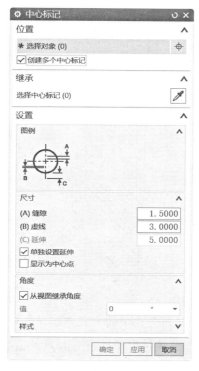

图 10-140 "中心标记"对话框

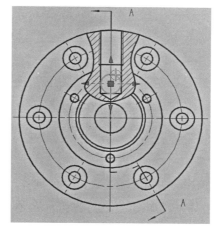

图 10-141 定义中心标记的位置

4 在"中心标记"对话框中单击"确定"按钮。

步骤 7 在旋转剖视图中绘制相应的 2D 中心线。

1 在功能区"主页"选项卡的"注释"组中单击"2D 中心线"按钮⊕,弹出"2D 中心线"对话框。

2 从"类型"选项组的下拉列表框中选择"根据点"选项,在"偏置"选项组的"方法"下拉列表框中选择"无"选项,在"设置"选项组中取消选中"单独设置延伸"复选框,分别设置"(A)缝隙"为 1.5,"(B)虚线"为 3,"(C)延伸"为 3,如图 10-142 所示。

3 在选择条(即"选择条"工具栏)中确保选中"圆弧中心"图标⊙等可能要用到的点捕捉模式图标,在旋转剖视图中分别选择如图 10-143 所示的点 1 和点 2 来创建一条 2D 中心线,然后单击"应用"按钮。

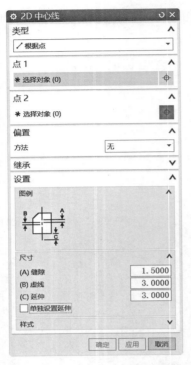

图 10-142 "2D 中心线"对话框

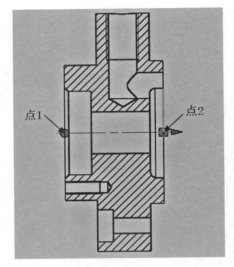

图 10-143 创建一条 2D 中心线

使用同样的方法,采用"根据点"类型(分别指定两个点)的方式在旋转剖视图中再绘制 3 条 2D 中心线,如图 10-144 所示,有些中心线可根据具体情况单独设置其延伸值。

从"类型"选项组的下拉列表框中选择"从曲线"选项,接着分别指定第 1 侧对象和第 2 侧对象,以及拖动 2D 中心线延伸端的箭头单独设置延伸,如图 10-145 所示。

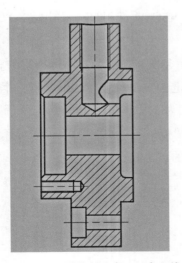

图 10-144 再绘制 3 条 2D 中心线

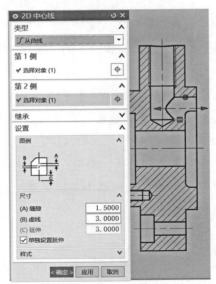

图 10-145 采用"从曲线"类型创建 2D 中心线

⑥ 在"2D中心线"对话框中单击"确定"按钮。

步骤8 创建投影视图并对该视图的中心线进行编辑处理等。

① 在功能区"主页"选项卡的"视图"组中单击"投影视图"按钮🖫，弹出"投影视图"对话框。

② 在"父视图"选项组中单击"视图"按钮🖼，在图纸页上选择旋转剖视图作为父视图。

③ 在"视图原点"选项组的"放置"子选项组的"方法"下拉列表框中选择"铰链副"选项。

④ 在父视图正左侧的水平合适位置处指定放置视图的位置，然后单击"关闭"按钮来关闭"投影视图"对话框。

⑤ 在创建的投影视图中删除6个孔处的中心标记，然后选择其中4个孔创建完整的螺栓圆中心线，如图10-146所示；再为如图10-147所示的一个圆孔创建中心标记。

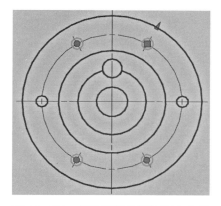

图10-146 创建完整的螺栓圆中心线

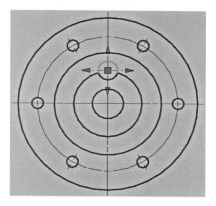

图10-147 创建一个中心标记

⑥ 此时，可以单击"移动/复制视图"按钮🖫，在水平方向上适当调整各视图的放置位置，以使各视图间的间距差不多，这样显得较为合理和美观，参考效果如图10-148所示。

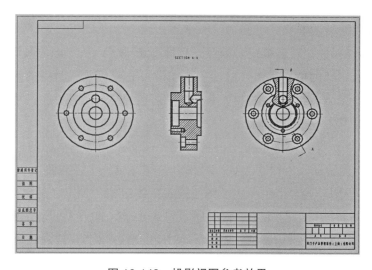

图10-148 投影视图参考效果

步骤9　进行尺寸标注、表面结构要求注写与插入文本注释等。

利用本章所学的图样标注与注释知识，对圆盖零件工程图进行标注，具体过程比较灵活，在此不对标注操作过程进行赘述，完成尺寸标注、表面结构要求标注、几何公差标注和技术要求注写等的效果如图 10-149 所示，注意可以根据图面情况再适当调整相关视图的放置位置，务必确保各视图之间的对齐关系。

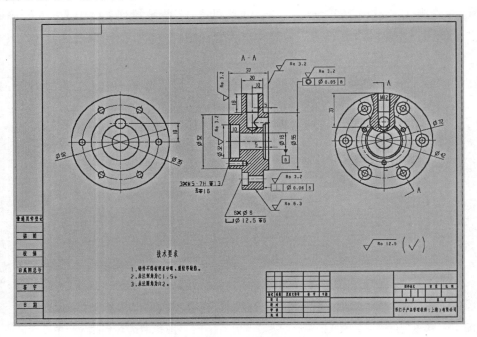

**图 10-149　完成相关标注**

步骤10　填写标题栏。

**1** 在功能区中单击"文件"标签以打开"文件"选项卡，接着选择"属性"命令，系统弹出"显示部件属性"对话框。

**2** 在"显示部件属性"对话框中切换至"属性"选项卡，从"部件属性"列表中分别为所需的标题或别名输入相应的值，单击"应用"按钮即可完成标题栏对应的一个单元格的属性填写操作，设置部件属性结果如图 10-150 所示。如果切换到"显示部件"选项卡，则可以看到工作图层为 171 号图层，如图 10-151 所示。

**3** 在"显示部件属性"对话框中单击"确定"按钮，此时填写标题栏的效果如图 10-152 所示。显然还有一些内容还没有填写上，以及设计公司（单位）还需要更改。

**4** 在功能区"视图"选项卡中单击"图层设置"按钮，弹出"图层设置"对话框，取消选中"类别显示"复选框，接着在图层列表中单击 170 左侧（前方）的复选框，以使该复选框的勾由灰色变为红色表示其处于选中激活状态，而其对应的"仅可见"复选框自动被取消了选中状态，如图 10-153 所示，然后单击"关闭"按钮。此操作将允许用户编辑标题栏中的某些单元格文本。

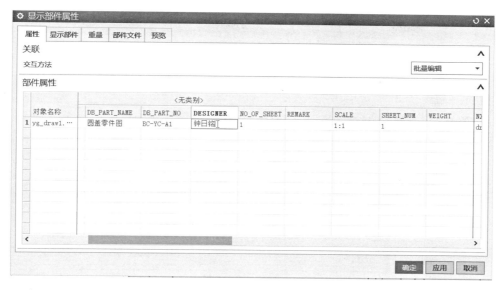

图 10-150　设置部件属性

图 10-151　"显示部件属性"对话框的"显示部件"选项卡

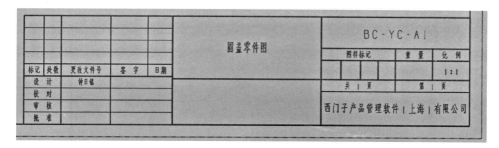

图 10-152　初步填写标题栏的效果

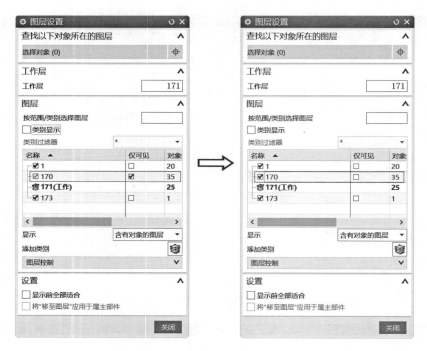

图 10-153 图层设置

⑤ 双击标题栏中最右下角的单元格，弹出一个注释编辑文本框，在该文本框中将"<F2>"和"<F>"字符之间的文本更改为新的注释文本，如新注释文本为"博创设计坊"，按 Enter 键确认即可完成该单元格的注释填写，如图 10-154 所示。

图 10-154 编辑标题栏的单元格注释

⑥ 使用同样的方法更改标题栏中其他单元格的注释文本。需要注意的是，双击其中没有设置属性的单元格，则可以在弹出的空白文本框中直接输入要填写的内容，按 Enter 键确认即可。还可以通过右击单元格文本并从弹出的快捷菜单中选择"设置"命令，利用打开的"设置"对话框修改文字高度。最终完成填写的标题栏如图 10-155 所示。

图 10-155 完成填写的标题栏

至此，完成本例圆盖零件工程图的设计，完成的参考效果如图 10-156 所示。最后按 Ctrl+S 快捷键保存文件。

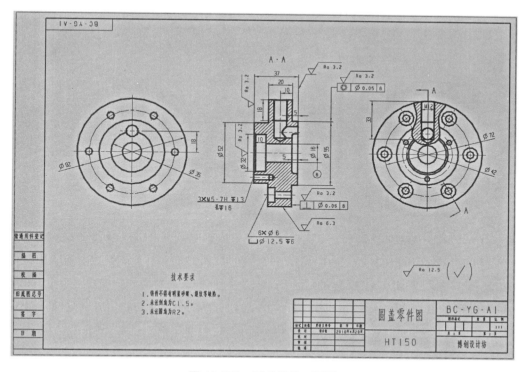

图 10-156　圆盖零件工程图

# 10.7　思考与上机练习

（1）在 NX 12.0 的"建模"应用模块中创建好机械零件的三维模型后，如何切换到"制图"应用模块并新建一个图纸页？

（2）如何编辑当前图纸页？

（3）如何创建局部剖视图？局部剖视图的边界如何定义？

（4）要隐藏装配工程图的某个视图中的指定组件，应该如何操作？

（5）请在"制图"应用模块中使用"表格注释"命令及相应的表编辑工具来绘制一个符合国标的标题栏。

（6）上机练习：打开"CH10\CH10_ex6.prt"文件，原始三维实体模型如图 10-157 所示，切换至"制图"应用模块创建相应的工程视图，并标注相应的尺寸，参考效果如图 10-158 所示。

图 10-157　原始三维实体模型 1

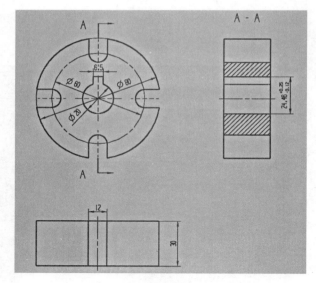

图 10-158　工程制图练习 1

（7）上机练习：打开"CH10\CH10_ex7.prt"文件，原始三维实体模型如图 10-159 所示，切换至"制图"应用模块创建相应的工程视图，并标注相应的尺寸，参考效果如图 10-160 所示，并请自行为其中的一两个尺寸添加尺寸公差，并进行表面结构要求、基准符号和几何公差注写练习。

（8）为第 8 章完成的低速滑轮装置创建二维工程图。

图 10-159　原始三维实体模型 2

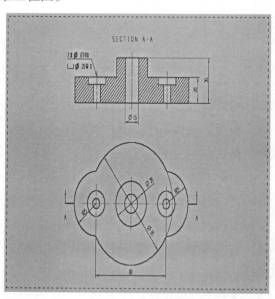

图 10-160　工程制图练习 2

# 第 11 章 NX 运动仿真分析

**本章导读**

　　在机械工程设计中，有时需要对所设计的机构进行运动学分析或动力学分析，以验证所设计的传动机构是否满足设计要求。NX 12.0 提供专门用于运动仿真分析的应用模块，集成了强大的静态、运动、动力分析计算及动态仿真等功能，可以对运动机构进行装配分析工作、运动合理性分析工作等。本章主要介绍 NX 运动仿真分析的一些基础知识和应用知识，让读者熟悉运动仿真环境和运动导航器，掌握连杆、运动副的应用，懂得运动分析与仿真结果的输出，了解连接器和载荷的概念等。

## 11.1　NX 运动仿真分析概述

　　完成三维实体模型及装配设计之后，还可以利用 NX 12.0 的运动仿真功能给各个机械部件赋予一定的运动学特性，以及在各个机械部件之间建立一定的连接关系以形成一个运动仿真模型。

### 11.1.1　切换至"运动仿真"应用模块

　　完成相关部件的建模设计或装配设计（主要指在"建模"应用模块或"装配"应用模块中完成主模型设计），此时如果要切换至"运动仿真"应用模块，则可以在功能区中打开"文件"选项卡并从"启动"选项组中选择"运动"命令，或者在功能区"应用模块"选项卡的"仿真"组中单击"运动"按钮，从而切换至"运动仿真"应用模块，其工作界面如图 11-1 所示。刚开始由于没有新建"仿真"模型（即仿真环境模型），使得功能区"主页"选项卡上各选项组的工具基本上都处于不可用状态。"运动仿真"应用模块的功能区"主页"选项卡提供的工具组包括"解算方案"组、"机构"组、"耦合副"组、"连接器"组、"接触"组、"约束"组、"加载"组、"子机构"组、"挠性"组、"控制"组和"车辆"组等。

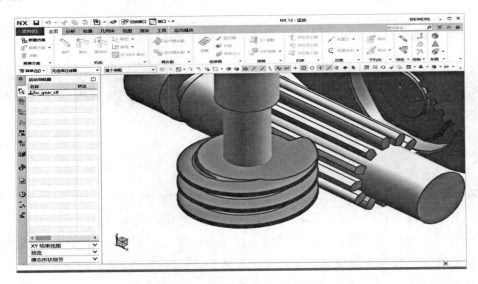

图 11-1   "运动仿真"应用模块

## 11.1.2   熟悉运动导航器

进入"运动仿真"应用模块,在资源板确保选中"运动导航器"标签 以打开"运动导航器"窗口(简称运动导航器)。在运动导航器中显示有"名称""状态""环境""描述"和"Gruebler数"参数列,可通过窗口下方的滑块按钮进行浏览。其中"名称"列用于显示主模型和仿真模型等;"状态"列用于指示工作模型的状态(该部分的信息不能被编辑);"环境"列用于显示处于工作状态的仿真模型当前的分析环境(该部分的信息不能被编辑)。如图 11-2 所示,在运动导航器中只显示一个主模型名称节点,没有建立任何仿真方案,此时可通过在运动导航器中右击主模型名称并选择"新建仿真"命令来新建仿真。选择该"新建仿真"命令,弹出"新建仿真"对话框,指定仿真模板、新文件名、文件夹后,弹出一个供用户创建新仿真方案装配文件(即设置仿真分析环境)的"环境"对话框。"环境"对话框提供的分析类型(即仿真分析方案)有两种,即"动力学"和"运动学"。

"动力学"提供动态运动与动力仿真功能,考虑力对运动的影响,可进行静力学和动力学分析,尤其适用于对自由

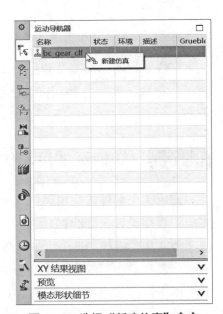

图 11-2   选择"新建仿真"命令

度大于零的机械机构进行分析，动力学提供的高级解算方案选项有"电动机驱动""协同仿真"和"柔体动力学"，这些高级解算方案选项可多选。在"环境"对话框的"分析类型"选项组中选择"动力学"后，设置高级解算方案选项和组件选项，并在"运动副向导"选项组中设置是否在新建仿真时启动运动副向导，如图 11-3 所示，然后单击"确定"按钮，从而新建一个仿真模型，该仿真模型处于工作状态，其对应的"环境"列单元格将显示为"Simcenter Motion 静力学和动力学"的信息。

"运动学"启用"运动学求解"，适用只分析物体的几何运动。在"环境"对话框的"分型类型"选项组中选中"运动学"单选按钮，并在"组件选项"选项组中设定"基于组件的仿真"复选框的状态，接着在"运动副向导"选项组中设置是否在新建仿真时启动运动副向导，如图 11-4 所示，然后单击"确定"按钮，完成新建一个仿真模型，该处于工作状态的仿真模型对应的"环境"列单元格将显示有"Simcenter Motion 运动学"的信息。

图 11-3 "环境"对话框（动力学）

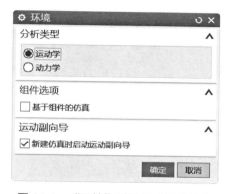

图 11-4 "环境"对话框（运动学）

新建仿真模型（仿真环境模型）后，接下来便是在该环境中进行各种运动仿真参数的设置。在该环境中设置的所有运动仿真参数都将存储在该仿真环境中，由这些运动仿真参数所定义的运动模型也将以该运动仿真环境为载体进行运动仿真模拟。需要用户注意的是，可以根据设计需要为一个主模型建立多个仿真模型，以用于在不同条件下对机构进行分析计算。

利用运动导航器可以进行很多操作，有些操作等同于在功能区中单击相应按钮。

在运动导航器中右击处于工作状态时的仿真模型时，将弹出如图 11-5 所示的一个快捷菜单。下面对该快捷菜单中的一些命令进行介绍。

● 新建连杆：定义表示为机构中刚体的连杆。

● 新建运动副：定义机构中连杆间的受约束运动，包括"旋转副""滑动副""柱面副""螺旋副""万向节副""球面副""平面副""固定副""等速运动副""共点运动副"、"共线运动副""共面运动副""方向运动副""平行运动副"和"垂直运动副"。

● 新建耦合副：可以选择"齿轮副""齿轮齿条副""线缆副""2-3 传动副"或"连杆耦合副"

以创建相应的传动耦合副。

- 新建连接器：可以从其级联菜单中选择"弹簧""阻尼器""衬套"或"梁力"来进行相关操作。

- 新建接触：可以从其级联菜单中选择"3D接触""2D接触""分析接触"或"分析接触属性"来进行相应操作。

- 新建约束：可以从其级联菜单中选择"点在线上副""线在线上副"或"点在面上副"命令，其中"点在线上副"用于约束连杆上的一个点以保持与曲线的接触，"线在线上副"用于约束连杆上的一条曲线以保持与另一曲线的接触，"点在面上副"用于约束连杆上的一个点以保持与面的接触。

- 新建曲线：在机构中创建新曲线对象。

- 新建驱动：为机构中的运动副创建一个独立的驱动。

- 新建标记：在构件上相应点位置处创建一个标记，以通过标记获取构件上标记点所在位置的机构分析结果。即在需要分析结果的连杆上创建一个标记。

图 11-5　右击活动仿真模型时弹出的快捷菜单

- 新建传感器：从其级联菜单中选择一个选项来创建相应的传感器，包括位移传感器、速度传感器、加速度传感器和力传感器。

- 新建干涉：检查机构是否与选定的几何体在运动的每一步存在碰撞。

- 新建测量：计算运动中每一步中两组几何体的最小距离或最小夹角。

- 新建追踪：在运动的每一步创建选定几何对象的副本。

- 新建载荷：从展开的级联菜单中选择载荷类型命令，包括"标量力""标量扭矩""矢量力"和"矢量扭矩"。"标量力"命令用于在两个连杆之间或在一个连杆和框架之间创建一个标量力；"矢量力"命令用于在两个连杆之间或在一个连杆和一个框之间创建一个力，以既定的 Z 轴或以绝对坐标系的轴为中心施加；"标量扭矩"命令用于围绕旋转副的轴创建一个标量扭矩；"矢量扭矩"命令用于在两个连杆或在一个连杆和一个框之间创建一个扭矩，应用于定义的 Z 轴或绝对坐标系的轴。

- 新建车辆组件：从其级联菜单中可以选择"轮胎""路面""基本轮胎属性""TNO 轮胎

属性""CDTire 属性""FTire 属性""摩托车轮胎属性""非惯性轮胎属性"中的一个命令进行操作。

● 新控制：从其级联菜单中选择"控制输入""控制输出"或"机电"。其中，"控制输入"命令用于创建机构输入变量，由控制系统使用；"控制输出"命令用于创建控制系统输出变量以驱动机构；"机电"命令用于创建机电接口以与 MATLAB 或 Amesim 进行协同仿真。

● 新建柔性连杆：新建机构中的柔性连杆。

● 新建样条梁属性：指定要由样条梁柔性连杆使用的结构属性。

● 添加子机构：通过选择加载的运动仿真文件或磁盘中的运动仿真文件，将子机构添加到运动模型。

● 环境：设置解算方案类型（如动力学、运动学或控制）来建立新仿真环境。

● 信息：用于获取"运动连接"等信息。当选择"信息"→"运动连接"选项时，系统将列出当前机构的整体信息，包括机构名称、自由度数、活动构件数、各构件名称及其参与的运动副名称等。

● 导出：从其级联菜单中选择可用的一种导出格式，将机构分析结果以选定的格式化输出。

● 导入：将对象导入到主模型中，导入对象的文件格式可以为"机构"或"Process Simulate 运动学"。

● 仅 MDF 单元：列出导入的仅 MDF 单元并可编辑它们。

● 新建解算方案：创建一个新解算方案，其中定义了分析类型、解算方案类型以及特定于解算方案的载荷和运动驱动。

● 求解器：用于选择求解器类型，如 Simcenter Motion、NX Motion、RecurDyn 和 Adams。

在"运动仿真"应用模块中，除了运动导航器之外，还需要特别关注其功能区的"主页"选项卡上提供的各项工具按钮，如图 11-6 所示。

图 11-6　"运动仿真"功能区的"主页"选项卡

## 11.1.3　运动仿真分析的基本步骤

运动仿真分析的基本步骤如下（仅供参考，可根据具体的实际情况灵活调整）。

❶ 打开主模型文件，切换至"运动仿真"应用模块。

❷ 在功能区"主页"选项卡的"解算方案"组中单击"新建仿真"按钮 🔓（此按钮用于

基于当前部件创建新的运动 SIM 文件，在未有运动仿真分析之前 "解算方案"组提供此按钮），或者在运动导航器中右击主模型并接着从弹出的右键快捷菜单中选择 "新建仿真"命令，弹出 "新建仿真"对话框，指定仿真模板、仿真文件名和存放文件夹等，单击 "确定"按钮，利用弹出来的 "环境"对话框设定分析类型为 "运动学"还是 "动力学"，以及设定组件选项和运动副向导等。

**3** 进行运动模型的构建，包括为每个零件进行连杆特性设置，并设置两个连杆间的运动副，以及添加机构载荷、连接器等。

**4** 设置运动参数，提交运动仿真模型数据，并且根据需要对运动仿真动画输出和运动过程进行控制。

**5** 以合适的方式输出机构分析结果。

# 11.2 创建连杆

在当前仿真模型中，可以定义组成目标机构的各个构件、运动副、标记等。如果要对机构进行动力学分析，那么还需要为各构件赋予质量特性，以及在机构中添加相应的载荷对象等。使用 NX 建模和装配功能建立的机械三维实体模型并不能直接成为运动机构，必须要给各个部件赋予一定的运动学特性，让其成为一个可与别的有着相同特性的部件相连接的连杆构件，机构中的每个可运动的零部件均应被定义为连杆构件。同时，为了要组成一个能运动的机构，还必须将两个相邻构件（包括机架、原动件、从动件）以一定方式联接起来（联接必须是可动连接，而不能是无相对运动的焊接或铆接这些固接），这便是 11.3 节要介绍的运动副，所谓的运动副是指使两个构件接触而又保持某些相对运动的可动连接。

应该将机构中刚体的对象定义为连杆构件（简称连杆）。如果一个部件被定义为一个连杆或某个连杆的组成部分，那么该部件将不能再次被选中定义为新连杆或新连杆的组成部分。

要定义连杆，则在功能区 "主页"选项卡的 "机构"组中单击 "连杆"按钮 ✎，弹出如图 11-7 所示的 "连杆"对话框。下面对该对话框各选项组的功能用途进行介绍。

● "连杆对象"选项组：该选项组用于选择需要创建为连杆的对象。在该选项组中单击 "选择对象"按钮 ⊕，接着使用鼠标在图形窗口中选择一个或多个几何对象以创建连杆。

图 11-7 "连杆"对话框

● "质量属性选项"选项组：该选项组用于设置构件质量特性的定义方法，如"自动""用户定义"或"无"，如图 11-8 所示。"自动"选项表示连杆将采用系统默认的质量属性设置；"用户定义"选项用于由用户定义连杆的质量特性，选择"用户定义"选项时，"质量与力矩"选项组被激活，用户可以在"质量与力矩"选项组中对质量与力矩进行相应自定义；"无"选项用于不考虑连杆质量属性的情况，在只对机构进行运动学分析时可以选择"无"选项，因为在运动学仿真中，质量属性可以不考虑，而在动力学和静力学仿真时必须考虑质量属性。

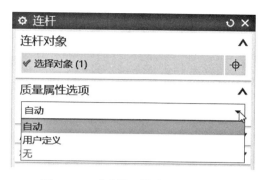

图 11-8 "质量属性选项"选项组

● "质量与力矩"选项组：该选项组如图 11-9 所示，当采用"用户定义"质量属性选项时，用户可以在该选项组中设置连杆的质心、质量和力矩参数。

● "初始平移速度"选项组和"初始旋转速度"选项组："初始平移速度"选项组用于对连杆的初始平移速度进行设置。"初始旋转速度"选项组用于对连杆的初始旋转速度进行设置。这两个选项组的设置内容如图 11-10 所示，均属于可选设置，一般可不启动其相关设置。

图 11-9 "质量和惯性"选项组

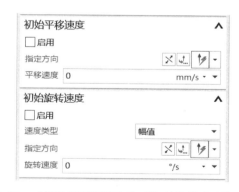

图 11-10 "初始平移速度"和"初始旋转速度"选项组

● "设置"选项组：该选项组用于将连杆设置为无运动副固定连杆或非固定连杆。当在该选项组中选中"无运动副固定连杆"复选框时，则设置连杆固定不动，连杆将作为机架。

● "名称"选项组：该选项组用于指定连杆的名称，系统默认的连杆名称为"L#"，# 为连杆的创建序号（由 3 个数字表示），序号默认从 001 开始。

# 11.3 创建运动副与传动副

运动副是机构运动仿真的一个重点内容，而传动副则可以看作是特殊的运动副。

两个连杆构件之间的动力传递和相对运动由运动副定义和控制。在"运动仿真"应用模块的当前运动仿真环境中为相关部件定义了连杆特性，接着便可以用相关"运动副"功能来为指定的两个连杆定义连接方式，如此操作直到完成创建全部的运动副，从而完成建立运动机构。这里，需要初学者了解到创建好连杆后，每个独立的非固定连杆在空间中都有 6 个自由度，在连杆之间创建运动副其实就是在各连杆之间产生相应的约束，以达到运动和约束的效果，使这些连杆构建成一个运动机构。

## 11.3.1 创建运动副

本节先介绍运动副的基本类型，接着介绍创建运动副所使用的对话框，然后再介绍创建运动副的一般方法步骤。

### 1. 运动副的基本类型

运动副的基本类型包括"旋转副" 、"滑块" 、"柱面副" 、"螺旋副" 、"万向节" 、"球面副" 、"平面副" 、"固定副" 、"等速运动副" 、"共点运动副" 、"共线运动副" 、"共面运动副" 、"方向运动副" 、"平行运动副" 和"垂直" ，共 15 种基本类型。下面介绍其中常用的几种基本类型。

（1）"旋转副" ：活动构件绕某根轴做旋转运动，组成旋转副的两个构件之间允许具有一个绕指定轴（如 Z 轴）作相对旋转的自由度。旋转副主要有两种形式，其中一种是两个连杆绕同一轴作相对转动；另一种则是一个连杆绕固定在机架上的一根轴做旋转运动。

（2）"滑块" ：即滑动副（又称移动副），用于设定两个相互连接的构件之间的相对滑动，组成滑动副的两个构件之间允许存在一个沿着指定方向（如 Z 轴方向）作相对滑动的自由度。滑动副也分两种主要形式，一种形式是一个构件固定为机架，而另一个构件在固定机架上滑动；另一种形式则是两个构件在某平面上沿着某个方向滑动且两者之间有相对滑动。

（3）"柱面副" ：一个构件的圆柱面包围另一个构件的圆柱面，并绕着轴线作相对旋转和平移。

（4）"螺旋副" ：一个构件绕着另一个构件作螺旋相对运动，即组成螺旋副的两个构件沿运动副坐标系 Z 轴做相对移动的同时绕 Z 轴作相对旋转。螺旋副也有两种情形，一种是一个连杆绕固定在机架上的一根轴进行旋转移动，另一种则是两个连杆绕同一轴作相对的旋转移动。

（5）"万向节" 🐛：可以定义两个构件绕相互正交的轴做相对运动，该运动副具有两个旋转自由度。

（6）"球面副" 🔩：实现两个构件之间作各个自由度的相对转动，即组成球面副的两个构件之间允许具有 3 个分别绕 X、Y、Z 轴作相对转动的自由度。需要注意的是对于组成球面副的两个构件，其球面副在各自构件上的坐标系原点必须重合。

（7）"平面副" 🐾：组成平面副的两个构件之间允许存在 3 个自由度，其中两个沿两构件接触平面做相对移动，另一个绕接触平面法线作相对转动。

（8）"固定副" 🏃：两个构件采用固定连接，通常在箱体、底座和支架这些零部件之间设立固定副。

**2. 创建运动副所使用的对话框**

在功能区"主页"选项卡的"机构"组中单击"接头（运动副）"按钮🔝，弹出"运动副"对话框，第一次打开的该对话框具有"定义"选项卡、"摩擦"选项卡和"驱动"选项卡，如图 11-11 所示。"定义"选项卡用于指定运动副类型并为该运动副类型指定连杆，以及设定极限条件、显示比例和名称等。"摩擦"选项卡用于设置是否启用摩擦，以及相应的摩擦参数（如果启用摩擦的话）。"驱动"选项卡则用于为选定的运动副类型指定驱动方式。例如，选择的运动副类型为"旋转副"，那么在"驱动"选项卡的下拉列表框中可选择"无""恒定""简谐""函数"或"铰链运动"驱动方式。

（a）"定义"选项卡　　　　（b）"摩擦"选项卡　　　　（c）"驱动"选项卡

**图 11-11　"运动副"对话框**

这里着重介绍"定义"选项卡各主要选项组的功能含义。

● "类型"选项组：从该选项组的下拉列表框中选择运动副的类型。

● "操作"选项组：用于定义运动副中的第一个连杆构件，以及对该运动副在第一个连杆构件中的坐标系原点和方位进行定义。当该选项组的"作用连杆"按钮 ◥ 处于被选中激活状态时，在图形窗口中选择组成运动副的第一个构件的几何对象（如线、圆、实体边或实体等），UG NX 系统将根据所选的几何对象（如线、圆、实体边或实体等）自动获得运动副在该构件上的坐标系原点和方位（即提供默认的坐标系原点和方位），如果 UG NX 系统提供的默认坐标系原点和方位不是所需要的或不是正确的，那么需要用户使用该选项组中的相应工具和选项来自行指定。

● "底数（基本）"选项组：用于定义运动副中的第二个连杆构件，以及对该运动副在第二个连杆构件中的坐标系原点和方位进行定义。对于运动副需要第二个连杆的情形，可像第一个连杆一样定义其原点和方位。"啮合连杆"复选框主要用于判断由不连接构件组成的运动副（"万向节副"除外）在调用机构分析解算器时是否连接在一起。当选中"啮合连杆"复选框时，在机构分析中，解算器会根据运动副的约束条件将两构件连接起来。例如，球面副按两构件的坐标原点实现连接；而旋转副则按两构件的坐标原点及 Z 轴重合来连接，在这种情形下，需要分别对组成运动副的两个构件上的坐标系原点和方位进行设定（包括系统默认设定和用户手动设定）。当未选中"啮合连杆"复选框但是却选定了第二个连杆构件，则不需要对第二个构件中的运动副原点和方位进行设定，这是因为系统会默认两构件中的运动副坐标系原点和方位一致，即第二个构件中的运动副坐标系原点和方位会根据第一个构件的选取自动获得。另外，未选中"啮合连杆"复选框并且未指定第二个连杆时，第一个连杆构件将默认与机架连接。

● "极限"选项组：当选择某些运动副类型（如"旋转副"和"滑块"）时才出现此选项组，用于设置当前运动副的限制条件。

● "设置"选项组：用于设置运动副显示图标的显示比例等。

● "名称"选项组：用于设置运动副的名称。默认的运动副名称命名形式为"J#"，# 为由 3 个数字表示的序号，初始默认从 001 开始，如 J001。

## 3. 创建运动副的一般方法步骤

虽然运动副类型较多，不同的运动副类型所需的定义内容也会有所不同，但它们的创建方法是基本相似的。下面总结一下创建运动副的一般方法步骤。

**1** 在功能区"主页"选项卡的"机构"组中单击"接头（运动副）"按钮 ，弹出"运动副"对话框。

**2** 在"定义"选项卡的"类型"下拉列表框中选择一种运动副类型。

**3** 利用"操作"选项组定义运动副要约束的第一个连杆。当选择第一个连杆时，系统会根据选择位置自动推断出要创建的运动副在该连杆上的原点和方向。对于选择位置为圆弧或圆时，系统推断运动副的原点位置圆弧或圆的圆心位置，运动副的 Z 轴垂直于该圆所在的平面；对于选择位置为直线时，系统推断出运动副的原点位于该直线最近的控制点上，且运动副的 Z 轴平行于该直线。如果默认的原点和方向不正确，那么由用户重新对它们进行定义。运动副的方位位置是指两个连杆连接或连杆与机架连接时关节点的所在，连杆将在此点与机架或另一连杆连接。对于不同的运动副，其原点和方位的定义会有相应的要求，这需要用户多加注意和总结。

④ 如果在"底数（基本）"选项组取消选中"啮合连杆"复选框且没有选择第二个连杆，那么运动副中的第一个连杆将与机架连接在一起，通常可表示运动副相对于地面运动。如果要为运动副定义要约束的第二个连杆，那么需要在"底数（基本）"选项组中单击"基本连杆"按钮，并选择运动副中要连接约束的第二个连杆。对于选定第二个连杆的情形主要分两种情况，一种是选中"啮合连杆"复选框的情形，此时通常需要根据运动副类型正确指定运动副在第二个连杆上的坐标系原点和方位，另一种则是未选中"啮合连杆"复选框的情形，此时常不需要对运动副在第二个连杆构件上的原点和方位进行设置。

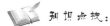 知识点拨：

只有当在"底数（基本）"选项组中选中"啮合连杆"复选框时，才要求用户设置运动副在第二个连杆上的原点和方位。在通常情况下，如果装配是完全定义好的（即装配中每一个组件均根据装配约束条件定义在所要求的位置），那么定义运动副第二个连杆的方位是不必要的。当装配没有完全定义好时，那么可以使用"啮合连杆"复选框的功能使组件在进行仿真时啮合到一起。

⑤ 在"运动副"对话框的其他选项组中进行相应的设置。

⑥ 在"运动副"对话框中单击"应用"按钮或"确定"按钮。

## 11.3.2 创建传动副（耦合副）

传动副（耦合副）是特殊的运动副，可以将传动副看作是基于基本运动副之间的运动副，主要包括齿轮副、齿轮齿条副、线缆副、2-3 联接耦合副和连杆偶合副。

### 1. 齿轮副

齿轮副用于定义两个运动副之间的相对旋转运动，可以模拟一对齿轮的啮合传动，如图 11-12 所示。在创建齿轮副之前，需要先定义两个旋转副或一个旋转副与一个柱面副（由两个齿轮分别与其他构件组成）。

在功能区"主页"选项卡的"耦合副"组中单击"齿轮副"按钮，弹出如图 11-13 所示的"齿轮耦合副"对话框，接着选定第一个运动副（选择第一个齿轮的旋转副），设定齿轮半径，选定第二个运动副（选择第二个齿轮的旋转副或柱面副）及指定其半径，并在"设置"选项组的"显示比例"文本框中设置齿轮副图标在图形窗口中的显示比例，在"名称"选项组的文本框中设定齿轮副的名称，然后单击"应用"按钮或"确定"按钮，即可完成创建一个齿轮副。

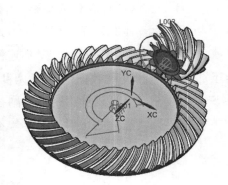

图 11-12　齿轮副示意

图 11-13　"齿轮耦合副"对话框

### 2. 齿轮齿条副

齿轮齿条啮合运动如图 11-14 所示，齿轮齿条副便是用于模拟齿轮与齿条之间的啮合运动。在创建齿轮齿条副之前，通常需要先定义一个滑动副（由齿条和除齿轮外的另一个构件组成）和一个旋转副（由齿轮和除齿条外的另一个构件组成）。

在功能区"主页"选项卡的"耦合副"组中单击"齿轮齿条副"按钮 ，弹出如图 11-15 所示的"齿轮齿条副"对话框，接着第一个运动副选择齿条的滑动副，第二个运动副选择齿轮

图 11-14　齿轮齿条啮合运动

图 11-15　"齿轮齿条副"对话框

的旋转副，在"设置"选项组的"比率（销半径）"下拉列表框中设置齿轮的节圆半径（系统默认的该值为齿轮旋转轴线与齿条滑动轴线之间的距离），设定的该值决定齿轮齿条传动的节点（接触点），当然也可以利用"接触点"选项组来手动定义齿轮齿条传动的节点，另外，在"名称"选项组的文本框中设置齿轮齿条副名称，最后单击"应用"按钮或"确定"按钮。

### 3. 线缆副

线缆副用于定义两个滑动副之间的相对运动，构成线缆副的构件对象可以是金属丝、带轮、皮带、滑轮等。在创建线缆副之前，要先定义两个滑动副。

在功能区"主页"选项卡的"耦合副"组中单击"线缆副"按钮 ，弹出如图 11-16 所示的"线缆副"对话框，接着分别选择线缆副的第一个运动副和第二个运动副，以及设置比率值和名称，然后单击"应用"按钮或"确定"按钮。

### 4. 2-3 联接耦合副

2–3 联接耦合副用于定义 2 个或 3 个旋转副、滑动副和柱面副之间的相对运动。

在功能区"主页"选项卡的"耦合副"组中单击"2–3 联接耦合副"按钮 ，弹出如图 11-17 所示的"2–3 联接耦合副"对话框，从"连接类型"选项组的下拉列表框中选择"2 联接耦合副"或"3 联接耦合副"选项，接着根据所选的连接类型分别进行相应定义。

图 11-16  "线缆副"对话框

图 11-17  "2–3 联接耦合副"对话框

# 11.4 新建约束

运动仿真环境中的新建约束的命令工具有以下 3 个,它们均位于功能区"主页"选项卡的"约束"组中。它们是运动副和传动耦合副的补充工具。

- "点在线上副"按钮 : 约束连杆上的一个点以保持与曲线的接触。单击该按钮,弹出如图 11-18 所示的"点在线上副"对话框,接着选择连杆并指定连杆上的一个点,再利用"曲线"选项组来选择曲线。

- "线在线上副"按钮 : 约束连杆上的一条曲线以保持与另一曲线的接触。单击该按钮,弹出如图 11-19 所示的"线在线上副"对话框,接着分别指定要约束的第一曲线集和第二曲线集,并设置线在线上副图标的显示比例和名称,必要时启用锁定滑动功能。

图 11-18 "点在线上副"对话框

- "点在面上副"按钮 : 约束连杆上的一个点以保持与面的接触。单击该按钮,弹出如图 11-20 所示的"曲面上的点"对话框,接着选择连杆及该连杆上的一个点,再利用"面"选项组来选择一个面,从而使连杆上的一个选定点保持与选定面相接触。

图 11-19 "线在线上副"对话框

图 11-20 "曲面上的点"对话框

# 11.5　连接器、接触和加载

在"运动仿真"应用模块中，用户可以根据实际情况给运动机构定义"连接器""接触"和"加载"（添加载荷），使整个机械运动模型在逼近真实的工程状态下工作，通过模拟机构零件间的弹性连接、弹簧、阻尼元件和控制力等尽可能地获得与真实情况相吻合的运动状态。

## 11.5.1　连接器、接触

在"运动仿真"应用模块的"主页"选项卡中提供了一个"连接器"组，该组包括有"弹簧"按钮、"阻尼器"按钮、"衬套"按钮和"梁单元力"按钮，而在"接触"组中则提供了"3D 接触"按钮、"分析接触"按钮和"分析接触属性"按钮。下面分别予以介绍。

### 1."弹簧"按钮

"弹簧"按钮用于创建一个柔性单元，以在两个连杆之间、一个连杆和框架（机架）之间、一个可平移运动副（即滑动副）中或在一个旋转副上施加力或扭矩。这相当于在两个连杆之间或指定运动副上添加了一个具有某种载荷作用的弹簧。

单击"弹簧"按钮，弹出"弹簧"对话框，弹簧的附着方式分 3 种，即"连杆""滑动副"和"旋转副"，选择不同的附着方式来将弹簧定义在不同的位置，其操作步骤和定义内容会有所不同，如图 11-21 所示。其中，"连杆"附着方式和"滑动副"附着方式用于在两个连杆之间或连杆与机架之间或在运动副上的弹簧上施加弹簧力，属于施加平移的弹簧力，而"旋转副"附着方式则用于设置作用于旋转副上的弹簧力，属于施加扭转的弹簧力。以选用"连杆"附着方式在两个连杆之间添加弹簧力为例，利用"操作"选项组定义弹簧力所作用的第一个连杆及其弹簧力的作用点位置，利用"底数（基本）"选项组定义弹簧力所作用的第二个连杆及其弹簧力的作用点位置，在"弹簧参数"选项组中定义弹簧的刚度、预载量、自由长度等，在"名称"选项组中指定弹簧力的名称，必要时可通过"阻尼器"选项组创建阻尼器，然后单击"确定"按钮。

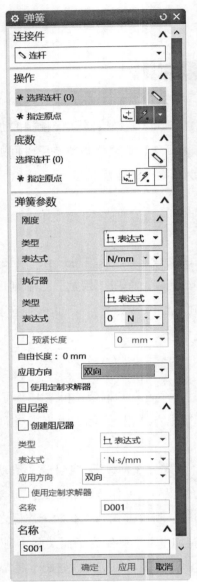

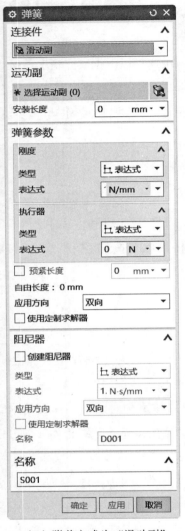

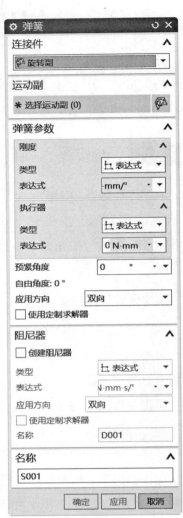

（a）附着方式为"连杆"　　　（b）附着方式为"滑动副"　　　（c）附着方式为"旋转副"

**图 11-21　"弹簧"对话框**

2. "阻尼器"按钮 ✎

"阻尼器"按钮 ✎用于在两个连杆、一个连杆和机架（框架）、一个可平移的运动副（滑动副）或在一个旋转副上创建一个反作用力或扭矩。

单击"阻尼器"按钮 ✎，弹出"阻尼器"对话框，阻尼器的附着方式也分 3 种，即"连杆""滑动副"和"旋转副"，如图 11-22 所示，选择不同的附着方式将设定系数的阻尼器定义在相应的位置。

（a）附着方式为"连杆"

（b）附着方式为"滑动副"

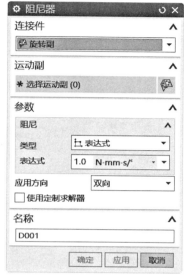

（c）附着方式为"旋转副"

图 11-22 "阻尼器"对话框

3."衬套"按钮 ⬤

"衬套"按钮 ⬤用于创建一个常规、圆柱形或球面"衬套"，以在两个连杆之间定义一个柔性关系，所谓的"衬套"代表了作用在有一定距离的两个构件之间的载荷，该载荷可同时起到力和力矩的效果。

单击"衬套"按钮 ⬤，弹出如图 11-23 所示的"衬套"对话框，提供"定义""系数刚度""阻尼"和"执行器"四个选项卡。在"定义"选项卡的"类型"下拉列表框中选择"柱面副""常规"或"球面副"选项，确定载荷的作用连杆、作用原点和方位，以及确定载荷的施加连杆、施加原点和方位等，在"刚度"选项卡中设置衬套的刚度参数，在"阻尼"选项卡中设置衬套的阻尼参数，在"执行器"选项卡中设置衬套的执行器参数。

4."梁单元力"按钮 ✑

"梁单元力"按钮 ✑用于创建梁力以定义两个连杆之间的关系。单击"梁单元力"按钮 ✑，弹出如图 11-24 所示的"梁单元力"对话框，接着分别定义操作连杆、基本连杆，设置几何体、惯性矩、材料、阻尼类型、阻尼比和名称等参数，然后单击"应用"按钮或"确定"按钮。

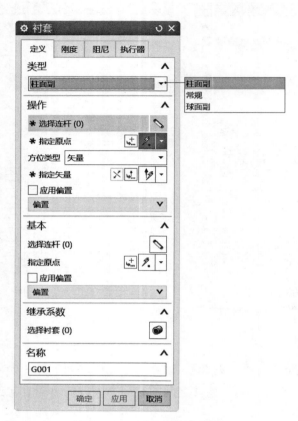

图 11-23　"衬套"对话框

图 11-24　"梁单元力"对话框

**5. "3D 接触"按钮 🔳**

"3D 接触"按钮🔳用于在一个体和一个静止对象之间、在两个移动体之间或为针对一个体来支撑另一个体定义接触。

添加 3D 接触的操作步骤较为简单，即单击"3D 接触"按钮🔳，弹出"3D 接触"对话框，接着从"类型"下拉列表框中选择"CAD 接触"或"球 –CAD"类型，如图 11-25 所示，再根据类型不同进行相应的操作。对于"CAD 接触"类型，需要分别选定要接触的操作体和基本体，并设置基本参数（刚度、力指数、材料阻尼、最大穿透深度和库仑摩擦）、高级参数（力模型设置、动作体小平面参数、基本体小平面参数）和名称。对于"球 –CAD"类型，则需要指定一个接触实体，选择连杆并指定点来定义球接触对象，设置球几何体参数、接触力参数、球小平面高级参数、体小平面高级参数、超单元和名称。

（a）"CAD 接触"类型

（b）"球 –CAD"类型

**图 11-25 "3D 接触"对话框**

6. "分析接触"按钮 和"分析接触属性"按钮

"分析接触"按钮 用于使用基础几何元素定义体之间的接触，其类型有多种，分别是"球到球""球到拉伸""球到旋转""拉伸到旋转""旋转到旋转""球到轨道"。

"分析接触属性"按钮 用于将接触力属性指派到分析接触单元。单击该按钮，系统弹出"接触属性"对话框，接着分别指定法向力（赫兹、刚度和阻尼）、摩擦系数、过渡速度和名称，其中在"赫兹"子选项组中可以利用"材料列表"对话框来为第一个单元或第二个单元指定材料，如图 11-26 所示。

## 11.5.2 加载

在功能区"主页"选项卡的"加载"组中提供了"标量力"按钮 、"标量扭矩"按钮 、"矢量力"按钮 和"矢量扭矩"按钮 。下面分别介绍这些加载力工具的应用。

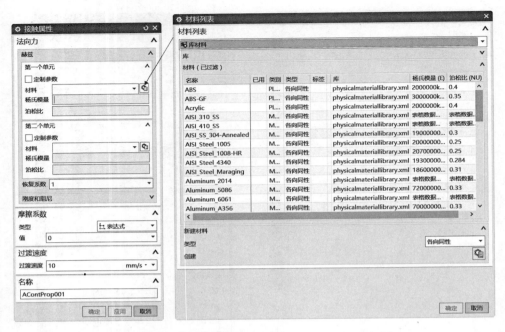

图 11-26 "接触属性"对话框及"材料列表"对话框

### 1. "标量力"按钮 ✔

"标量力"按钮 ✔ 用于在两个连杆之间或在一个连杆和机架（框架）之间创建一个标量力。标量力可以使一个连杆运动，也可以给一个静止状态添加载荷，还可以作为约束和延缓连杆运动的反作用力。

单击"标量力"按钮 ✔，弹出如图 11-27 所示的"标量力"对话框，指定操作连杆及其原点，再指定基本连杆（也称底数连杆）及其原点，在"幅值"选项组中指定标量力的类型及其大小关系，在"设置"选项组中指定方向和应用类型，在"名称"选项组的文本框中指定标量力的名称，单击"确定"按钮，便可在两点之间创建一个标量力，力的作用方向为从指定的第一点指向第二点。

### 2. "标量扭矩"按钮 ↻

"标量扭矩"按钮 ↻ 用于围绕旋转副的轴创建一个标量扭矩。

单击"标量扭矩"按钮 ↻，弹出如图 11-28 所示的"标量扭矩"对话框。选择要添加标量扭矩的旋转副，并在"幅值"选项组中指定标量扭矩的幅值类型及其大小关系，在"设置"选项组中指定应用类型为"作用 – 反作用"或"仅作用"。

### 3. "矢量力"按钮 ↴

"矢量力"按钮 ↴ 用于在两个连杆之间或在一个连杆和一个机架（框架）之间创建一个力，以既定的 Z 轴或以绝对 CSYS 的轴为中心施加。矢量力的方向可保持恒定或相对于某个移动体而变化。

图 11-27　"标量力"对话框

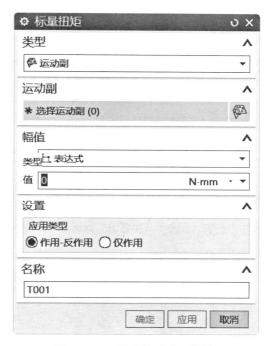

图 11-28　"标量扭矩"对话框

知识点拨：

　　矢量力的所有分量都可以依据绝对坐标系确定，或者依据指定的基准方向确定，而标量力的作用方向取决于所选构件及在构件上指定的位置（标量力与相应的构件相关联）。

　　单击"矢量力"按钮 ⤸，弹出如图 11-29 所示的"矢量力"对话框，可以采用"分量"类型或"幅值和方向"类型来创建所需的矢量力。

　　4."矢量扭矩"按钮 ⤸

　　"矢量扭矩"按钮 ⤸用于在两个连杆或在一个连杆和一个机架（框架）之间创建一个扭矩，应用于定义的 Z 轴或绝对坐标系的轴。

　　单击"矢量扭矩"按钮 ⤸，弹出如图 11-30 所示的"矢量扭矩"对话框，可以采用"分量"类型或"幅值和方向"类型来创建所需的矢量扭矩。

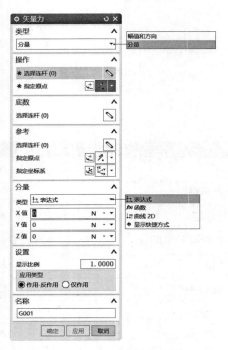

图 11-29　"矢量力"对话框

图 11-30　"矢量扭矩"对话框

# 11.6　创建驱动

在定义连杆和运动副之后，如果没有驱动力，那么机构还是不能运动。在创建运动副时，可以通过"运动副创建"对话框的"驱动"选项卡来为该运动副添加驱动力。在很多时候，在创建运动副时并没有考虑驱动力的因素，可以在创建运动副之后再为机构中的指定运动副创建一个独立的驱动。

要为机构中的运动副创建一个独立的驱动，则在功能区"主页"选项卡的"机构"组中单击"驱动体"按钮，弹出"驱动"对话框，接着从"驱动类型"下拉列表框中选择"运动副驱动"选项或"连杆驱动"选项。

当选择"运动副驱动"选项时，选择旋转副、滑动副、柱面副或"点在曲线上"约束来定义驱动对象，例如选择旋转副作为驱动对象，此时"驱动"对话框的"驱动"选项组可用并根据所选对象提供相应的设置内容，对于旋转副为驱动对象而言，"驱动"选项组提供一个"旋转"下拉列表框，该下拉列表框提供多种旋转驱动方式，即"无""多项式""谐波""函数""控制"和"曲线 2D"，如图 11-31 所示。"无"驱动方式代表没有外加的运动驱动附加到运动副上；"多项式"驱动方式指以设定的初位移、速度、加速度和加加速度值来获得驱动力；"谐波"驱动方式用于生成一个光滑的向前或向后的正弦运动，所需参数为幅值、频率、相位角和位移；"函数"

驱动方式用于输入复杂运动驱动的数学函数，可进入函数管理器进行函数类型的编辑定义；"控制"驱动方式用于从运动导航器中选择一个端口作为驱动数据源；"曲线 2D"驱动方式以 2D 曲线定义指定的数据类型（位移、速度或加速度）来获得驱动力。

当驱动类型选择为"连杆驱动"时，需要选择操作连杆及其原点，指定底部连杆及其原点和方位等，如图 11-32 所示。

图 11-31　"驱动"对话框（运动副驱动）

图 11-32　"驱动"对话框（连杆驱动）

# 11.7　运动仿真解算求解及结果分析

在 NX 12.0 中，可以将运动分析的全过程分为前处理、解算求解和后处理 3 个阶段。其中，前处理包括新建仿真模型，在主模型上定义连杆、运动副、连接器、载荷和驱动力；解算求解主要指对输入的数据进行解算，生成解算信息；后处理则是对解算求解的信息进行分析，可将解算数据通过动画、作图、电子表格等分析方式展示出来，并可以以多种格式导出分析结果。

## 11.7.1　设置解算方案类型与解算方案

完成第一阶段的前处理后，在仿真解算求解之前可先设置解算方案类型。这里将解算方案类型设置为"运动学",即在功能区"主页"选项卡的"解算方案"组中单击"环境"按钮 ,弹出如图 11-33 所示的"环境"对话框,从中选中"运动学"单选按钮,单击"确定"按钮。

在运动导航器中选择要建立解算方案的仿真模型,接着单击鼠标右键,从弹出的快捷菜单中选择"新建解算方案"命令,或者直接在功能区"主页"选项卡的"解算方案"组中单击"解算方案"按钮 ,弹出如图 11-34 所示的"解算方案"对话框,从中设置解算方案选项、重力、名称和求解器参数。解算方案选项的设置内容包括解算方案类型、分析类型、时间和步数等,例如,将解算方案类型设置为"常规驱动","分析类型"为"运动学 / 动力学",时间和步数根据要求设定,通常还选中"按'确定'进行解算"复选框。然后单击"确定"按钮。

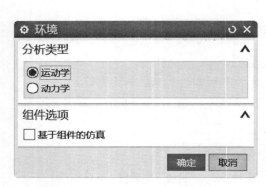

图 11-33 "环境"对话框

图 11-34 "解算方案"对话框

## 11.7.2 解算方案求解

如果在"解算方案"对话框的"解算方案选项"选项组中选中"按'确定'进行解算"复选框,那么单击"确定"按钮时,NX 系统将进行解算操作。否则,还需要在功能区"主页"选项卡的"解算方案"组中单击"求解"按钮 来解算运动解算方案并生成结果集。求解解算方案是运动仿真的关键一步。

完成解算方案求解并生成结果集后,功能区"分析"选项卡的"运动"组中的"动画"按钮 和 "XY 结果"按钮 等一些工具可用,如图 11-35 所示。

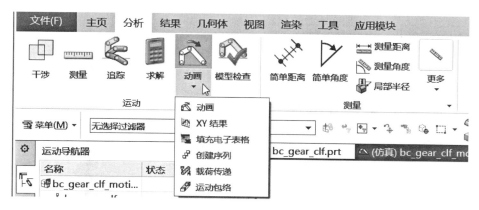

图 11-35 功能区"分析"选项卡

### 11.7.3 运动仿真的其他分析

运动仿真的其他分析工具包括"干涉"按钮、"测量"按钮、"追踪"按钮、"模型检查"按钮、"动画"按钮、"XY 结果"按钮、"填充电子表格"按钮、"创建序列"按钮、"载荷传递"按钮和"运动包络"按钮，它们的功能用途如表 11-1 所示。

表 11-1 运动仿真的分析工具

| 序号 | 按钮 | 命令名称 | 功能用途 |
|---|---|---|---|
| 1 | | 求解 | 对运动仿真解算方案进行求解以生成结果集 |
| 2 | | 干涉 | 检查机构是否与选定的几何体在运动的每一步存在碰撞 |
| 3 | | 测量 | 计算运动中每一步中两组几何体的最小距离或最小夹角 |
| 4 | | 追踪 | 在运动的每一步创建选定几何对象的副本 |
| 5 | | 模型检查 | 验证所有运动对象 |
| 6 | | 动画 | 根据机构在指定时间内仿真步数，执行基于时间的运动仿真 |
| 7 | | XY 结果（作图） | 在运动导航器中打开 XY 结果面板，显示选定运动对象的相应结果以创建图 |
| 8 | | 填充电子表格 | 将仿真中每一步运动副的位移数据填充到一个电子表格文件 |
| 9 | | 创建序列 | 为所有被定义为机构连杆的组件创建运动动画装配序列 |
| 10 | | 载荷传递 | 计算反作用载荷以进行结构分析 |
| 11 | | 运动包络 | 创建运动包络对象，表示由于体随着动画步移动而占用的空间 |

动态仿真可以分基于时间和基于位移两种，这需要在新建解算方案时通过设定解算方案类

型等内容来确定。这里，以基于时间的机构动态仿真为例（之前设定的解算方案类型为"常规驱动"，分析类型为"运动学/动力学"），单击"动画"按钮，弹出如图 11-36 所示的"动画"对话框。在"动画控制"选项组的"滑动模式"下拉列表框中选择"时间（秒）"选项或"步数"选项，其中，"时间（秒）"选项设置动画以时间（秒）为单位进行播放，"步数"选项则设置动画以步数为单位进行逐步播放。设置好滑动模式后，单击"播放"按钮▶便可以播放运动仿真动画。如果觉得动画播放速度过快，那么可以在"设置"选项组中通过拖动滑块来调整动画延时参数以使动画播放速度适当变慢。在"设置"选项组中还可以设置播放模式，播放模式可以为"播放一次" 、"循环播放" 或"往返播放" 。要停止播放，则单击"停止"按钮 。

要将动画录制为电影文件，那么在"动画控制"选项组中单击"导出至电影"按钮，弹出如图 11-37 所示的"录制电影"对话框，指定文件类型为"AVI 格式文件（*.avi）"，设定保存位置和文件名，单击 OK 按钮。

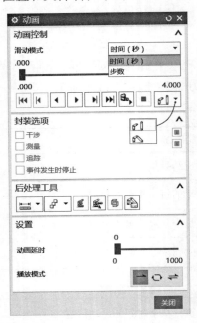

图 11-36　"动画"对话框

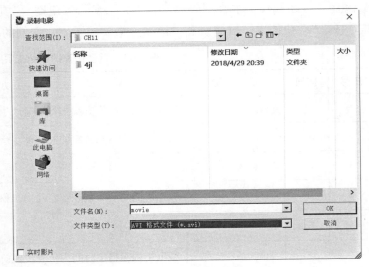

图 11-37　"录制电影"对话框

"动画"对话框还提供了 4 个封装选项和多个后处理工具。

# 11.8　运动仿真范例

本节介绍两个运动仿真范例，其中一个为齿轮传动仿真范例，另一个则是铰链四杆机构运动仿真范例。通过范例引导读者掌握 NX 运动仿真的实现步骤。

## 11.8.1　齿轮传动仿真范例

打开"CH11\bc_gear_clf.prt"文件，该文件已经创建好要实现啮合传动的两个齿轮，如图 11-38 所示，其中大齿轮将作为主动齿轮，小齿轮将作为从动齿轮，两个齿轮的模数 m 均为 6，大齿轮的齿数 $Z1=46$，小齿轮的齿数 $Z2=15$。

图 11-38　已有的两个齿轮模型

步骤 1　切换至"运动仿真"应用模块。

在功能区中打开"文件"选项卡，接着从"启动"选项组中选择"运动"命令，从而切换至"运动仿真"应用模块，该模块提供仿真和评估机械系统的大位移复杂运动的工具。也可以在功能区"应用模块"选项卡的"仿真"组中单击"运动"按钮 来切换到"运动仿真"应用模块，还可以通过按 Ctrl+Alt+K 快捷键来启动"运动仿真"应用模块。

步骤 2　新建仿真。

在功能区"主页"选项卡的"解算方案"组中单击"新建仿真"按钮 ，弹出"新建仿真"对话框，在"名称"文本框中接受默认的仿真名为 bc_gear_clf_motion1.sim，如图 11-39 所示，单击"确定"按钮，弹出"环境"对话框。

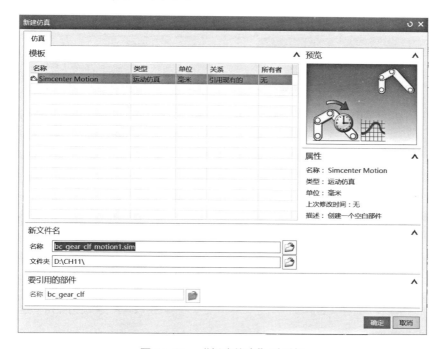

图 11-39　"新建仿真"对话框

知识点拨：

也可以在运动导航器中右击主模型 bc_gear_clf 所在的行，弹出一个右键快捷菜单，接着从该快捷菜单中选择“新建仿真”命令，弹出“新建仿真”对话框。

2 在“环境”对话框的“分析类型”选项组中选中“运动学”单选按钮，在“组件选项”选项组中取消选中“基于组件的仿真”复选框，在“运动副向导”选项组中选中“新建仿真时启动运动副向导”复选框，如图 11-40 所示。

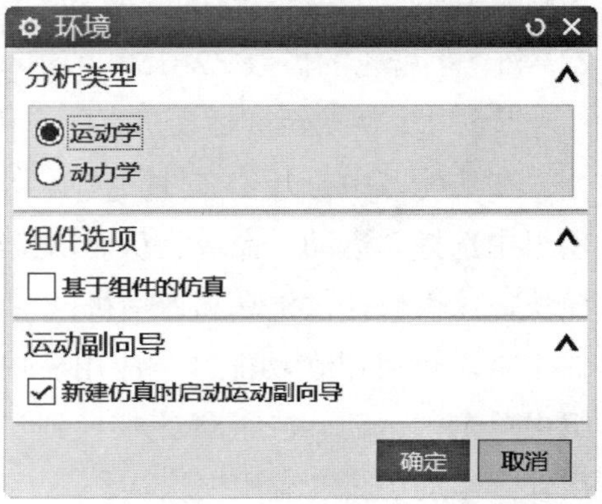


图 11-40 “环境”对话框

3 在“环境”对话框中单击“确定”按钮。

步骤 3 创建连杆。

1 在功能区“主页”选项卡的“机构”组中单击“连杆”按钮，弹出如图 11-41 所示的“连杆”对话框。

2 在图形窗口中单击大齿轮以将大齿轮定义为一个连杆对象，质量属性选项默认为“自动”，在“设置”选项组中确保清除（未选中）“无运动副固定连杆”复选框，在“名称”选项组的文本框中接受默认的连杆名称为 L001，单击“应用”按钮。

3 在图形窗口中单击小齿轮以将小齿轮定义为一个新连杆对象，该连杆名称默认为 L002，单击“确定”按钮。

此时，在运动导航器的“名称”列中以层节树形式显示有两个连杆的名称，如图 11-42 所示。

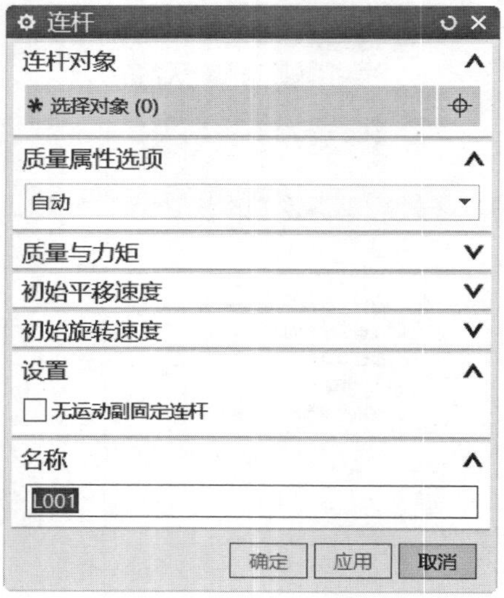


图 11-41 “连杆”对话框

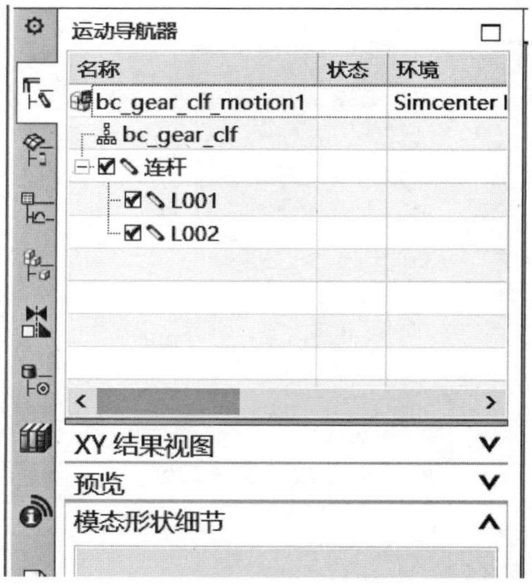


图 11-42 完成创建两个连杆

步骤 4 创建运动副。

1 在功能区“主页”选项卡的“机构”组中单击“接头（运动副）”按钮，弹出“运动副”对话框。

**2** 切换至"定义"选项组，从"类型"下拉列表框中选择"旋转副"选项。

**3** 此时使"操作"选项组中的"作用连杆"按钮处于被选中激活的状态，在图形窗口中选择大齿轮连杆"L001"，大齿轮连杆的单击选择位置可以指定在一个大圆形轮廓边上，如图11-43所示，NX系统会根据选择位置自动设定旋转副在该连杆上的坐标系原点和方位。当然用户可以使用相关的工具和选项来自行指定。

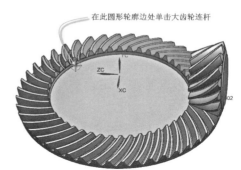

图11-43 选择作用连杆来定义第1个旋转副

**4** 在"底数（基本）"选项组中取消选中"啮合连杆"复选框，在"极限"选项组中取消选中"上限"复选框和"下限"复选框，在"设置"选项组的"显示比例"文本框中输入"2"，在"名称"文本框中默认该旋转副名称为J001，单击"应用"按钮。

**5** 默认运动副类型为"旋转副"，选择小齿轮连杆"L002"，注意选择单击的位置以获得正确的旋转副默认原点和方位，显示比例为2，如图11-44所示，第2个旋转副的名称默认为J002。

**6** 单击"确定"按钮。此时在运动导航器的"名称"列的"运动副"节点下产生了两个旋转副节点，如图11-45所示。

图11-44 选择另一个连杆定义第2个旋转副

图11-45 完成创建两个旋转副

 位于页面右侧

步骤 5　创建齿轮副。

**1** 在功能区"主页"选项卡的"耦合副"组中单击"齿轮耦合副"按钮 🌸，弹出"齿轮耦合副"对话框。

**2** 为齿轮副指定第一个运动副：在图形窗口中选择大齿轮连杆的旋转副，如图 11-46 所示。

**3** 为齿轮副指定第二个运动副：在图形窗口中选择小齿轮连杆的旋转副，如图 11-46 所示。

**4** 在"设置"选项组的"显示比例"文本框中设置显示比例为 2，如图 11-47 所示。

图 11-46　选择两个运动副定义齿轮副　　　　图 11-47　设置齿轮副的显示比例

**5** 单击"确定"按钮。

步骤 6　为主动齿轮添加驱动力。

**1** 在功能区"主页"选项卡的"机构"组中单击"驱动体"按钮 👆，弹出"驱动"对话框，接着从"驱动类型"选项组的下拉列表框中选择"运动副驱动"选项。

**2** 在大齿轮中选择 J001 旋转副作为驱动对象。

**3** 在"驱动"选项组的"旋转"下拉列表框中选择"多项式"选项，在"速度"下拉列表框中输入"200"，如图 11-48 所示。

**4** 在"设置"选项组的"名称"文本框中可更改驱动名称，这里接受默认的驱动名称。展开"预览方向"选项组，选中"预览"复选框以预览驱动方向，此时在图形窗口中可以预览到驱动方向，如图 11-49 所示。

**5** 单击"确定"按钮。

图 11-48　"驱动"对话框

图 11-49　预览驱动方向

步骤 7　新建解算方案并求解。

1️⃣ 确保当前仿真环境为"运动学",接着在功能区"主页"选项卡的"解算方案"组中单击"解算方案"按钮 📌,弹出"解算方案"对话框。

2️⃣ 在"解算方案选项"选项组的"解算类型"下拉列表框中选择"常规驱动"选项,从"分析类型"下拉列表框中选择"运动学/动力学"选项,设置"时间"为 4,"步数"为 200,选中"按'确定'进行求解"复选框,如图 11-50 所示。

3️⃣ 解算方案的名称默认为 Solution_1,单击"确定"按钮,从而新建一个解算方案并进行解算。此时,运动导航器也列出解算方案的信息,如图 11-51 所示。

图 11-50　"解算方案"对话框

图 11-51　对解算方案进行解算

步骤 8　播放仿真动画以及将动画以 GIF 格式输出。

**1** 在功能区中切换至"分析"选项卡，从"运动"组中单击"动画"按钮，弹出"动画"对话框。

**2** 在"动画控制"选项组的"滑动模式"下拉列表框中选择"时间（秒）"选项；在"设置"选项组中单击"循环播放"按钮以将播放模式设置为循环播放，动画延时值默认为 0，如图 11-52 所示。

**3** 在"动画控制"选项组中单击"播放"按钮，动画以循环播放的方式一直播放下去。此时发现动画播放速度太快，可以先单击"停止"按钮停止运动动画，接着在"设置"选项组中拖动滑块来使动画延时一定的数值，例如将动画延时值设定为 505，再单击"播放"按钮来观看齿轮啮合传动的仿真动画。

**4** 在"动画"对话框中单击"关闭"按钮。

**5** 在运动导航器中右击 bc_gear_clf_motion1，弹出一个快捷菜单，如图 11-53 所示，从该快捷菜单中选择"导出"→"动画 GIF"命令。

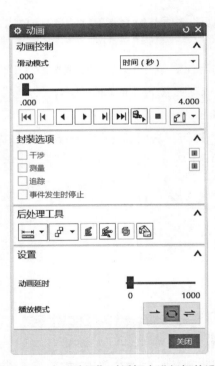

图 11-52　在"动画"对话框中进行相关设置

图 11-53　导出动画 GIF 的命令操作

**6** 系统弹出如图 11-54 所示的"动画 GIF"对话框，单击"指定文件名"按钮，弹出如图 11-55 所示的"动画输出文件"对话框，输入新的文件名，单击 OK 按钮，将会在当前路径下导出 GIF 格式的动画文件。

图 11-54 "动画 GIF"对话框

图 11-55 "动画输出文件"对话框

**7** 在"动画 GIF"对话框中单击"确定"按钮,开始导出动画 GIF。

## 11.8.2 铰链四杆机构运动仿真范例

本节介绍一个铰链四杆机构运动仿真范例。在该范例中,主模型在"装配"应用模块中已经创建有相应的装配约束,相关地方存在着合理的自由度,切换至"运动仿真"应用模块时可以由 NX 系统自动判断出各连杆构件以及由"机构运动副向导"功能自动根据装配约束生成相应的运动副等。当然如果自动生成了不希望的运动副,可以将其删除,再自行根据运动要求来创建。

该机构运动仿真范例的操作步骤如下。

步骤 1 打开装配模型并切换至"运动仿真"应用模块。

**1** 启动 NX 12.0 后,在"快速访问"工具栏中单击"打开"按钮 (或者按 Ctrl+O 快捷键),弹出"打开"对话框,选择要打开的配套模型文件"CH11\4jl\bc_4gjl.prt",单击 OK 按钮。文件中的原始装配模型如图 11-56 所示。

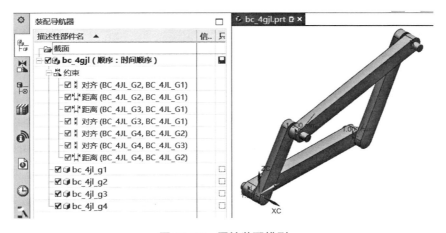

图 11-56 原始装配模型

② 在功能区"应用模块"选项卡的"仿真"组中单击"运动"按钮 来切换到"运动仿真"应用模块。此时,资源条上出现"运动导航器"图标 ，该图标处于选中状态以打开运动导航器。

**步骤2** 新建仿真并进行一些准备工作。

① 在运动导航器窗口中右击主模型"bc_4gjl",如图 11-57 所示,接着从弹出的快捷菜单中选择"新建仿真"命令,弹出"新建仿真"对话框。也可以在功能区"主页"选项卡的"解算方案"组中单击"新建仿真"按钮 。

② 在"新建仿真"对话框中接受默认的仿真模板、新文件名和文件夹,单击"确定"按钮,弹出"环境"对话框,接着在"环境"对话框的"分析类型"选项组中选中"动力学"单选按钮,在"运动副向导"选项组中选中"新建仿真时启动运动副向导"复选框,如图 11-58 所示,然后单击"确定"按钮。

图 11-57 "新建仿真"命令

图 11-58 "环境"对话框

③ 系统弹出如图 11-59 所示的"机构运动副向导"对话框,该对话框列出了相关配对条件/约束映射至的运动副,这里单击"确定"按钮接受全部映射的运动副。

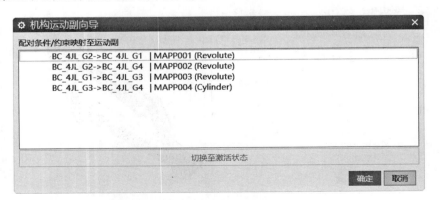

图 11-59 "机构运动副向导"对话框

4 系统弹出如图 11-60 所示的"主模型到仿真的配对条件 / 约束转换"对话框,提示当前没有连杆副在机构中接地,询问是否要通过向连杆副附加一个固定运动副来使指定的一个连杆接地,这里单击"是"按钮。

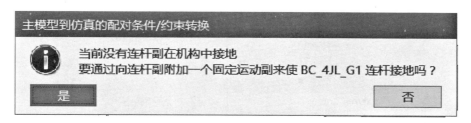

图 11-60 "主模型到仿真的配对条件 / 约束转换"对话框

5 在运动导航器中可以看到自动定义的连杆对象(4 个)和运动副(5 个),此时,为了便于看到运动副在机构中的显示图标,可以在上边框条中单击"带有淡化边的线框"按钮 ,将铰链四杆机构以"带有淡化边的线框"形式显示,如图 11-61 所示。

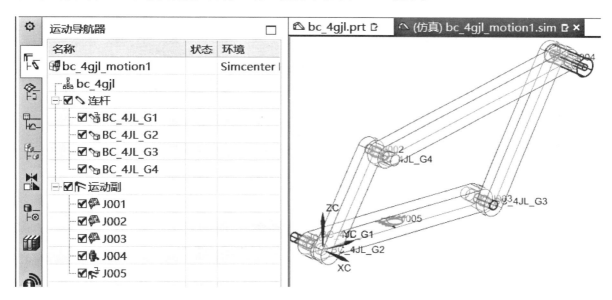

图 11-61 运动导航器与更改显示样式的模型显示效果

6 在功能区中单击"文件"标签以打开"文件"选项卡,接着从"首选项"选项组中选择"运动"命令,如图 11-62 所示,弹出"运动首选项"对话框,选中"名称显示"复选框,图标比例设置为 1,从"角度单位"下拉列表框中选择"度"选项,选中"质量属性"复选框,如图 11-63 所示。

7 在"运动首选项"对话框中单击"重力常数"按钮,弹出"全局重力常数"对话框,从中设置如图 11-64 所示的全局重力常数,单击"确定"按钮。

8 在"运动首选项"对话框中单击"确定"按钮。

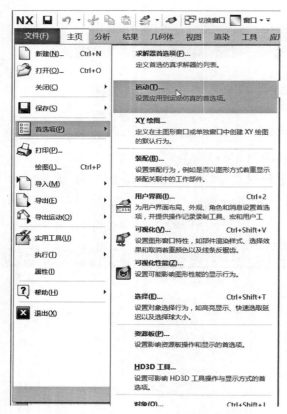

图 11-62 选择"运动"首选项命令

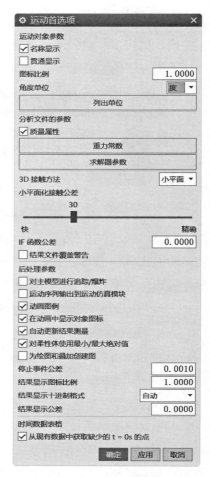

图 11-63 "运动首选项"对话框

图 11-64 "全局重力参数"对话框

步骤 3 创建运动驱动。

**1** 在功能区"主页"选项卡的"设置"组中单击"驱动体"按钮 ，弹出"驱动"对话框。

**2** 从"驱动类型"下拉列表框中选择"运动副驱动"选项，选择 J001 旋转副作为驱动对象，如图 11-65 所示。

**3** 在"驱动"对话框的"驱动"选项组中设置如图 11-66 所示的驱动参数。

**4** 单击"确定"按钮。

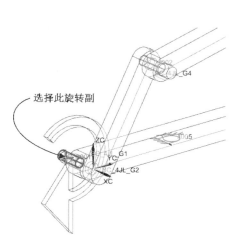

选择此旋转副

图 11-65 指定驱动对象

图 11-66 "驱动"对话框

此时，可以在上边框条中单击"带边着色"按钮🟦，以"带边着色"样式显示模型。

步骤 4 基于时间的动态仿真。

**❶** 在功能区"主页"选项卡的"解算方案"组中单击"解算方案"按钮🖋，弹出"解算方案"对话框。

**❷** 从"解算方案选项"选项组的"解算类型"下拉列表框中选择"常规驱动"选项，从"分析类型"下拉列表框中选择"运动学 / 动力学"选项，在"时间"文本框中输入"5"，在"步数"文本框中输入"360"，取消选中"包含静态分析"复选框和"按'确定'进行求解"复选框，如图 11-67 所示。

**❸** 单击"解算方案"对话框中的"确定"按钮。

**❹** 在功能区"主页"选项卡的"解算方案"组中单击"求解"按钮📗，UG NX 系统对当前解算方案进行求解，系统弹出如图 11-68 所示的"信息"窗口，系统如果检测到有几个冗余约束，那么冗余约束将自动移除，单击"关闭"按钮🗙，关闭此"信息"窗口。

**❺** 在功能区"分析"选项卡的"运动"组中单击"动画"按钮🐾，弹出"动画"对话框，从"动画控制"选项组的"滑动模式"下拉列表框中选择"时间（秒）"选项，在"设置"选项组中单击"播放一次"按钮➡，如图 11-69 所示。

**❻** 单击"播放"按钮▷，系统根据输入的分析时间和主动件驱动参数在图形窗口中对机构进行动态仿真。图 11-70 为动态运动仿真到某一个时间点时的机构连杆位置截图。

**❼** 在"动画"对话框的"动画控制"选项组中单击"导出至电影"按钮🖼，弹出"录制电影"对话框，在指定文件夹目录下设置文件名为 Fblm_movie，文件类型默认为"AVI 格式文件（*.avi）"，如图 11-71 所示，单击 OK 按钮，则系统开始为动画录制电影。

图 11-67 解算方案设置

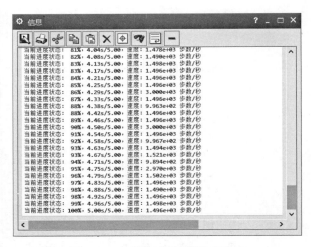

图 11-68 求解时弹出的处理信息

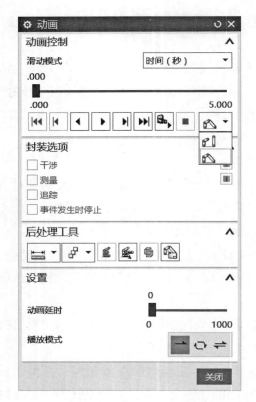

图 11-69 "动画"对话框

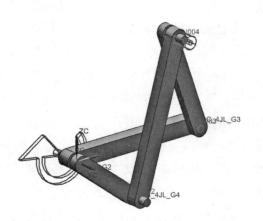

图 11-70 动态仿真中的某一截图

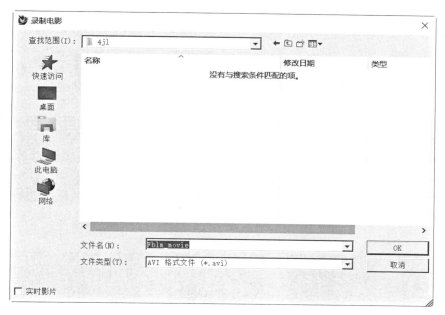

图 11-71 "录制电影"对话框

💾 在"动画"对话框中单击"关闭"按钮。

步骤 5 保存文件。

# 11.9 思考与上机练习

（1）使用"运动仿真"应用模块可以进行哪些主要工作？

（2）在运动导航器中可以进行哪些操作？

（3）总结运动仿真分析的基本步骤。

（4）在 NX 的运动仿真概念中，连杆是指什么？

（5）如何理解 NX 的连接器和载荷。

（6）如何创建运动副并为其定义运动驱动？

（7）上机练习：打开配套模型文件"CH11\4jl\bc_11_4gjl.prt"，如图 11-72 所示，该模型未添加有相应装配约束关系，请切换至"运动仿真"应用模块来创建仿真模型，定义连杆、运动副和解算方案，对该机构进行基于时间的动态仿真分析。

（8）上机练习：请自行设计一个简易结构，并对该机构进行运动仿真，要求至少应用到 3 种以上不同的运动副或传动副。

图 11-72 未添加约束的
铰链四杆机构模型

# 扫码观看操作视频

| | | | | |
|---|---|---|---|---|
| 1.8.2 视图剖切应用范例 | 2.7 草图综合范例 | 3.3 在面上偏置曲线 | 3.3.2 多种曲线命令应用 | 4.4 孔创建范例 |
| 4.7 创建槽特征 | 4.8 螺纹创建范例 | 5.1.1 扫掠特征范例 | 5.1.3 变化扫掠 | 6.2 同步建模综合范例 |
| 8.7 低速滑轮装置装配设计范例 | 9.1.1 轴零件建模范例 | 9.1.2 创建带孔圆盘零件建模范例 | 9.1.3 带轮零件建模范例 | 9.2 叉架类零件建模范例 |
| 9.4.1 标准圆柱齿轮创建范例 | 9.4.2 标准圆锥齿轮创建范例 | 9.5.1 圆柱压缩弹簧范例 | 9.5.2 圆柱拉伸弹簧范例 | 10.6（A）工程图综合范例A |
| 10.6（B）工程图之填写标题栏 | 11.8.1 齿轮传动仿真范例 | 11.8.2 铰链四杆机构运动仿真范例 | | |